차밍시티,
사람을 연결하여 매력적인 도시를 만듭니다

소프트 시티

사람을 위한 일상의 밀도, 다양성, 근접성

소프트 시티

사람을 위한 일상의 밀도, 다양성, 근접성

데이비드 심 지음
김진엽 옮김

차밍시티

소프트 시티 사람을 위한 일상의 밀도, 다양성, 근접성

지은이 데이비드 심(David Sim)
옮긴이 김진엽
번역교정 황윤상
디자인 Gehl, 최용호
펴낸이 조철민

펴낸곳 차밍시티 **등록번호** 제2018-000205호(2018년 6월 25일)
주소 서울특별시 금천구 독산로101길 8-9, 403호
전화 02-857-4877 **팩스** 02-6442-4871 **전자우편** cm.cho@charmingcity.co.kr
홈페이지 https://www.facebook.com/making.charmingcity/
총판 비팬북스(02-857-4877)
초판1쇄 발행 2020년 12월 30일

차밍시티   값 22,000원
ISBN 979-11-965311-2-6 (93530)

이 책 판매를 통한 차밍시티의 순수익 10%는 도시의 문제 해결을 위해 기부됩니다.

Soft City: Building Density for Everyday Life
Copyright © 2019 by David Sim
Korean Translation Copyright © 2020 by CharmingCity
Korean edition is published by arrangement with Island Press through Duran Kim Agency.

이 책의 한국어판 저작권은 듀란킴 에이전시를 통한 저작권사와의 독점 계약으로 차밍시티에 있습니다. 신저작권법에 의해 한국내에서 보호를 받는 저작물이므로 무단 전재와 복제를 금합니다.

소프트 시티에서의 '소프트'는 무엇입니까?

'소프트'는 반응성과 관련이 있습니다.
수용, 흡수, 유연, 탄력, 순응, 관용, 융통, 탄성, 확장, 적응, 변경, 견고

'소프트'는 편의성과 관련이 있습니다.
단순, 간단, 여유, 수월, 매끄러움, 직관, 이해

'소프트'는 편안함과 관련이 있습니다.
편안, 포근, 안전, 보호, 쉼터, 평화, 고요, 웰빙

'소프트'는 공유성과 관련이 있습니다.
사교, 공통, 상호, 협력, 참여, 대중

'소프트'는 다원성과 관련이 있습니다.
결합, 혼합, 다양도, 겹침, 다기능, 상호 연결

'소프트'는 단순함과 관련이 있습니다.
저기술, 저비용, 절제, 단조

'소프트'는 소량성과 관련이 있습니다.
휴먼 스케일, 인간 치수, 개별적 제어, 프랙털, 자기 결정

'소프트'는 감각에 호소하는 것과 관련이 있습니다.
감각, 유쾌, 매력, 매혹, 흥미

'소프트'는 차분함과 관련이 있습니다.
평화, 고요, 시원, 절제, 조용, 평온, 온화

'소프트'는 신뢰와 관련이 있습니다.
안정, 명료, 확실, 확신

'소프트'는 배려와 관련이 있습니다.
온화, 동정, 측은, 이해, 배려, 상냥함, 친절

'소프트'는 초대와 관련이 있습니다.
환영, 접근, 투과, 개방

'소프트'는 생태계와 관련이 있습니다.
적은 간섭, 자연, 계절성, 저탄소 발생

'소프트'는 일상생활에서의 편의성, 편안함, 보살핌에 관한 것입니다.

목차

ix   얀 겔의 서문

xii   머리말

xiv   한국어판 서문

xvii   추천사

1   들어가며

9   *이웃 만들기*

15   건물 블록: 도시화된 세상에서 로컬 생활하기

89	당신의 삶에서의 시간	*141*	층을 이룬 삶	*205*	견고한 부드러움
93	혼잡하고 분리된 세상에서 연결되어 살아가기	147	기후 변화 시대에 날씨와 함께 살아가기	211	살기 좋은 도시 밀도를 위한 9가지 기준
				233	한국에서의 포토 에세이
				245	참고 문헌
				250	찾아보기

얀 겔의 서문

1933년에 유럽의 건축가 및 도시 계획가 그룹이 도시에 근본적인 변화를 가져온 도시 계획 시암 헌장CIAM Charter of City Planning에 서명하기 위해 아테네에서 만났습니다. 아테네 헌장 Athens Charter이라고도 불리는 이 헌장은 미래의 건축과 도시에 대해 다루었으며 다양한 도시 내 여러 기능들을 신중하게 분리해야 한다고 권고합니다. 이 헌장에서는 주거, 업무, 레크리에이션, 교통의 기능을 서로 분리해야 함을 강조합니다. 이 접근법은 기능주의적functionalistic이라고 불리었으며 모더니즘Modernism 운동으로 간주되었습니다. 이 아이디어는 20세기 수십 년 동안 건축 및 도시 계획의 기본 원칙이 되었으며 전 세계적으로 완전히 절대적이었습니다. 모더니스트 계획 이론들은 특히 1960년대 이후에 전 세계적으로 빠른 도시화가 진행되면서 절대적인 위상을 가졌습니다. 이로 인해 사람을 위한 공간 주위에 도시를 만들던 기존의 접근법이, 남아 있는 공간에 건물을 짓는 방식으로 변하게 되었습니다. 모더니스트의 분리적인 사상이 만연하게 되었고, 도시 어디에서나 사람을 배려하지 않은 채 모호하게 규정된 대지로 둘러싸인 단일 기능의 건물들로 가득하게 되었습니다. 새로운 원칙들은 인간 정착 역사에 급진적 변화를 가져왔습니다. 모더니즘 도시 계획이 인류에 어떠한 영향을 주었는지에 대한 적절한 평가는 이루어지지 않았습니다. 하지만 도시 환경에 대한 사람들의 만연한 불만에서 알 수 있듯이 일상의 삶에 긍정적인 영향을 주지 못했습니다.

1998년에 새로운 유럽 도시 계획가 회의가 아테네에서 있었습니다. 이전 회의 이후 65년 동안의 경험을 바탕으로, 거주지, 직장, 레크리에이션, 교통지를 분리해서는 안된다는 새로운 아테네 헌장이 만들어졌습니다. 완전한 전환이었습니다.

65년의 시간이 지나고 수많은 모더니스트 도시가 생겨난 결과 다른 결론에 이르게 되었습니다. 사람을 위한 도시에 대한 움직임은 기술적 모더니스트 운동technocratic modernist movement에 대한 반대급부로서 수년 동안 점차 발전해 왔습니다.

제인 제이콥스Jane Jacobs의 유명한 1961년 저서, 〈미국 대도시의 죽음과 삶〉The Death and Life of Great American Cities은 눈여겨볼 필요가 있습니다. 제인 제이콥스는 깃발을 들고 모더니즘 도시 계획의 많은 문제점들을 훌륭하게 묘사했습니다. 그녀는 새로운 방향을 만들어 나가기 시작했습니다. "창문 밖을 보십시오, 사람들을 보십시오, 계획하고 설계하기 전에 인생을 살펴보십시오." 그녀의 노력과 함께 수십 년에 걸쳐 많은 연구자들이 건축 형태가 삶의 질에 어떻게 영향을 미치는지에 관한 연구를 하였습니다. 뉴욕 스쿨The New York School과 윌리엄 화이트William H. Whyte는 공공장소 프로젝트를 통해 제인 제이콥스의 영감을 이어 나갔습니다. 캘리포니아

주에 위치한 버클리 스쿨Berkeley School과 크리스토퍼 알렉산더Christopher Alexander, 도널드 애플리야드Donald Appleyard, 클레어 쿠퍼 마르쿠스Clare Cooper Marcus, 앨런 제이콥스Allan Jacobs, 피터 보슬만Peter Bosselmann은 수십 년에 걸쳐 인간 중심의 건축 및 도시 계획에 대한 귀중한 연구와 통찰을 제공하였습니다

1960년대 중반 코펜하겐의 덴마크 왕립 예술 학교 건축대학School of Architecture at the Royal Danish Academy of Fine Arts에 광범위한 연구 환경이 조성되었습니다. 이 학교는 40년을 넘게 인간이 중심이 되는 건축과 도시 계획에 관한 연구를 지속적으로 추진해 왔습니다. 저는 이 코펜하겐 스쿨에서 라스 겜죠Lars Gemzøe, 버깃트 스바르Birgitte Svarre, 카밀라 반 더스Camilla van Deurs와 함께 연구원으로 활동했습니다. 이 그룹은 〈삶이 있는 도시 디자인〉(1971)Life between Buildings, 〈공공장소-공공의 삶〉(1996)Public Spaces-Public Life, 〈사람을 위한 도시〉(2010)Cities for People와 같이 직관적인 제목의 책을 꾸준히 출판했습니다. 이 책들과 함께 여러 "코펜하겐" 책들이 수년에 걸쳐 전 세계에 소개되었습니다. 코펜하겐 스쿨은 코펜하겐이 세계에서 가장 살기 좋은 도시 중 하나로 발전하는 데 큰 영향을 미쳤습니다. 인간 중심의 도시 계획 브랜드는 수년에 걸쳐 오슬로, 스톡홀름, 시드니, 멜버른, 런던, 뉴욕, 모스크바와 같은 전 세계 여러 도시에 적용되었습니다.

여러 연구에 대한 노력과 도시 개선 프로젝트의 적용을 통해 인간 중심의 주거환경 프로젝트가 진행되었습니다. 그중에서도 영국과 스웨덴의 건축가인 랄프 에르스킨Ralph Erskine에 의해 1940년대부터 2005년 그의 사망 때까지 진행된 근린 주거 프로젝트가 탁월한 성과를 보였습니다. 모더니스트들은 남은 공간으로 둘러싸인 독립된 단일형 기능 건물에 초점을 맞추었지만 랄프 에르스킨은 인간, 건물 그리고 건물 사이의 공간에 초점을 맞췄습니다. 이로 인해 세부 사항에 관심을 갖는 사람의 눈높이에서 바라보는 도시 계획이 가능하게 되었습니다. 랄프 에르스킨 사무소의 주요 프로젝트로는 스웨덴의 산드비카Sandvika, 티브로Tibro, 에스페란자Esperanza, 에코로Ekerø 등이 있으며, 캐나다의 리펄스 베이Repulse Bay, 영국 뉴캐슬의 바이커 월Byker Wall과 같은 프로젝트가 있습니다. 랄프 에르스킨은 주민들로부터 많은 사랑을 받았으며 특히 스웨덴에서 좋은 이웃 환경을 조성하는 방법에 큰 영향을 미쳤습니다. 에르스킨과 수년간 함께 일한 클라스 탐Klas Tham 교수는 스웨덴 말뫼Malmö의 Bo01 인근 지역을 설계하였습니다. 해당 지역의 개발은 랄프 에르스킨의 정신에 영향을 받았습니다. 최근 자바 스죠Järva Sjö와 해머비 스조스타드Hammerby Sjöstad와 같은 스웨덴 프로젝트도 인간 중심의 "에르스킨 방식"에서 큰 영향을 받았습니다.

랄프 에르스킨은 2000년 어느 인터뷰에서 훌륭한 건축가가 되기 위해 무엇이 필요한지에 대한 질문을 받았습니다. 그는 "건축은 응용 예술이며 인간의 삶의 틀을 다루기 때문에 사람을 사랑해야 합니다"라고 대답했습니다.

이 모든 것이 데이비드 심의 '소프트 시티'와 어떤 관련이 있습니까? 실제로 모든 개념은 데이비드 심이 누구인지와 배경을 이해하는 데 도움이 됩니다. 그리고 현재의 주택 및 도시 계획에 소프티 시티 아이디어를 어떻게 적용할 수 있는지 이해하는 것과 관련이 있습니다.

스칸디나비아의 영국 이민자인 데이비드 심은 학생으로서, 건축 교사로서, 최근에는 겔 사무소의 파트너이자 크리에이티브 디렉터로서 코펜하겐 스쿨의 영향을 크게 받았습니다. 룬드 건축 학교Lund School of Architecture의 교육자로서 그는 여러 훌륭한 에르스키니스츠Erskinists, 특히 클라스 탐 교수와 가깝게 일을 해 왔습니다. 데이비드는 매우 집중적으로 인간 중심의 교육을 받았습니다. 사람을 위한 좋은 주거와 도시는 그의 관심사이며, 이 책이 다루는 내용입니다. 앞서 언급한 모든 사항들은 여러 일상생활에 대한 저자의 세심한 관찰을 통해 발견되었고, 이는 진정한 소프트 시티를 만들기 위해서 반드시 해결해야 할 사항들입니다.

'소프트 시티'는 인간과 삶에 대한 데이비드의 관심을 반영한 매우 개인적인 책입니다. 이 책은 그가 여러 대륙과 문화권에서 수행한 프로젝트의 경험을 바탕으로 쓰여졌습니다. 독자 여러분은 이 책을 통해 데이비드가 지닌 삶과 도시의 모습을 보고, 관찰하고, 반영하는 뛰어난 능력을 얻을 수 있습니다. '소프트 시티'는 인간 친화적 건축 및 도시 계획과 관련한 새로운 연구 문헌에 중요한 기여를 할 것입니다. 건축과 도시 계획은 좀 더 소프트해야 합니다.

이 책은 바로 그 시작점이 될 것입니다.

얀 겔

2019년 4월, 코펜하겐에서

머리말

스코틀랜드에서 건축을 공부하던 19살 학생 시절에 얀 겔Jan Gehl의 강의를 처음 들었습니다. 얀 겔의 일반적인 접근 방식은 겸손, 인류애, 유머를 기반으로 건축, 도시 계획, 심리학을 인간에 대한 예민한 관찰과 함께 통합합니다. 얀 겔로부터 일상적인 삶에서의 작고 별 볼 일 없는 평범한 것들의 커다란 중요성에 대해 배웠습니다. 그러한 것들이 실제 우리의 행동에 영향을 미치고 우리의 행복에 기여합니다. 또한 사람과 주변 환경을 살피고, 작동하는 것과 작동하지 않는 것을 관찰하며, 디자인을 하기 위해 알아야 할 대부분의 내용을 배울 수 있었습니다.

이러한 실용적인 이상은 지속적인 학습과 실무에 있어서의 기반이 되었습니다. 저는 덴마크와 스웨덴에서 공부했습니다. 얀 겔 뿐만 아니라 스틴 에일러 라스무센Steen Eiler Rasmussen, 스벤 인그바 앤더슨Sven Ingvar Andersson, 랄프 에르스킨, 클라스 탐 등은 저에게 영웅이었습니다. 저는 아름다운 일상에서의 건축과 설계의 전통을 지닌 스칸디나비아에 살면서 자연과 인류에 대한 근본적인 존중과 일상생활에 대한 소프트한 접근 방식을 이해할 수 있었습니다.

2002년에 코펜하겐의 신생 설계사인 겔 건축사사무소Gehl Architects에 실무진으로 합류했습니다. 그 이후로 저는 "인간을 위한 도시 만들기"making cities for people라는 모토를 가지고 헌신적이고 재능 넘치며 계속해서 성장하는 사람들과 함께 일해 왔습니다. 저는 겔 건축사사무소에서 전 세계의 여러 프로젝트에 참여하여 많은 것을 배웠고, 이 책을 출판할 수 있는 기회를 얻게 되었습니다. 겔 건축사사무소 팀원을 포함하여, 지난 몇 년간 저를 지원해 준 사내 편집자 버깃트 스바르Birgitte Svarre, 저를 믿고 이 업무를 맡긴 비즈니스 파트너인 겔 건축사사무소 대표 이사인 헬레 소호트Helle Søholt에게 감사함을 전합니다.

이 책은 건축 환경의 개선을 통한 모두를 위한 삶의 질 향상이라는 미션을 지닌 덴마크 재단 리얼다니아Realdania의 지원 없이는 출판할 수 없었을 것입니다. 이 책은 사람을 위한 건축 밀도, 다양성, 거주 적합성과 관련한 문제를 극복하는 데 중점을 둔 리얼다니아의 미션을 공유합니다. 이 책이 더 나은 지역 사회를 만드는 데 기여하기를 바랍니다.

책을 쓰는 과정은 길었고 때로는 고통스러웠습니다. 공유할 만한 가치 있는 내용을 선별하면서 여전히 모르는 것이 너무도 많다는 것을 알게 되었습니다. 25년간의 실무, 강의, 연구 경험에도 불구하고, 여전히 매일 새로운 것을 배우는 학생과 같았습니다.

저의 인생에서 도시 계획자로서 가장 현명한 순간은 매우 어린 시기에 찾아왔습니다. 5, 6살 때 레고 블록으로 어지럽혀진 거실 바닥에 앉아 있었습니다. 어머니가 "이 마을은 도대체 언제 완성되는 거니?"라며 절망스럽게 물었을 때 저는 엄숙하게 대답했습니다. "엄마, 이건 마을이야. 결코 끝나지 않아."

데이비드 심

David Sim

2020년, 코펜하겐에서

저의 인생에서 도시 계획자로서 가장 현명한 순간은 매우 어린 시기에 찾아왔습니다. 5, 6살 때 레고 블록으로 어지럽혀진 거실 바닥에 앉아 있었습니다. 어머니가 "이 마을은 도대체 언제 완성되는 거니?"라며 절망스럽게 물었을 때 저는 엄숙하게 대답했습니다. "엄마, 이건 마을이야. 결코 끝나지 않아."

한국어판 서문

한국 도시의 서로 다른 모습

왼쪽 사진은 우뚝 솟은 건물과 넓은 도로가 있으며 사람을 고려하지 않습니다.

오른쪽 사진은 사람을 위한 공간으로서 사람을 서로 연결하며, 야외 활동을 권장하고, 날씨를 즐기며, 주위의 풍경(북악산과 넓은 하늘)과 사람을 연결시킵니다.

안녕하세요!

소프트 시티가 한국어로 소개된다는 소식을 듣고 얼마나 기뻤는지 모릅니다. 한국 독자 여러분들께 특별한 감사의 인사를 전합니다.

저는 도시, 건축 분야의 전문가로서 한국을 방문할 기회가 몇 차례 있었습니다. 방문할 때마다 강렬한 인상을 받았고 많은 것을 배웠습니다. 한국만의 독특한 특징과 아시아의 다른 이웃나라와 구분되는 차이점을 인식하고 이해할 수 있었습니다. 저는 유럽의 어느 교통수단보다 더 빠른 기차를 타고 한국 곳곳을 여행하였습니다. 부산에서 세계 최고 수준의 자전거 도로망을 이용해 자전거를 타고, 서울 지역 내 최신 유행하는 작은 까페에서 좋은 커피를 마시고, 예술 갤러리와 같이 큐레이션 된 상점에서 선물을 샀습니다.

제가 경험한 가장 소프트한 순간 중 하나는 광화문 광장의 이순신 장군 동상 아래 그늘이 드리워진 분수에서 어린이들이 부모님, 할머니, 할아버지가 보는 가운데 뛰어노는 것을 보았을 때입니다. 광화문 광장과 연결된 청계천을 따라 걷는 것은 뉴 어반을 경험하는 세상에서 가장 좋은 방법 중 하나일 것입니다.

도시, 건축 분야의 전문가로 전 세계를 여행하면서, 각 나라마다 문화, 기후, 풍경, 법이 다르듯이 모든 장소가 서로 다르다는 것을 알게 되었습니다. 저는 같은 국가 내에서도 지역, 마을, 시골, 구도심, 교외의 신도시마다 차이가 존재한다는 것을 알고 있습니다. 예를 들어 서울 도심 지역의 휴먼 스케일의 오래된 도보를 걷는 것과 현대식의 교외 신도시에서 실내 위주의 삶을 사는 것 사이에는 명백한 차이가 있습니다. 저층부 상가 주택 위주의 거리의 삶 속에서 이웃과 편안하게 어울리는 것과, 기술 지향적 삶의 방식의 보안 시스템과 에어컨을 갖춘 주거 타워에서의 삶은 서로 다릅니다.

한국은 코펜하겐과 멀리 떨어져 있습니다. 그러나 국가적, 지역적, 로컬적 차이에도 불구하고, 전 세계의 모든 사람들은 유사한 경향을 보입니다. 얀 겔은 사람을 "걷는 동물"이라고 부릅니다. 인간이 가진 공통점은 눈높이에서 우리를 둘러싸고 있는 환경을 경험하면서 걷는다는 것입니다. 인간은 휴먼 스케일에 맞는 작은 규모의 공간과 사람들의 감각에 적합한 작은 디테일이 있는 공간을 선호합니다. 무엇보다도 다른 사람들과 소통하고 교류할 수 있는 공간에서 시간을 보내는 것을 즐깁니다.

비록 이 책에서 이야기하는 많은 예시가 다른 국가의 사례이지만, 저는 여러분 각자의 상황에서 연관성을 찾을 수 있기를 기대합니다. 저는 한국에서 어떻게 이러한 것들이 적용될 수 있는지 구체적으로 알지 못합니다. 하지만 한국의 재능 있는 건축가, 디자이너, 도시 계획가, 헌신적인 공무원, 현명한 의사결정자, 깨어 있는 정치인, 비전을 가진 부동산 디벨로퍼 등이 여러 도시와 마을의 주민들에게 더 나은 삶을 제공하기 위해 노력하고 있음을 알고 있습니다.

저는 소프트 시티가 여러분들이 주위 환경을 새로운 방식으로 바라볼 수 있게 하기를 바랍니다. 건축 환경이 어떻게 지구와 사람을 잘 연결시키게 할 수 있을지 생각하고, 자연과 이웃이 함께 있게 만들고, 로컬에서의 삶을 가능하게 하고, 사람들이 서로 간에 효율적으로 연결되어 함께 살아가는 데 도움이 되길 희망합니다.

당신의 일상에 필요한 모든 것이 있는 복합 용도 지역은 어디에 있습니까? 어디가 걷기에 좋은 장소입니까? 기계 환기 장치 없이 온전히 계절을 즐길 수 있는 장소는 어디입니까? 이러한 장소들은 이미 존재합니다. 그리고 저는 독자들에게 어떻게 한국의 도시를 매일매일 더 사람을 위한, 더 활기찬, 더 느린, 더 낮은, 더 작은, 더 단순한, 더 소프트한 공간이 되게 할 수 있을지 질문하고 싶습니다.

시간 내서 소프트 시티를 읽어 주셔서 진심으로 감사합니다.

행운을 바랍니다.

Daviddim
Copenhagen 2020

추천사
보다 소프트한 우리의 도시를 바라며

오늘날 한국 인구의 약 92%가 도시에 살고 있습니다. 도시로 인구가 몰리는 이런 추세는 비단 한국뿐 아니라 전 세계적으로 보편적인 패턴으로, 한국처럼 인구가 줄어드는 나라에서조차, 도시의 거주 비율은 앞으로도 좀처럼 줄지 않을 것입니다. 〈소프트 시티〉Soft City의 본문에서도 언급한 "우리는 건물을 만들고, 건물은 다시 우리를 만든다"는 윈스턴 처칠의 말처럼, 우리가 만드는 도시는 다시 우리 삶을 만듭니다. 전체 국민의 90% 이상에게 삶의 무대이자 터전이 도시인 상황에서, 우리가 보다 나은 삶을 추구하기 위해서는 보다 나은 도시를 만드는 것이 필수적입니다.

그렇다면, 우리의 도시는 그리고 그중에서도 한국의 대표적인 도시인 서울은 과연 살기 좋은 도시인가요? 서울처럼 24시간 주 7일 내내 각종 상점과 편의 시설을 편하게 사용할 수 있고, 늦은 밤에도 안전하게 다닐 수 있는 도시는 많지 않습니다. 여기에 서울이 가진 다양한 콘텐츠와 교통-통신 등의 인프라를 더하면 서울이라는 도시에서 누릴 수 있는 것들은 너무나도 많습니다. 하지만, 자세히 살펴보면 서울이 우리의 삶을 좋게 만드는 것들 중 대부분은 서울이 가진 내용물(소프트웨어)의 가치와 편리함에 기인한 것이 큽니다. 이것을 담고 있는 물리적 환경(하드웨어)으로 그 질문을 확장하면, 서울이 살기 좋은 도시냐는 질문에 "예스"라고만 대답하기는 쉽지 않습니다. 서울이 가진 편리함에도 불구하고, 그리고 서울의 이곳저곳에 다양한 종류의 흥미로운 장소들이 많이 있음에도 불구하고, 도시 전체로 봤을 때 물리적 환경으로서 좋은 도시인지에는 여러모로 의문이 생깁니다. 그것이 무엇일까요?

서울에는 가고 싶은 장소들이 많음에도 불구하고, 대부분의 그런 장소들은 서울이라는 대도시 안에 서로 단절된 섬처럼 놓여 있습니다. 거리로 나가면 차량이 사람보다 우선하고, 가로변에 유모차나 자전거를 끌고 나가는 것은 전쟁터에 나가는 것과 같습니다. 도로변의 상점들은 그 안에서는 쾌적하지만 거리에서는 경쟁만 가득한 도시 풍경을 만들어 냅니다. 길거리에서 마음 편하게 앉아서 자연을 바라보며 쉴 수 있는 공터나 벤치는 발견하기 힘들고, 공원을 가려면 지하철을 타거나 차로 이동해야 합니다. 서울 인구의 약 70%가 거주하는 고층 아파트의 군락이 서울의 가장 인상적인 도시적 랜드마크를 형성하고, 이 아파트들의 단지는 다양한 편의 시설, 안전한 보행자 거리와 조경 등, 거주자에게 편리하고 좋은 시설들을 제공하여 누구나 살고 싶어하지만, 게이티드 커뮤니티Gated Community를 형성하여, 하나의 아파트 단지는 하나의 닫힌 섬을 형성하며 길과 이웃과 단절되어 있습니다. 단지가 큰 아파트일수록 도시 가로변의 공공에게는 불편한 큰 공백을 만듭니다.

서울이 가진 다양한 가치와 장점에도 불구하고 물리적 환경에서 생기는 아쉬움은 결국 거리와 건물의 소통이 없고, 쾌적하게 쉬고 거닐 수 있는 공공의 영역이 적고, 좋은 공간들이 거리로 연결되지 못하여 도시의 공공 영역과 단절되어 섬처럼 그 안에서만 존재하는데 기인한다고 볼 수 있습니다. 즉, 도시에 거주하는 우리 모두가 공유하는 가로와 공공의 영역에서 우리의 삶의 질을 높여 주고 쉬고 즐길 수 있는 장소가 부족합니다. 이런 도시 환경의 부족함이 PC방, 찜질방, 카페, 식당 등 다양한 "방" 혹은 실내 문화를 만들어 냈습니다. 서울의 가로변과 골목을 채우고 있는 다양한 상점들과 카페는, 서울의 도시 환경이 제공하지 못하는 공공 환경과 삶의 질의 부재를 채우기 위한 시도로 볼 수 있습니다. 이는 서울뿐 아니라 급속한 산업화를 겪으며 숫자(세대 수, 거주 면적, 임대 면적, 땅 값, 차량 수 등)로 만들어졌던 많은 한국의 도시들이 공유하는 보편적 현상입니다.

그러면, 어떻게 우리의 도시도 삶의 질을 높이는 환경을 제공할 수 있을까요? 앞으로 우리 도시를 보다 나은 환경으로 가꾸기 위한 방향은 무엇일까요? 데이비드 심David Sim의 〈소프트 시티〉는 한국의 도시에 사는 우리에게 다시 한번 우리 도시를 되돌아보고, 도시가 가진 가치를 숫자가 아닌 순수한 물리적 환경의 관점에서 재인식할 수 있는 기회를 제공합니다. 이 책을 통해서 도시가 가진 물리적 환경의 가치를 재발견할 수 있습니다. 국내에서 재개발, 도시 재생 등의 키워드로 도시를 발전시키고자 했지만, 결국은 숫자와 정책적 대안(소프트웨어)에 주로 머물러 있었고 도시를 만드는 물리적인 환경(하드웨어)을 구축하는 방법에 있어서는 적절한 대안을 제시하지 못했습니다. 좋은 도시를 만들기 위해서는 도시를 구성하는 소프트웨어와 하드웨어가 모두 중요합니다. 그럼에도, 그동안 우리의 도시 계획이 주로 소프트웨어적인 해답에 머물러 있었다면, 소프트 시티는 하드웨어의 중요성을 다시 한번 상기시켜 줍니다.

물리적 환경의 측면에서, 어떻게 도시를 읽고 만들어야 하는지, 어떻게 건물과 도시의 관계를 지어야 하는지에 대한 갈증이 있었던 사람들에게 이 책은 가뭄의 단비와 같은 책입니다. 책에서 다루는 건축-도시 디자인 접근 방식이 덴마크 및 유럽의 방법과 사례를 기반으로 하고 있음에도, "소프트 시티"는 "사람"이라는 보편적 요소, 그리고 "사람의 삶", "도시", "자연"이라는 보편적 가치에 기반을 두고 그 건축적 해법을 풀어 나가고 있어 국경과 지역을 넘어서는 보편적 가치를 갖습니다. 또한, 섬세한 관찰과 풍부한 건축적 경험과 연구에 기반한 본문의 세부적이고 다양한 도시적 디자인 요소에 대한 내용들은 우리가 앞으로 한국의 도시를 어떻게 만들어 나갈지에 대한 방법론의 훌륭한 실마리를 제공하고 있습니다. 서울을 비롯한 한국의 도시들은 앞으로도 변해 가고 성장해 갈 것입니다. 그동안은 개발이라는 명목하에 숫자로서 소프트웨어적으로만 도시를 계획해 왔다면, 앞으로는 거기에 사는 사람들과 사람들의 삶의 질을 어떻게 물리적 환경으로 풍요롭게 할 수 있는지에 대한 고민이 필요한 시점입니다. 소프트시티는 실질적인 설계와 계획을 아우르는 실천적인 디자인 방법론을 통해 그에 대한 중요한 시사점을 제시합니다.

남정민(고려대학교 건축학과 교수)

들어가며

건물 사이의 삶에서 소프트 시티로

*블록에 속한 사회는
단단한 돌처럼 딱딱할 수 있고,
충격에 빠진 사람의 인생은
단단한 뼈처럼 굳어질 수 있다.*

*그리고 어둠 속에 있는
심장은 거의 멈추었다.
누군가 사람의 몸처럼
소프트한 도시를 짓기 전까지*

잉거 크리스텐슨Inger Christensen, 〈그것〉it, 1969[1]

덴마크의 휘게hygge(일상의 유대감; 웰빙을 촉진하는 편안하고 유쾌한 분위기) 현상에 대한 세계적인 관심이 있습니다. 휘게는 스칸디나비아 사회의 소프트함softness을 반영합니다. 북유럽 국가의 특징인 온화한 실용주의가 있습니다. 많은 사람들에게 탁월한 삶의 질을 제공하기 위해 평범하고 일상적인 것들을 함께 어우르며, 제한된 자원을 최대한 활용하려는 발상에 기초합니다. 그리고 논란의 여지는 있으나 복지 국가의 깊은 가치를 반영했다는 의도도 있습니다. 이러한 실용주의는 인간 감각의 가능성과 한계에 기초하며, 자연의 법칙을 준수하고 기후와 계절의 변화에 대한 적응을 통해 이루어집니다.

휘게의 기원은 영어로 편안하게 허그hug하는 것과 같습니다. 스웨덴 사람들은 이를 미스mys라고 부르며, 노르웨이 사람들은 이를 코세kose라고 합니다. 세 단어는 모두 동사로 바뀔 수 있으며, 문자 그대로 "우리 스스로를 편안하게 해 줄까요?"라는 의미를 가지고 있습니다. 스칸디나비아의 추운 기후와 가혹한 환경에서 이렇게 사용되는 언어들은 일상생활의 어려운 현실을 소프트하게 하려는 노력입니다. 아울러 사람 간의 편안함을 위한 투자에 대한 필요성을 나타냅니다. 인생에는 허드렛일과 어려움이 있습니다. 모든 사람들은 여전히 일을 해야 하며, 추운 겨울철 외출을 해야 하고, 자전거를 타거나 버스를 기다리거나, 탁아소에 아이들을 데리러 가야 하며, 저녁 식사를 준비해야 하고, 설거지를 해야 하고 쓰레기를 버려야 합니다. 그러나 약간의 주의를 기울이면 조금 더 품위 있고, 더 편안하고, 더 행복하게 이 모든 것을 할 수 있습니다. 간단한 절차와 저비용 투자로 빠른 도시화, 증가되는 분리 현상, 기후 문제가 만연한 현대 세계에서도 소프트한 삶이 가능할 수 있습니다.

우리 시대가 직면한 거대한 사회적 도전을 이야기할 때 휘게에 대해 이야기하는 것은 순진해 보일 수 있습니다. 냉혹한 정치 분위기는 변화에 대한 깊은 두려움을 반영합니다. 사람들의 생활 방식을 위협할 수 있는 빠른 도시화에 대한 두려움도 있습니다. 증가하고 변화하는 인구, 과밀과 혼잡, 사회적 분리, 불평등에 대한 인간의 두려움도 있습니다. 기후 변화, 생소한 기상 패턴, 빈번한 자연 재해에 대한 두려움도 있습니다. 이러한 어려움들은 인간 삶의 근간을 뒤흔들기도 합니다. 두려움에 직면했을 때 일반적인 반응은 반대 방향으로 달리는 것입니다. 도전을 받아들이고 새로운 기회를 환영하기보다는 변화를 거부하고 차단해 버리는 것입니다.

지구 온난화, 혼잡과 분리, 빠른 도시화는 21세기 세계가 직면한 가장 큰 세 가지 어려움입니다. 세상, 사람, 장소와 관련된 모든 변화는 삶의 방식에 위협이 될 수 있습니다.

전 세계적으로 도시의 인구 밀도가 높아지고, 주택의 비용이 증가함에 따라 더 많은 사람들이 더 작은 공간으로 밀려나며, 사생활과 공동체 간의 균형을 맞추기가 어려워졌습니다. 우울증과 외로움은 일반적인 현상이 되었습니다. 실내에서의 주된 생활, 인공 조명과 기계 환기 설비를 갖춘 건물 내에서의 생활, 자동차에 대한 높은 의존성 등으로 인해 사람들의 건강 악화가 확산되고 있습니다. 이러한 문제점들이 '소프트 시티'가 해결해야 할 부분입니다. 야외에서 더 많은 시간을 보내고, 이동하면서 "건물 사이의 삶"[2]을 경험하는 것이 그 어느 때보다 중요해졌습니다.

'소프트함'과 '도시'를 결합하는 것이 모순어법처럼 들릴 수 있습니다. '소프트 시티'라는 단어는 얀 겔의 책을 일본어로 번역한 토시오 기카하라 Toshio Kitahara 교수와의 대화에서 만들어졌습니다. 기타하라 교수는 모순적으로 보이는 이 단어들의 조합에 대해 이야기하였습니다. 소프트 시티는 사람들을 서로 더 가깝게 이동시켜, 서로를 연결해 주며, 그들 주변 삶의 모든 측면에 연관성을 가질 수 있게 만들어 줍니다. 수십 년 동안 도시 계획의 많은 부분이 인간 활동을 별개의 객체로 재구성하고 사람과 사물을 분리하여 갈등의 위험을 줄이는 방법을 고안하는 데 중점을 두었습니다. 반면에, 저는 일상생활에서 잠재적으로 상충되는 측면이 어떻게 결합되어 더 나은 삶의 질을 제공할 수 있는지에 초점을 맞추고자 합니다.

소프트 시티는 '스마트' 시티에 비교되는 단어 혹은 보완되는 단어로 간주될 수 있습니다. 증가하는 도시화의 과제를 해결하기 위해 복잡한 신기술을 찾는 대신, 도시 생활을 보다 쉽고 매력적이며 편안하게 만들어 주는 방법을 소규모, 저기술, 저비용, 인간 중심의 소프트한 해결책에서 찾을 수 있습니다. 더 소프트한 것이 더 스마트한 것일지도 모릅니다.

이 책은 도시 형태와 설계의 기본 측면에 대한 관찰을 제시합니다. 지속가능하고 탄력적인 커뮤니티를 통해 그 안에 사는 사람들의 행복한 삶 추구에 기여할 수 있습니다. 이 책은 21세기 삶의 도전 과제를 각각 한 가지씩 다루는 3개의 장으로 구성됩니다. 각 장 사이에 짧은 에세이가 있으며, 도시 환경에서 삶의 질을 유지하는 것에 대한 핵심 아이디어를 탐구합니다.

첫 번째 장 "건물 블록: 도시화된 세상에서 로컬 생활하기"는 같은 장소에서 밀도와 다양성을 수용하여 로컬에서 살게 하는 방법을 찾아 도시화로 인한 문제를 해결하는 것에 대해 다룹니다. 두 번째 장 "혼잡하고 분리된 세상에서 연결되어 살아가기"는 현관문 바로 앞에서부터 시작되는 사람의 동선에 대한 신체적, 사회적 도전에 관한 것입니다. 세 번째 장 "기후 변화 시대에 날씨와 함께 살아가기"는 실내에 거주하는 사람들의 외부와의 연결성을 높여 자연의 힘에 대한 인식을 높이며 사람들이 더 편안하게 느끼도록 하는 것에 대해 다룹니다.

책의 모든 이야기는 친숙한 공간(집, 직장)에서 시작하여 덜 친숙한 공간(더 넓은 근린 지역, 도시, 세계)으로 천천히 전개됩니다. 각 장은 일상의 안락함, 편리성, 유쾌함 그리고 커뮤니티를 제공하는 방식으로 일상생활의 밀도와 다양성을 수용하는 공통된 맥락을 갖습니다.

이 책은 북유럽의 전통적인 인간 중심 계획으로부터 영감을 얻었습니다. 1971년 얀 겔은 〈삶이 있는 도시 디자인〉Life between buildings을 출간하였습니다. 그의 아내인 인그리드 겔Ingrid Gehl은 〈Bomiljø〉The Psychology of Housing(주택 심리학)[3]이라는 책을 같은 시기에 출간하였습니다. 이 책들은 도시 계획 분야에서 분수령이 되었으며 인간과 건축 환경에 대한 이해의 패러다임적 전환을 가져왔습니다. 얀 겔과 인그리드 겔은 건축 형태를 넘어 인간의 삶을 우선시하며 여러 학문 분야를 넘나드는 접근법을 고안했습니다.

동시에 덴마크에서는 개인과 거주자들의 공통된 요구를 균형 있게 반영하는 건축 움직임인 고밀도-저층 구조Dense-Low라는 새로운 어바니즘 형태가 등장하였습니다. 이는 대규모 주택 단지에서 나타나는 산업 생산 기술과 단독 주택에서 나타나는 유형적 세부 사항을 결합한 "제 3의 방식"이었습니다.

초기의 고밀도-저층 구조 프로젝트들은 급격하게 건물의 규모를 줄였으며, 개별 주택이 눈에 띄게 두드러지는 형태로 마을을 만들었습니다. 주택들은 각각의 대문과 정원을 갖춘 것처럼 일반적으로 작지만 상당한 섬세함을 통해 저마다의 차이를 나타냈습니다. 동일한 관심을 통해 이웃들 간의 교류를 촉진하기 위해서 인식 가능한 공유 및 공용 공간을 만들었습니다. 고밀도-저층 구조는 개인성과 공동체성 모두를 위하여 설계되었습니다. 개인과 공동체 "두 가지 모두"라는 컨셉은 인간에게 모순적으로 보이는 두 가지 측면, 즉 개성의 필요와 사회성의 필요를 동시에 수용했습니다. 이 책의 이론상 원리는 고밀도-저층 구조 움직임의 가치 위에서

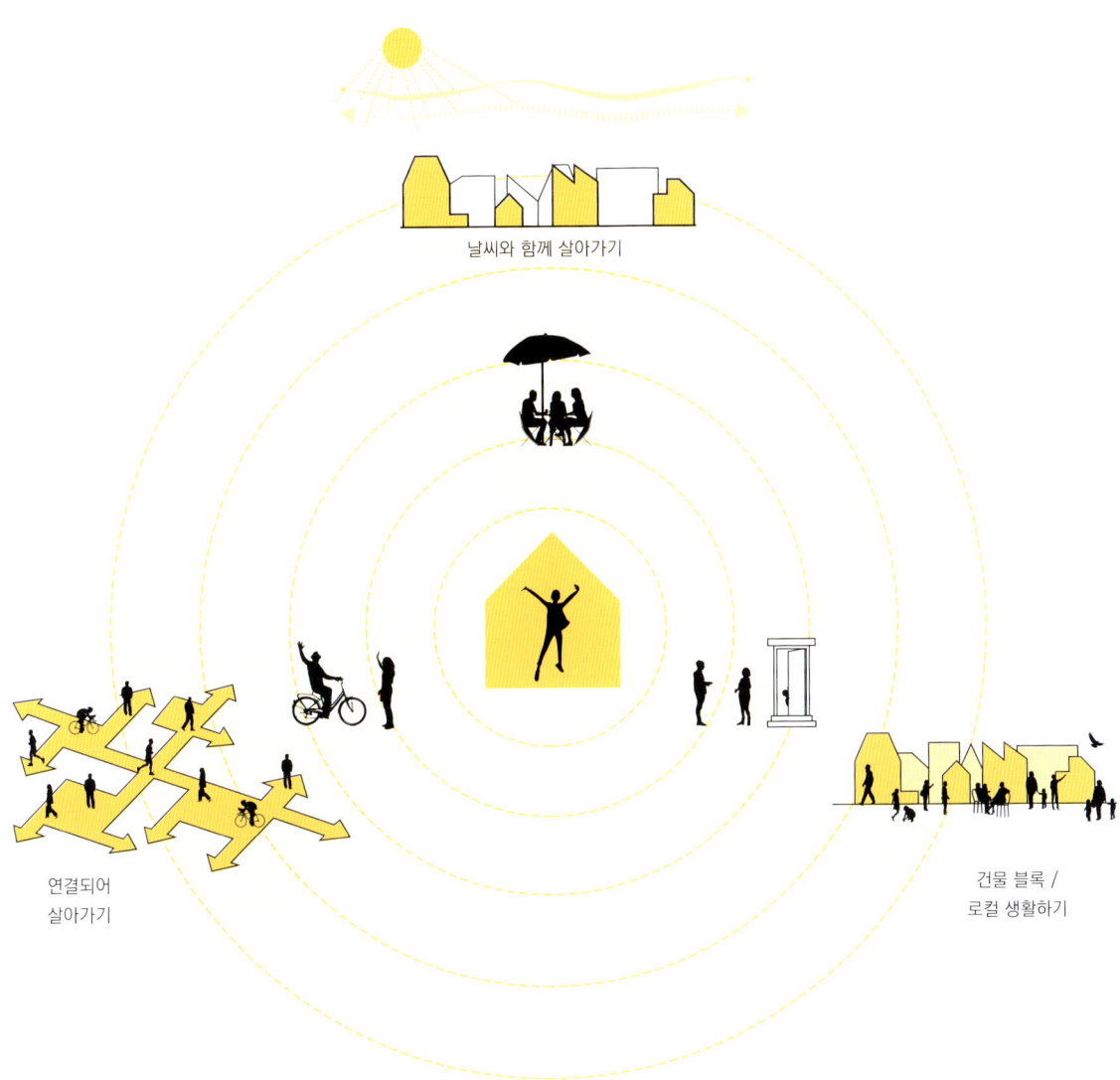

'소프트 시티'는 세상, 사람, 장소와 교류할 수 있는 기회를 제공합니다. 사람들은 자신의 속도에 맞춰 주변 환경과 상호 작용이 가능하며 집과 직장에서부터 점차 더 넓은 지역과 세상으로 이동합니다.

만들어졌으며, 21세기의 고밀화, 다용도화된 도시 환경의 현실에 맞춰 이러한 원리를 업데이트하려 합니다.

고밀도-저층 구조 움직임과 동시에 덴마크에서는 거리와 공공장소가 보행자 중심이 되기 시작되었고 코펜하겐의 스트뢰에Strøget 거리가 유명해졌습니다. 이 보행자 거리는 외곽의 실내 쇼핑센터보다 지속가능하고 즐거운 대안을 제공했습니다. 1973-74년의 석유 위기에 대응하여 덴마크의 마을과 도시들은 자전거를 중요한 교통수단으로 만들려는 노력을 하였습니다. 도시 내 자전거 기반 시설들은 도시 맥락과 사람들의 일상적인 활동을 유지하면서 모든 사람들에게 자전거 사용을 더 안전하게 만들어 주었습니다.

1970년대 후반부터 1980년대에 걸쳐 덴마크는 전 세계 모더니즘 도시 계획자들에 의해 추진된 낙후 지역의 급진적인 도시 빈민가 정리 방식을 보다 신중하고 사려 깊게 로컬에 기반한 접근 방식으로 바꾸었습니다. 주변 블록의 전통적인 구조가 보존되었으며 오래된 건물들도 보존되거나 개조되었습니다. 1980년대에는 태양광 패널과 커뮤니티 가든을 통해 도시 환경 생태 솔루션이 통합되어 사람들이 자연에 더 가까이 다가가고 자연 생태가 일상생활에 연계될 수 있도록 만들었습니다.

고밀도-저층 구조 주택, 도보와 자전거 타기, 기존 도시 블록에 대한 간단한 변경과 조정, 생태학의 통합을 종합적으로 고려하였을 때 도심 속 생활이 모든 사람들, 특히 어린이가 있는 가족에게 사람들과 어울리기 좋고 매력적인 것으로 다가왔습니다. 인간 차원에 대한 인식과 관심은 도시 생활에서 르네상스를 만들었으며 코펜하겐이 세계에서 가장 살기 좋은 도시 중 한 곳이 되는 데 중요한 역할을 하였습니다.[4]

전 세계를 코펜하겐이나 스칸디나비아처럼 만들려는 야심은 없습니다. 한 장소에서 다른 장소로 솔루션을 변환하는 것은 상당한 재해석이 필요합니다. 그러나 현실을 회피하려고 하기보다는 현실을 포용하는 북유럽의 접근법은 우리의 삶을 향상시킬 수 있습니다. 우리는 매일 한탄하기보다는 축복하는 법을 배우고, 날씨에 적응하여 살고, 우리가 지닌 수단들을 활용하고, 이웃과 함께 사는 법을 배울 수 있습니다. 이 책에는 유럽, 한국, 일본, 미국, 호주와 같이 스칸디나비아 이외 지역의 사례도 포함되었습니다.

전 세계 도시들은 각기 다른 기후와 문화, 사람과 풍경, 정치와 거버넌스 모델, 자금 조달 메커니즘과 법률 시스템을 갖추었습니다. 같은 국가 내의 도시 사이에서도 차이가 발견됩니다. 그러나 이러한 차이에도 불구하고 전 세계적으로 매우 비슷한 상황, 과제, 문제들이 관찰됩니다. 저는 동일한 기본 원칙이 전 세계 도시에서 관찰되는 여러 문제들에 대한 솔루션을 제공하는 데 도움이 될 거라 생각합니다. 대체로 사람들의 행동양식은 전 세계적으로 놀랍게도 비슷하며 일상생활에서의 편안함과 유쾌함에 대한 기본적인 요구도 마찬가지입니다.

급속한 도시화로 인해 직면한 문제들은 지역과 도시가 더 잘 작동할 수 있게 하는 기회가 될 수도 있습니다. 도시의 밀도가 점차 높아지고 다양화되는 데 이를 활용하면 상호간에 교류를 위한 장소이자 연결을 위한 플랫폼이 될 가능성이 있습니다. 서로 이웃이 되고, 건강하고, 지속가능하고, 즐겁고, 의미 있는 관계를 맺을 수 있는 기회를 만들어 나가며, 끊임없이 발전하는 온화한 도시 공생체를 만들 수 있습니다.

브라질 쿠리치바의 건축가이자 이전 시장이었던 제이미 런너는 다음과 같이 말했습니다. "도시는 문제가 아닙니다. 도시는 해결책입니다."[5]

주요 원리

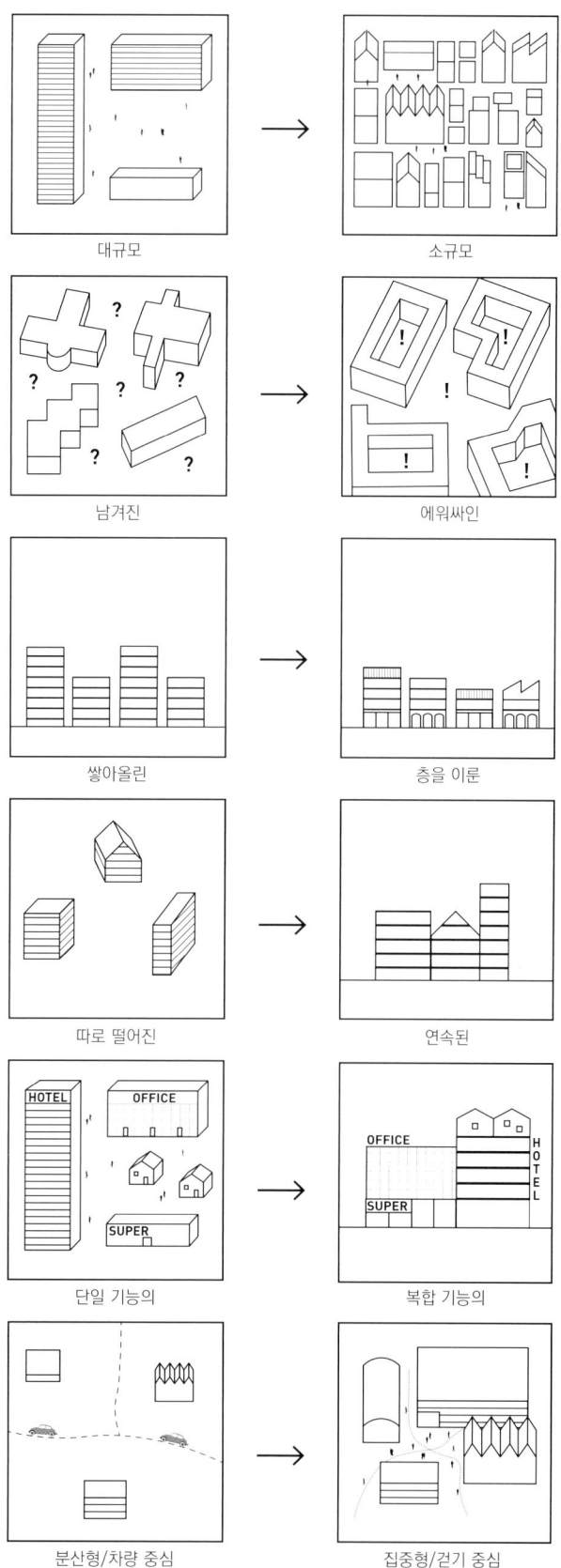

대규모 → 소규모

남겨진 → 에워싸인

쌓아올린 → 층을 이룬

따로 떨어진 → 연속된

단일 기능의 → 복합 기능의

분산형/차량 중심 → 집중형/걷기 중심

이웃 만들기

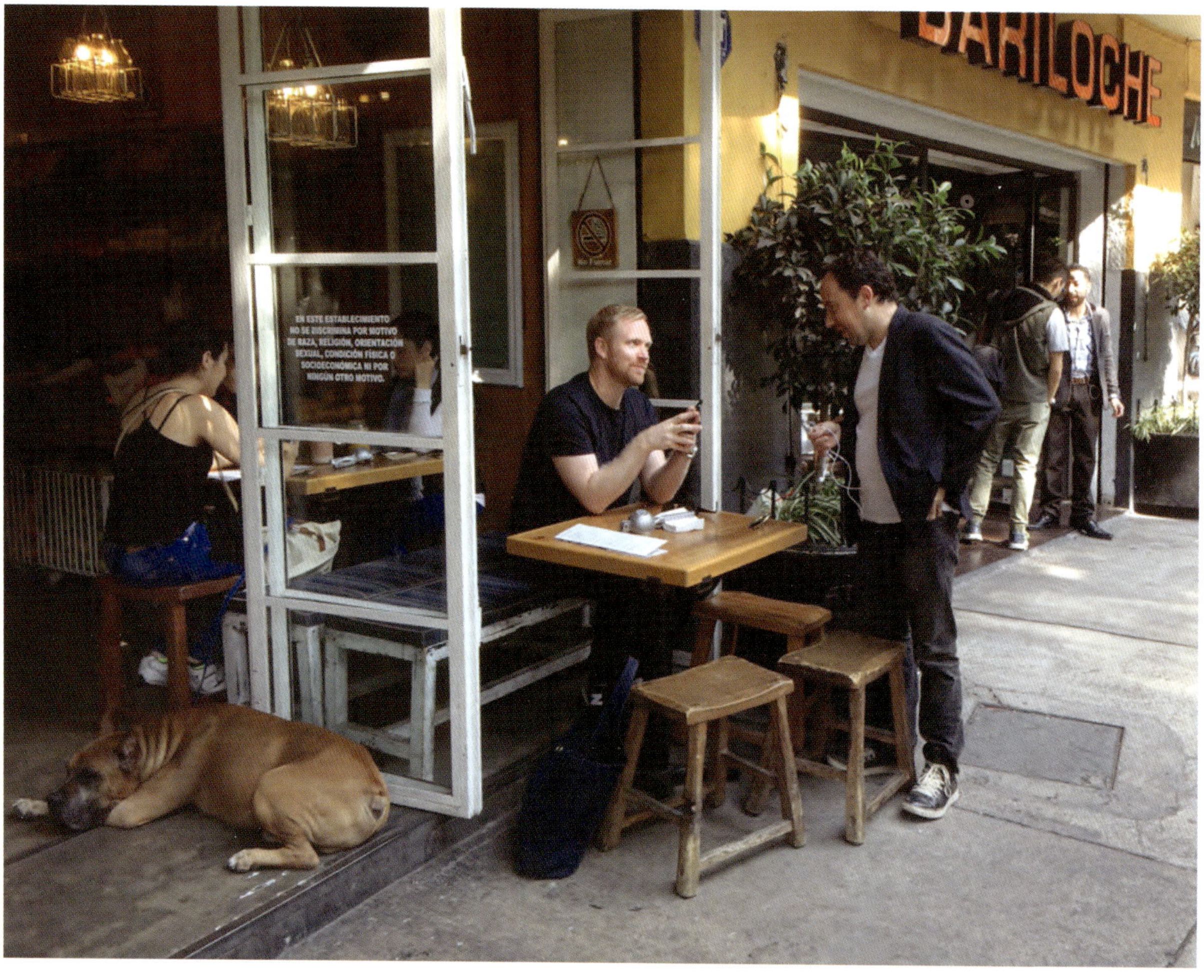
BARILOCHE
EN ESTE ESTABLECIMIENTO NO SE DISCRIMINA POR MOTIVO DE RAZA, RELIGIÓN, ORIENTACIÓN SEXUAL, CONDICIÓN FÍSICA O SOCIOECONÓMICA NI POR NINGÚN OTRO MOTIVO.

01.

02.

03.

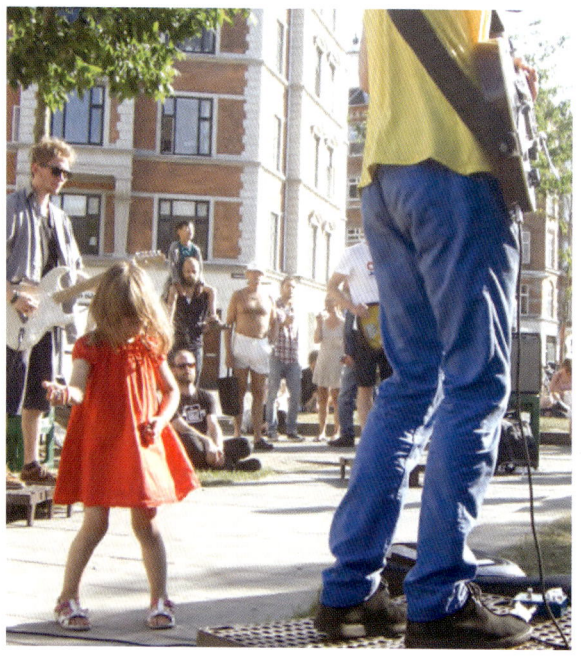

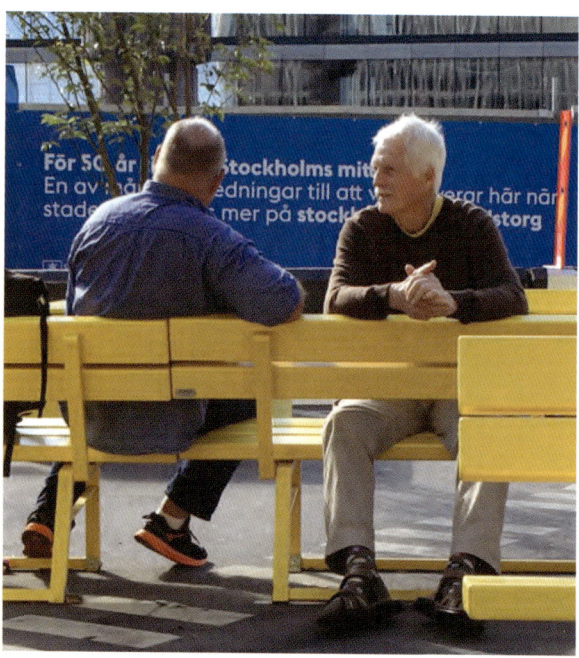

*"이웃은 장소가 아닙니다.
마음의 관계입니다"*

사람이 사는 환경, 마을과 도시, 도시 디자인, 장소 만들기에 관해 이야기할 때, 이웃neighbor이라는 단어는 항상 유용합니다. 당신의 이웃에 대해 생각하면, 당신은 즉시 다른 사람을 생각합니다. 그것은 모호한 계획 개념이나 구체화되지 않은 도시 현상이 아니라, 당신과 같이 살고 있는 다른 사람을 말합니다. 이웃은 기술 용어나 전문 계획 용어가 아니라 모든 사람이 알고 이해하는 간단한 단어입니다. 가장 간단하게 이웃은 옆집 사람을 의미할 수 있습니다. 가장 넓은 의미에서 이웃은 모든 인류를 의미할 수 있습니다.

이웃은 관계 맺기입니다. 무엇보다도 인간 환경은 사람과 세상의 관계, 사람과 장소의 관계, 사람과 사람의 관계에 관한 것입니다.

사람과 세상의 관계에서 우리는 가혹한 장소와 기후를 거주 가능하게 만들었습니다. 다른 사람과의 공존을 통해 체계를 세우고, 거래하고, 제조하고, 학습하며, 협력하게 하였습니다. 다양한 관계를 구축하고, 통제하고, 심지어는 조작할 수 있는 능력 덕분에 우리는 생존을 넘어 사회와 문화를 창출하고, (항상 그런 것은 아니지만) 더 나은 삶의 질을 달성해 왔습니다. 성공적인 이웃 관계 형성은 우리의 삶이 번성하고, 더 오래 살며, 충만하게 살 수 있게 해 주었습니다.

물론, 이웃이 되는 것이 항상 쉬운 일은 아닙니다. 사람들은 서로 다른 관점, 요구, 가치를 갖고 있습니다. 같이 지내는 것의 장점이 오히려 문제가 되는 경우도 많이 있습니다. 잉여가 낭비로 이어지고, 에너지 자원이 오염되고, 이동성이 혼잡함이 되고, 협력이 착취가 되고, 공존이 갈등이 될 수 있습니다.

그러나 빠르게 도시화되는 세계에서 이웃이라는 단어는 그 어느 때보다 유의미합니다. 전 세계적으로 도시의 밀도가 높아질 뿐 아니라 다양화되고 있습니다. 다양성과 다름은 기회를 창출합니다. 사회가 제공하는 모든 것을 활용하는 가장 간단한 방법은 이웃과 함께 더 가까워지는 것입니다.

이웃의 모습들:
01. 멕시코, 멕시코 시티.
02. 덴마크, 코펜하겐.
03. 스웨덴, 스톡홀름.

이 책의 논지는 간단한 방정식으로 귀결됩니다.

밀도 × 다양성 = 근접성

이 아이디어는 밀도와 다양성이 결합하면 유용한 장소와 사람이 당신에게 더 가까워질 가능성이 증가한다는 것입니다.

도시의 매력은 상호간의 호혜성에 있습니다. 밀도와 다양성의 결합은 공생적 관계를 뒷받침하는 상호적 시스템과 방식이 됩니다. 높은 밀도와 다양성을 가진 도시 환경의 매력을 설명하는 세 가지 특징으로 물리적인 근접성, 공통된 자원, 공유되는 정체성이 있습니다.

사람과 장소에 대한 물리적 근접성은 직장, 배달, 상점, 학교, 서비스 등을 필요로 하는 사람들에게 용이한 접근성을 제공합니다. 도시 맥락에서의 근접성은 공공장소, 병원, 도서관, 대학, 대중교통과 같은 공동 자원에 의해 가능해집니다. 의사 결정과 발견이 이루어지는 곳, 새로운 지식이 발생하는 곳, 패션이 창조되는 곳, 유행이 시작되는 곳, 문화가 발생하는 곳에 더 가깝게 위치하는 것입니다.

근접성을 통해 도시 환경에서의 공간은 시간으로 변환될 수 있으며, 같은 날, 같은 아침, 같은 시간에 다양한 일을 할 수 있는 편의성을 제공합니다.

우리는 밀도가 증가함에 따라 1인당 인프라 비용이 감소한다는 것을 알고 있습니다. 또한 사람이 많으면 더 많은 고객을 확보할 수 있고, 이는 더 넓은 범위의 상업과 문화 활동이 번성하게 합니다. 이론적으로, 도시가 커질수록 공동 자원의 규모 또한 커집니다. 이러한 접근법은 때때로 비좁고 혼잡한 도시에서의 생활 환경에 대한 보상이 됩니다.

또 다른 이점은 동일한 장소와 자원을 공유함으로써 커뮤니티와 공유된 정체성을 갖는 것입니다. 소속감은 그들의 도시, 지역, 로컬의 영웅, 공공 건물, 공원, 산책로, 운동 선수, 예술가에 대한 주민들의 자부심에서 살펴볼 수 있습니다. 로컬 내의 정체성은 종종 국가적, 문화적, 민족적 정체성보다 더 강력하며 연관성이 있습니다. 이러한 포용성은 틀림없이 가장 건강한 형태의 집단 정체성 중 하나일 것입니다.

조밀하고 다양한 도시 환경의 또 다른 이점은 예기치 않은 기회가 있다는 것입니다. 마을과 도시는 자발적이고 우연적이며 예측할 수 없는 만남이 발생하는 장소입니다. 끊임없이 변화하는 사람들의 구성으로 인해 기분 좋은 불예측성이 높아집니다. 겉보기에는 도시 생활의 중요하지 않은 측면 같으나 사실 이것은 매우 중요합니다.

좋은 이웃을 만들기 위한 조건이 무엇인지 더 잘 이해하면 우리는 밀도, 차이, 변화를 더 잘 수용할 수 있습니다. 우리는 불행한 도전이 아닌 유익한 기회로 도시화를 수용할 수 있습니다.

우리는 건축 환경 내 물리적 구성의 모든 세부 사항이 편안함과 편리함 그리고 다른 사람과의 연결성을 제공할 가능성이 있음을 인지해야 합니다. 사적, 공적 영역에서의 필요들이 절묘하게 균형을 이루고, 같은 공간에서 여러 활동이 공존할 때 사람들은 많이 이동하지 않고도 윤택한 삶을 누릴 수 있습니다. 도심 내 근린 환경은 가까운 삶의 반경 내에 필요한 것을 갖춘 물리적 환경에서 적절한 관계성을 맺게 함으로써 더 나은 삶을 제공할 수 있습니다.

일상적인 노출로 정기적인 만남을 가능하게 합니다. 사람들이 세상, 사람, 장소에 대해 관심을 가질 때 이웃에 대한 인식과 이해가 시간이 지나면서 높아질 수 있습니다. 사고방식의 변화는 궁극적으로 행동의 변화로 이어집니다.

이렇듯 이웃은 장소가 아닌 마음의 관계입니다.

일본 도쿄, 깃사 세탁소 까페 Kissa Laundry Café. 조용한 동네에 위치한 건물 1층의 빈 공간은 창의적인 카페와 세탁소로 전환되어 인기 있는 커뮤니티 허브가 되었습니다.

건물 블록:

도시화된 세상에서 로컬 생활하기

건물의 밀도를 높이는 것에 대한 여러 주장들이 있습니다. 빠른 도시화와 자원 감소로 인해 기존 인프라를 효율적으로 사용해야 하고 보유하고 있는 자원, 특히 공간 자원을 잘 활용하며, 건설된 환경이 그곳의 사람들을 위해 더욱 효율적이게 되어야 합니다. 단순히 밀도가 높다고 더 나은 주거환경이 되는 것은 아닙니다. 효율성을 위해 단순히 쌓아올린 건물은 거주자에게 실질적인 혜택이 되지 못합니다.

도시에서의 진정한 삶의 질은 동일한 장소에서 건물의 유형과 용도에서의 밀도와 다양성을 수용함으로써 발전할 수 있습니다. 만약 사람들이 서로 좋은 이웃이 될 수 있는 물리적 구조를 지닌 공간에 머무른다면, 서로 다른 용도와 사람들이 때로는 갈등이 있을 수도 있지만, 서로 공존할 수 있고 삶에서의 편리함도 누릴 수 있다고 믿습니다.

지붕의 최대 활용

개인 공간

에워싸인 내부 공간

앞뜰

에워싸는 형태

에워싸는 형태의 도시 패턴은 건축 환경 역사 그 자체만큼 오래되었습니다. 수천 년 전 최초의 공식적인 인간의 정착 역사 이래로 어반urban이라고 불리는 단순한 건물 패턴이 있었습니다. 어반 패턴은 부지의 중간이 아닌 가장자리에 건물을 짓고, 서로 다른 속성의 건물들이 병치되는 연접 형태입니다. 어반 패턴의 가장 중요한 특징 중 하나는 건물들 사이에 유기적으로 생성된 다양한 야외 공간일 것입니다. 건물들을 한데 모아 에워싸인 형태를 만들고 이를 통해 추가적인 비용 지출 없이 활용 가능한 야외 공간이 추가로 만들어집니다.

건물 사이와 블록 내부의 에워싸인 형태는 사생활 보호 및 보안성에 우수하며 이것은 도시 환경에서 매우 필수적인 요소입니다. 공간이 물리적, 시각적으로 보호된다는 사실은 건물 내부에서 삶이 연장될 수 있으며 다른 활동을 위한 추가적인 공간으로 적합함을 의미합니다. 내부의 보호된 공간의 활용은 시간 활용 측면에서 유연하고, 일시적이고 계절적인 사용에 적합하며, 향후 확장성 측면에도 유용합니다. 에워싸인 내부의 공간은 소음, 냄새, 혼란과 같은 짜증스러운 활동이 잠재적으로 발생할 수 있으나 주변 이웃을 방해하지는 않습니다. 이러한 방식으로, 에워싸인 영역 내부의 공간은 관용의 구역으로 볼 수 있으며 사람과 사람 간의 활동을 완충하는 데 중요한 역할을 합니다.

블록들이 모여 다른 유형의 공간들이 만들어집니다. 블록 사이의 거리와 공용 공간들이 추가적인 비용 없이 자연스럽게 형성됩니다. 이 공간은 일반적으로 완전히 폐쇄되어 있지 않으면서 중요한 역할을 합니다. 블록의 가장자리에 의해 공간이 정의되며 블록 사이를 통해 이동할 수 있습니다. 외부 날씨로부터 보호되는 차단성을 지니며 이곳에서 여러 활동이 이루어지며 편안한 시간을 보낼 수 있습니다. 이러한 오랜 역사를 지닌 도시 건물 패턴은 매우 다른 두 종류의 유용한 야외 공간을 사적인 내부의 영역과 공적인 외부의 영역에 만든다는 이점이 있습니다. 이러한 공간 시스템은 서로 다른 종류의 공간(건축되어진 공간과 자연스럽게 발생한 공간/사적인 공간과 공적인 공간)이 서로 밀접하게 공존할 수 있도록 하며, 건물 자체에 의해 분리됩니다. 최소한의 재료와 공간을 활용하여 다양한 활동을 가능하게 하는 이 패턴은 도시 디자인에 있어 중요한 문제들에 대한 해결책을 제공하며, 건물 종류와 용도의 다양성과 함께 밀집성을 수용합니다.

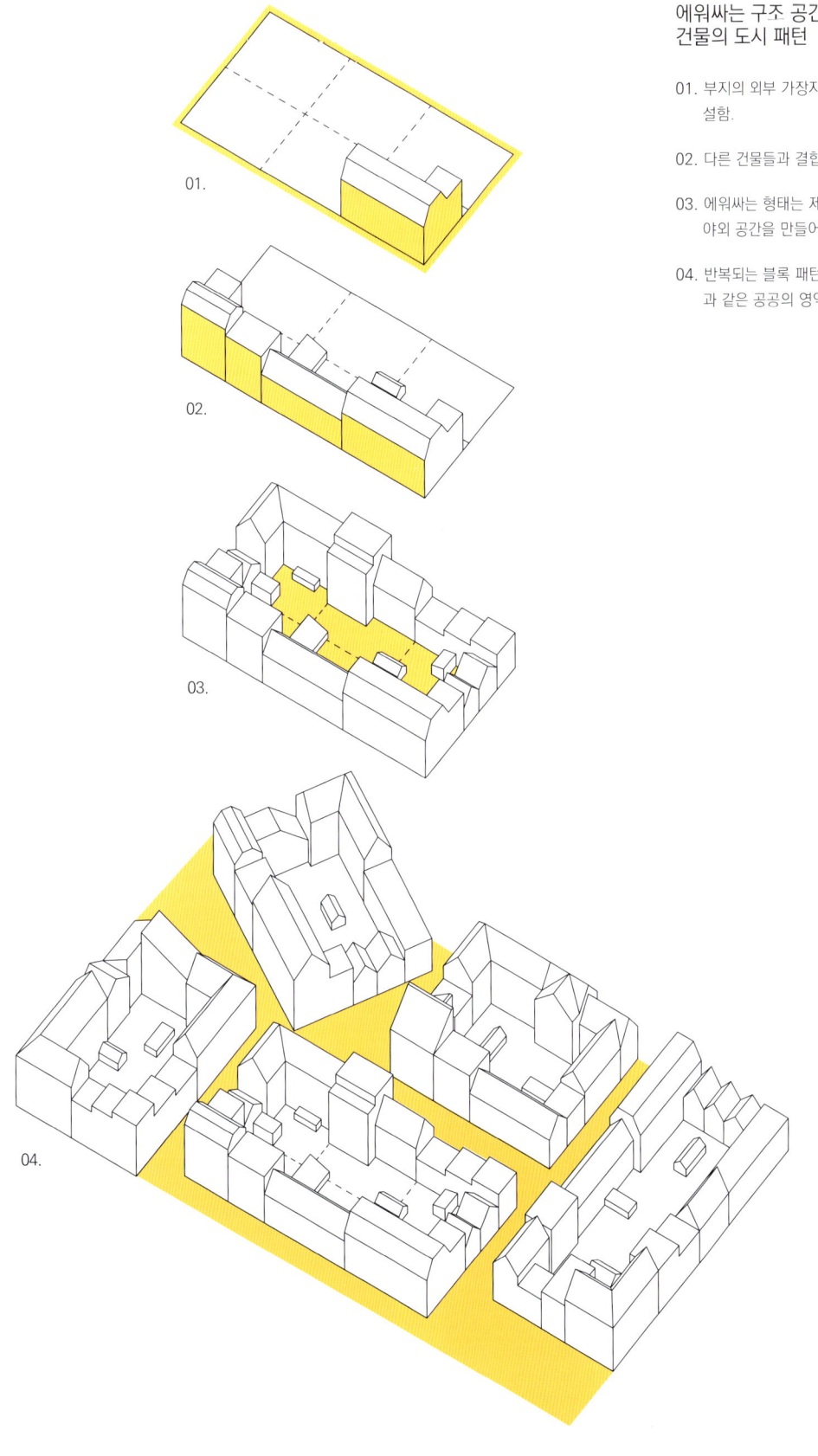

에워싸는 구조 공간: 건물의 도시 패턴

01. 부지의 외부 가장자리에 건물을 건설함.

02. 다른 건물들과 결합되고 병치됨.

03. 에워싸는 형태는 제어 가능한 사적인 야외 공간을 만들어냄.

04. 반복되는 블록 패턴은 거리 및 광장과 같은 공공의 영역을 정의함.

전체 블록이 하나의 건물처럼 기능하며 내부의 커다란 안뜰을 에워싸는 형태부터, 여러 개의 건물이 세분화된 여러 외부 공간을 에워싸는 형태까지 여러 변형된 에워싸는 형태가 있습니다. 인류의 도시 정착의 역사 전반을 훑어보면 후통hutong에서 파티오patio, 호프Hof, 클로이스터cloister에 이르기까지 서로 다른 기후와 문화에 적응하며 다양한 에워싸는 형태의 도시 블록 사례가 있었습니다. 건물로 에워싸인 야외 공간은 도시적 맥락 상 유용하고 적합한 형태의 거주지입니다. 중요한 것은 내부 공간이 주변 건물의 거주자들에 의해 명확하게 정의되고 인식 가능하며 제어 가능하다는 것입니다.

에워싸는 형태의 도시 패턴의 주요 특징은 낮은 높이의 건물들로 적절한 밀도를 제공할 수 있다는 점입니다. 부지의 가장자리 주변에 건물을 위치시키면 내부의 빈 공간 주위에 건물의 표면이 형성되며, 더 넓은 면적에 걸쳐 건물이 위치하게 됩니다. 이렇게 효율적인 공간 활용은 낮은 높이의 건물을 통해 넓은 연면적의 건물 공급을 가능하게 합니다. 작은 블록은 큰 블록보다 연면적 대비 건물에 의해 생성된 외부 표면적이 더 넓습니다. 따라서 블록이 작을 경우 같은 연면적의 건물을 더 낮은 높이의 건물로 공급할 수 있습니다.

4-5층 규모의 고전적인 도시 블록은 그것의 단순한 외관이 보여주는 것보다 훨씬 더 많은 역할을 합니다. 이것의 잠재력을 최대한 활용하면 에워싸는 형태의 블록은 서로 다른 여러 활동이 같은 공간 범위에서 발생하는 공생하는 도시 시스템을 만들어 낼 수 있습니다. 휴먼 스케일에 맞게 밀집되어 있는 도시 형태에서 다양한 건물 유형과 용도의 조합은 효율적이고 매력적인 환경을 만듭니다. 에워싸는 형태의 블록은 그것의 전면과 후면의 경계에 따라 외부의 공공 공간과 내부의 보호되고 제어 가능한 사적 공간의 범위를 명확하게 정의하고, 개방하고, 접근하게 합니다. 이러한 간단한 접근법은 가까운 물리적 접근성 안에서 공공에서 개인에 이르기까지의 다양한 요구를 수용합니다.

에워싸는 형태를 지닌 블록의 공간 구성은 다양한 종류의 활동이 발생할 수 있는 더 많은 선택지를 제공하며 일상생활의 다양한 요구를 수용하는 데 도움이 됩니다. 전면부는 공적인 영역이 되며, 1층은 서비스, 상점, 비즈니스를 위한 이상적인 장소를 제공합니다. 후면부는 사적

덴마크 드라거와 스웨덴 말뫼 로센가드.

덴마크 마을인 드라거(왼쪽)는 미기후로 유명하며 추위와 바람이 센 북부 기후에도 불구하고 작은 정원에서 무화과 나무가 자랍니다. 놀랍게도 전원 주택과 골목길로 구성된 이 마을은 여러 층의 말뫼 로센가드 주택 단지(오른쪽)와 동일한 건축 밀도를 보입니다.

동일한 건축 밀도를 보이는 다양한 건물 형태

동일한 건축 밀도가 다양한 건물 형태와 건물 사이의 거리로 나타날 수 있습니다. 아래의 네 가지 건물 형태는 동일한 건축 밀도를 보입니다. 각각의 전체 건축 연면적은 22,400m²(241,000평방 피트)로 서로 동일합니다. 주목할 점은 외부로부터 보호받는 안뜰을 지닌 에워싸는 형태의 건물 구조가 정의되지 않은 외부 공간을 지닌 타워형, 판상형 건물 구조보다 사용 측면에서 유리하다는 점입니다. 건물 외관과 접한 길이가 길어 전면부 활용에 유리하고, 1층과 최고층(혹은 펜트하우스)의 면적 비율이 높습니다. 사용 측면에서 유리하고, 미관상 매력적이고, 종종 경제적 측면에서 더욱 뛰어납니다.

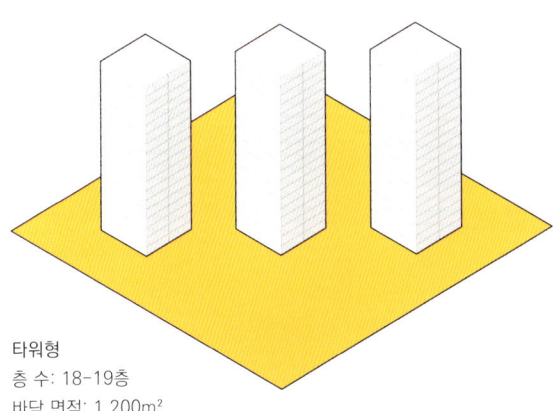

타워형
층 수: 18-19층
바닥 면적: 1,200m²
1층 면적 비율: 5%
최상층/펜트하우스 면적 비율: 5%
걸어서 올라갈 수 있는 높이까지 면적 비율: 22%
건물 외관이 거리와 닿는 길이: 240m

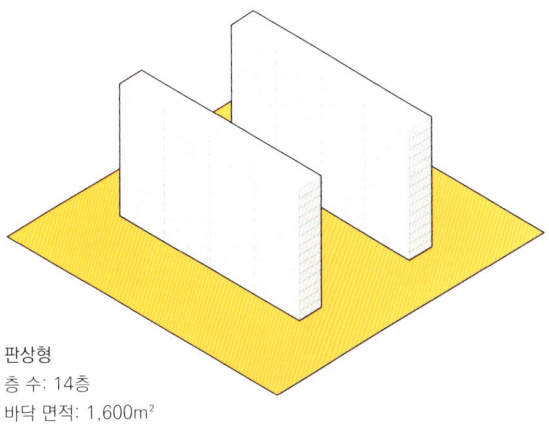

판상형
층 수: 14층
바닥 면적: 1,600m²
1층 면적 비율: 7%
최상층/펜트하우스 면적 비율: 7%
걸어서 올라갈 수 있는 높이까지 면적 비율: 29%
건물 외관이 거리와 닿는 길이: 360m

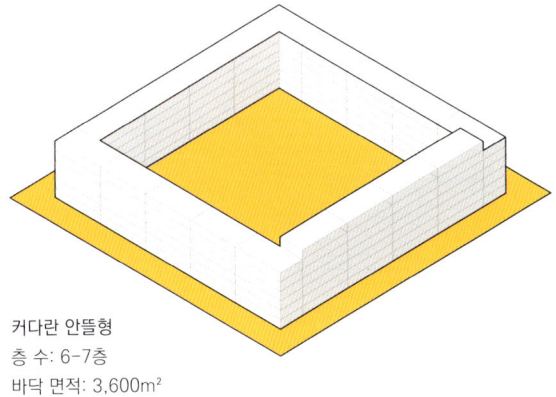

커다란 안뜰형
층 수: 6-7층
바닥 면적: 3,600m²
1층 면적 비율: 16%
최상층/펜트하우스 면적 비율: 16%
걸어서 올라갈 수 있는 높이까지 면적 비율: 67%
건물 외관이 거리와 닿는 길이: 400m

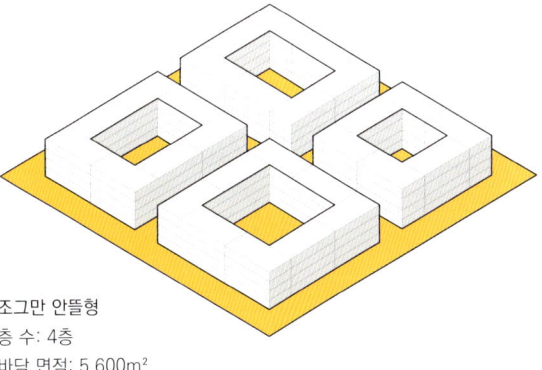

조그만 안뜰형
층 수: 4층
바닥 면적: 5,600m²
1층 면적 비율: 25%
최상층/펜트하우스 면적 비율: 25%
걸어서 올라갈 수 있는 높이까지 면적 비율: 100%
건물 외관이 거리와 닿는 길이: 720m

인 영역이며 아이들이 안전하게 놀 수 있으며 물건을 놓을 수 있는 식별 가능한 공간이 됩니다.

건물의 외벽은 거리와 공공장소, 특히 교통에서 발생하는 소음을 차단합니다. 복잡한 도시에서 평화롭고 조용한 삶의 가치는 매우 중요하며, 에워싸는 형태의 블록 구조는 안뜰을 향해 창문을 열고 잠을 잘 수 있게 합니다. 에워싸는 형태의 구조는 공기 오염 물질을 차단하여 환기를 위한 깨끗한 공기를 제공하고, 빨래를 건조할 수 있게 합니다.

에워싸는 형태는 자동차의 존재보다 오래 되었지만 매우 실용적입니다. 일반적으로 응급 상황, 배달, 운송 등을 위한 건물에서의 차량 접근성은 중요합니다. 그러나 차량은 소음과 매연을 발생시키며 사고의 가능성이 있습니다. 해결책은 차량을 에워싸는 형태의 블록 외부에 두어 내부를 차량이 없는 공간으로 만드는 것입니다. 에워싸는 형태의 블록 구조에서는 건물의 정문에 차량이 쉽게 접근할 수 있으며 뒷문에는 안전하고 깨끗하며 조용한 야외 공간이 제공되는 두 가지 이점을 모두 누릴 수 있습니다.

에워싸는 형태의 블록에도 실패가 없지 않습니다. 에워싸는 형태의 블록에서 내부 안뜰의 면적이 욕심에 의해 줄어들고, 활용성, 안락함, 관용성이 파괴된 곳을 찾기가 어렵지 않습니다. 어떤 곳에서는 안뜰로 인해 쓰레기 분리 수거 시설, 야외 화장실, 쓰레기통이 있을 공간이 줄어듭니다. 그러나 여러 장소에서 안뜰은 재발견되어 빛이 들고, 자연이 있고, 바람이 잘 통하는 중요한 공유 자원으로 바뀌었습니다.[6]

에워싸는 형태의 블록은 고유한 날씨를 만들 수 있습니다. 블록의 가장자리 둘레는 바람으로부터 내부 공간을 보호하며, 안뜰 공간 면적과 이웃한 건물의 높이의 차이가 직사광선의 양을 조절합니다. 안뜰은 지역 기후 맥락에 적절하게 대응하며 바람으로부터 보호되는 양지 바른 곳 혹은 그늘진 오아시스가 될 수 있습니다. 에워싸는 형태는 미기후의 일관성과 조절성을 향상시켜, 주민들이 야외에서 더 많은 시간을 보내고 더 많은 활동을 가능하게 합니다.

01. 스웨덴 룬드. 쉼터가 있는 공용 안뜰 정원은 도시 한가운데 위치하며 가족 행사를 위한 유용한 야외 공간을 제공합니다.
02. 스웨덴 말뫼. 안뜰은 편안한 미기후를 조성할 뿐만 아니라 주민들 간의 공통의 사회적 공간입니다.
03. 독일 프라이부르크. 넓은 공용 안뜰은 어린이들에게 개인 정원보다 훨씬 큰 놀이 공간을 만들어 줍니다.
04. 멕시코 멕시코 시티. 파티오는 라틴 국가에서 흔히 사용되는 형태입니다. 파티오는 박물관의 일부로서, 보다 격식을 갖춘 야외 전시 공간 기능을 수행하고 있습니다.
05. 독일 베를린, 하케셔회폐. 조밀한 안뜰 시스템은 매우 유연하며 통합적으로 접근 가능한 시스템으로 다양한 용도와 사용자를 수용합니다.
06. 스위스 베른, 브레이튼레인. 거리에 위치한 덮인 형태의 통로가 무성한 숲과 조용한 안뜰로 이어집니다.
07. 덴마크 코펜하겐, 주거 단지. 공용 안뜰에 대한 해석을 새롭게 하였습니다.

01.

02.

03.

04.

05.

06.

07.

건물 블록: 도시화된 세상에서 로컬 생활하기 23

01.

02.

03.

04.

05.

06.

01. 덴마크 코펜하겐. 커다란 단지 내 제한된 이웃 사이의 공유 공간에 대한 공통된 관심. 제어 가능한 중립 지역에서 다른 사람들과 만남을 갖고 교류할 수 있는 장소.

03. 코펜하겐. 녹지가 번성할 수 있고 가구와 놀이 기구를 둘 수 있는 건물 사이의 보호된 미기후를 지닌 장소.

05. 코펜하겐. 세탁물을 말리기 위한 깨끗한 공기가 있는 접근 가능한 안전한 장소.

02. 코펜하겐. 차량으로부터 보호되고 감시 시스템이 있는 안전한 공유 정원은 같이 놀 수 있는 잠재적 친구들이 있는 쉽게 접근할 수 있는 넓은 장소.

04. 코펜하겐. 밤에도 장난감 (및 기타 개인 소유물)을 남겨두고 갈 수 있는 안전한 장소.

06. 독일 튀빙겐. 많은 사람들(서로 다른 건물과 점유 형태)이 공통된 관심을 가질 수 있는 공용 안뜰.

작은 블록의 잠재력:
영국 런던, 도니브룩 지구

사진: 몰리 본 스턴버그 Morley von Sternberg

도니브룩 지구 소셜 하우징 프로젝트는 저비용으로 고품질을 이룬 저층의 고밀도 주택의 좋은 예시입니다. 두 개의 새로운 거리를 조성하여 부지 내에 더 작은 블록이 만들어졌습니다. 한 개의 거리가 광장으로 확대되며 새로운 공공 공간이 형성되었고 새로운 지름길이 형성되며 보행성이 향상되었습니다. 또한 작은 블록은 더 많은 가장자리를 만들어 지역에서 필요한 건축 밀도를 2-3층 규모의 건물로 조성하였습니다. 낮은 높이의 건물은 단순하고 경제적인 형태의 건축을 통해 만들어지며 각 건물마다 정문이 있고 벽으로 에워싸인 안뜰 정원이 있는 개별 주택이 됩니다.

도니브룩 지구는 작은 규모의 블록과 개별적인 구성 요소를 바탕으로 도시 생활에 대한 강력하면서도 감성적인 해결책을 제공하여, 높은 밀도의 환경에서 휴먼 스케일과 친밀함이 달성 가능하다는 것을 증명하였습니다.

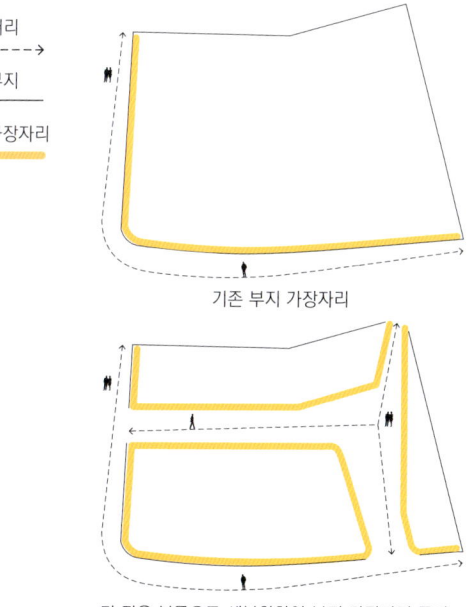

기존 부지 가장자리

더 작은 블록으로 세분화하여 부지 가장자리 증가

더 많은 것을 수용하는 안뜰 공간:
덴마크 코펜하겐, 드론닝겐스게이드

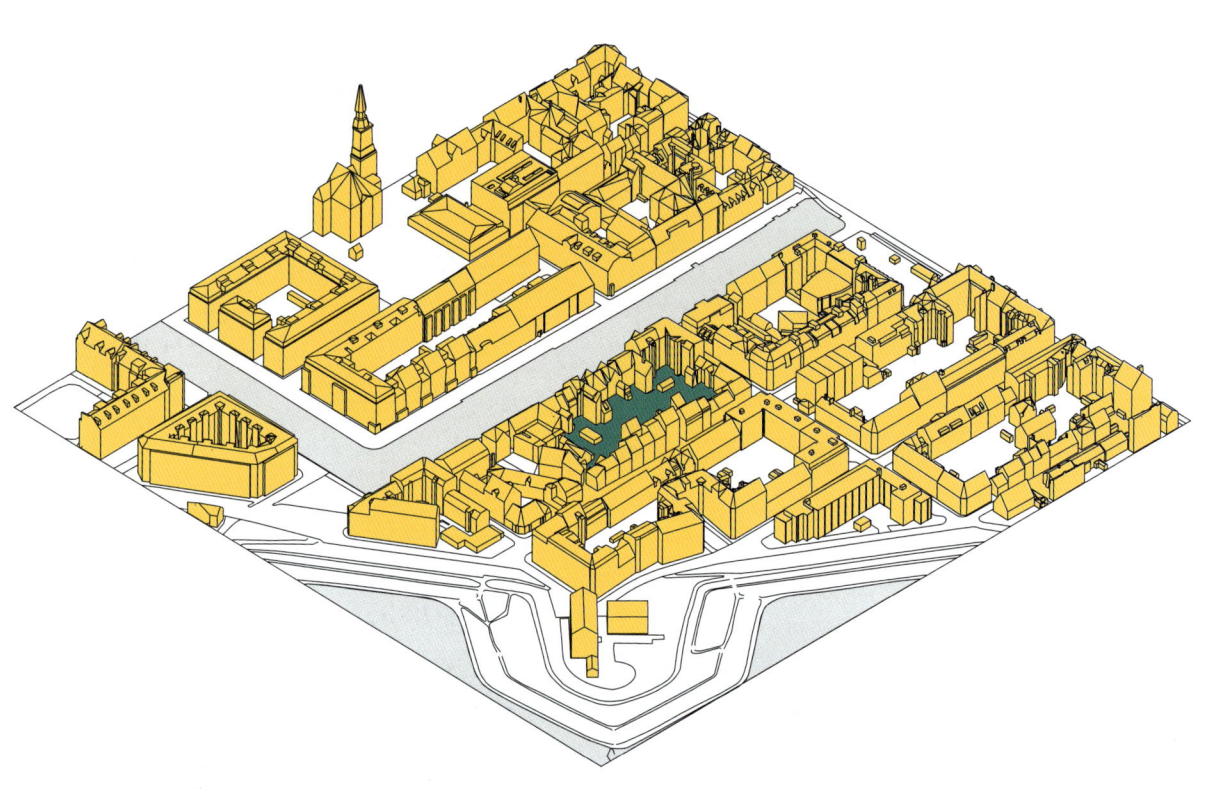

건물 밀도

부지 면적:	400×400m / 1,300×1,300feet
전체 연면적:	235,600m² / 2,536,000sq. ft
주택 연면적:	150,100m² / 1,615,600sq. ft
오피스 연면적:	85,500m² / 92,500sq. ft
용적률:	1.47
건폐율:	0.29

인구 밀도

거주자 수:	2,998
주택 수:	1,898
주택 당 거주자 수:	1.57

기능의 혼합

크리스티안스하븐 근린 지역에는 여러 기능이 혼합되어 있습니다.

- 서로 다른 소유권의 주택
- 학생 숙소
- 레스토랑과 까페
- 커뮤니티 시설
- 슈퍼마켓
- 작은 상점
- 사무실 및 기관들

코펜하겐 크리스티안스하븐Christianshavn 지역에 드론닝겐스게이드 거리Dronningensgade Street를 따라 위치한 18세기에 만들어진 전통적인 블록은 에워싸는 형태의 구조가 어떤 것을 달성할 수 있는지를 보여주는 예입니다. 상당히 조밀한 블록 안에는 다양한 공간과 건물이 있습니다. 이 영역은 매우 간단한 공간 구성의 차별화가 건물과 열린 공간의 다양성에 어떻게 긍정적인 영향을 주는지를 보여줍니다.

공공 광장 옆과 주요 도로 가까이 위치한 최북단 블록 지역에서 학생 주거를 포함한 다양한 주거 시설과 비주거 시설이 활성화되었습니다. 1층에는 소규모 상점, 사무실, 서비스 장소가 있으며, 보데가 펍bodega pub, 레스토랑, 음악 공연장, 전면 창문이 있는 유치원 등이 있습니다. 협동조합 슈퍼마켓은 영화관과 은행을 포함한 주변 건물로 확장되며 지역 내 중요한 쇼핑 허브가 되었습니다. 안뜰에는 어린아이들을 위한 유아원과 학생 주거 시설을 위한 공용 세탁소가 있습니다.

블록은 견고한 도시 형태로 유기적으로 진화했습니다. 시간이 지남에 따라 다양한 변화가 건축 스타일을 통해 나타났습니다. 그것은 전통적인 주택 구조, 1930년대 고전적인 기능주의에서부터 1970년대의 사회적 근대성 반영에 이르기까지 매우 다양한 건축 스타일로 나타났습니다. 남쪽 주변 블록(26 페이지의 다이어그램에 녹색으로 표시)은 건물 사이의 공간을 도시 재개발 프로그램을 통해 부분적으로 재개발하여 더 높은 품질의 야외 공간을 조성했다는 점에서 더욱 흥미롭습니다.

건물의 형태, 연수, 유형의 다양성은 거리에 많은 특성을 부여합니다. 작은 타운하우스, 오래된 건물, 새로운 건물, 커다란 아파트 건물이 함께 있습니다. 각 건물마다 고유한 특성이 있어 해당 지역만의 고유한 정체성을 형성하는 데 도움이 됩니다.

연결된 야외 녹지

전통적인 코펜하겐 블록은 거리를 앞에 두고 여러 개의 건물로 구성되어 있으며, 각 건물에는 뒷마당이 있습니다. 역사적으로 안뜰은 녹지대나 정원이 아닌 작은 건물, 화장실, 세면장, 창고, 작업장과 같은 작은 규모의 야외 건물을 갖춘 단

01.

02.

03.

단한 바닥 표면이었습니다. 해당 블록에 대한 도시 재개발 프로젝트의 일환으로 안뜰 지역에 위치한 대부분의 건물을 없애고 소프트한 조경이 새롭게 추가되었습니다. 코펜하겐시가 도심 내 생활 개선을 위해 추진한 안뜰 녹화 프로그램 courtyard greening program이 초기의 사례입니다. 이 프로그램은 코펜하겐의 기존 건물들을 업그레이드하는 데 중요한 역할을 합니다.

다른 도시 블록과 마찬가지로 건물의 전후면은 서로 다른 두 개의 세계를 만듭니다. 거리를 향하는 바깥쪽에는 공적 생활이 존재하며, 안뜰을 향한 안쪽에는 사적 생활이 있습니다. 각 건물에는 창문이 있으며 정문과 출입구 통로 등을 통해 외부의 거리로 나갈 수 있습니다. 이것은 실내 생활이 외부의 거리와 연결되어 있고, 밖으로 오고 가는 일이 자주 일어난다는 느낌을 줍니다.

안뜰 입구

블록의 내부 세계에는 여러 개의 출입구가 있으며 사적 용도의 후문, 공유 계단 출입구, 건물 사이 출입구 등이 있습니다. 일반적으로 공용 안뜰은 닫혀 있지 않으며 누구나 접근할 수 있습니다. 그러나 매우 명확한 공간 질서는 방문한 누구나 존중해야 하는 사회적 통제감을 반영합니다.

야외 공간의 뚜렷한 레이어

도시 재개발 프로그램을 통해 아파트 1층 레벨에 작은 규모의 안뜰이 조성되어 완전히 사적인 개인 공간이 조성되었습니다. 안뜰에는 두 개의 서로 다른 야외 공간 레이어가 있습니다. 첫 번째는 건물에 가장 근접하게 위치한 개인 안뜰입니다. 일부는 보존되어 있고 녹지로 구성되어 있습니다. 두 번째는 중간에 위치한 상대적으로 큰 공동 녹지 공간입니다. 이러한 야외 공간 레이어에서는 각각 다른 성격의 활동과 행동양식을 보입니다.

공동 녹지 공간은 모임, 게임과 같은 단체 활동을 하고 바베큐 시설, 샌드박스와 같은 공용 장비를 보관할 수 있을 만큼 넓습니다. 이 공간은 블록 내 주민들에게 중립적이고 공동체적인 성격의 장소로 인식됩니다. 이것은 개인적이면서 동시에 공공적인 성격의 공간이기 때문에 소유권을 공유하는 이웃의 공통 관심사가 반영되어 나타납니다.

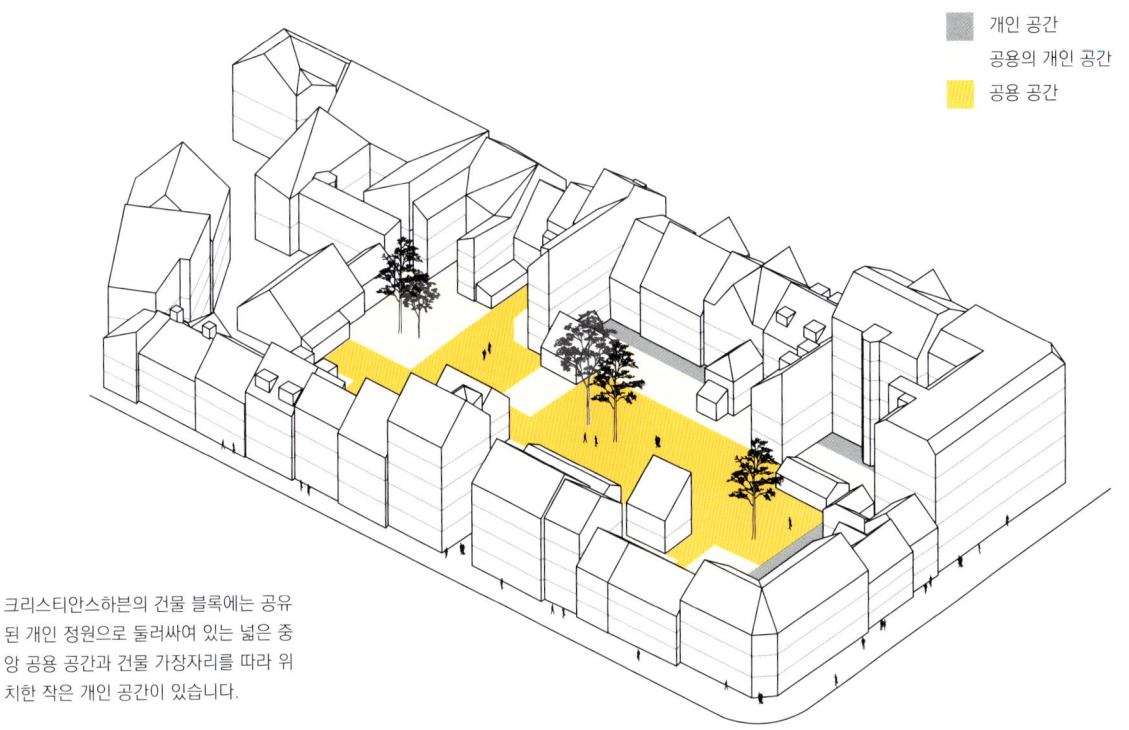

크리스티안스하븐의 건물 블록에는 공유된 개인 정원으로 둘러싸여 있는 넓은 중앙 공용 공간과 건물 가장자리를 따라 위치한 작은 개인 공간이 있습니다.

정문의 위치가 다른 거리에 있는 사람들은 자신들이 이웃이라는 것을 모르고 지낼 수 있지만 내부 공간에서는 만날 기회가 많이 있습니다. 공유 화장실은 작지만 사려 깊은 세심함을 보여줍니다. 이것은 단체 행사나 외부에서 놀고 있는 아이들에게 매우 유용합니다. 변기의 청결함은 공동체 내의 책임감의 수준을 보여줍니다.

오래된 개별 안뜰은 공용 공간으로 더 작은 규모의 주민 그룹에 의해 공유됩니다. 그들은 중앙의 공동 녹지 공간에서보다 더 강한 정체성을 갖는 경향이 있습니다. 이 공동의 마당에 사람들은 장난감, 자전거, 유모차 등을 남겨둘 수 있습니다. 이곳에서 야외 활동을 할 수 있으며, 주민들이 그들의 물건을 밤새 둘 수도 있습니다. 거주자들이 외부에서 손님이 방문할 때 사용할 수 있는 공용 가구 시설이 있기도 합니다.

완전한 개인 정원, 데크, 발코니는 1층 거주자를 안뜰 활동으로부터 완충시키는 데 도움이 됩니다. 이 공간은 주민들이 휴식을 취하고 세탁물을 널며 물건을 보관하는 방과 직접 연결된 유용한 공간입니다. 이 야외 공간은 아파트의 1층을 더욱 매력적으로 만듭니다. 높이 설치된 데크와 발코니는 개인 생활의 느낌을 더해 줍니다.

세 가지 다른 종류의 외부 공간과 함께 자전거 창고 및 저장 공간을 포함하여 별채의 위치가 안뜰의 공간적 복잡성을 더합니다. 실용적 용도 외에도 시각적으로 안뜰을 더 작은 공간으로 분할하여 여분의 가장자리를 만들고 공간에 친밀감을 더해 줍니다. 그러한 것들은 우리가 한번에 모든 것을 볼 수 없도록 하여 지속적인 탐색을 가능하게 합니다.

이 복잡한 안뜰 공간은 다양한 연령대의 어린아이들이 여러 다른 영역에서 다양한 놀이를 할 수 있는 공간이 되며, 집을 벗어나거나 교통이 번잡한 거리에 가지 않게 하면서도 모든 접근성을 제공합니다.

01. 각각의 작은 정원이 있는 다양한 집들.
02. 블록 중앙 지역의 공용 놀이 공간.
03. 공용 안뜰.

같은 장소에서 다양한 공간 경험

01.

01.

02.

02.

03.

03.

04.

04.

01. 개인 야외 공간과 실내 생활 공간 간의 직접 연결.
02. 블록 내 공용 안뜰은 건물 및 블록 중앙 지역의 공용 공간에서 접근 가능.
03. 모두가 접근할 수 있는 블록 중앙의 커다란 공용 공간.
04. 건물의 정면은 외부 거리의 공공 영역과 직접 연결됨.

덴마크 코펜히겐, 녹색 안뜰 프로그램

19세기 코펜하겐의 대부분 안뜰에는 외부 화장실, 작은 작업장, 보관 시설 등을 포함한 별채들로 가득했습니다. 대부분의 지표면은 포장되었으며 식물은 거의 없었습니다. 1992년 코펜하겐은 주민들에게 후문 밖에서 휴식을 취할 수 있는 녹지 공간을 제공하기 위해 녹색 안뜰 프로그램Green Courtyard Program을 만들었습니다.

공동 안뜰 주변에 위치한 건물의 거주자들은 점유 형태에 관계없이 안뜰 지역의 리노베이션을 위한 자금을 시에서 받기 위해 협회 설립을 요구하였습니다. 협회는 리노베이션이 완료된 이후 안뜰 유지 관리를 담당하였습니다. 리노베이션 이후 안뜰의 사용도가 높아졌으며 더 많은 상호 작용이 이루어졌습니다. 이러한 도시 차원에서의 계획은 아이들이 있는 가정에게 도시 생활을 장려하는 데 중요한 역할을 했습니다. 최근에는 우수 관리 시스템이 해당 프로그램에 포함되었습니다.

01.

01. 코펜하겐, 헤드바이게이드. 다양한 종류의 녹화를 갖춘 안뜰로 리노베이션됨.

02./03. 코펜하겐, 노솜헤드스베즈. 안뜰 리노베이션 전과 후. 좁은 안뜰 규모에도 불구하고 재설계를 통해 큰 차이를 만들어낼 수 있음을 보여줍니다. 건물 사이의 울타리가 제거되고, 1층을 통한 직접적인 접근이 가능하게 되었으며, 재활용 쓰레기통의 활용성이 높아졌으며, 친환경적이고 매력적인 공간이 되었습니다. 사진: 코펜하겐.

02.

03.

다양한 용도를 지닌 에워싸는 형태의 구조: 스웨덴 말뫼 베스테르가탄, "짐스 하우스"

01. 사진: 라스 아스크룬드Lars Asklund

02. 사진: 라스 아스크룬드

짐스 하우스는 비슷한 규모를 가진 다른 구조물보다 훨씬 더 탄력적인 솔루션을 제공하는 평범한 모양의 건물입니다. 1986년 스웨덴 주택 전시회(Bo 86)의 일부였던 말뫼 베스테르가탄에 위치한 라스 "짐" 아스크룬드Lars "Jim" Asklund 건물은 과거와 미래를 연결합니다. 여러 용도로 사용할 수 있는 레이아웃을 가지고 있는 초기의 에너지 절약형 패시브 주택입니다.

짐스 하우스에서 볼 수 있는 기본적인 건축 솔루션 중 상당수는 전통적인 디자인을 반영합니다. 넓은 현관 통로, 뒤쪽으로 향하는 날개 구조를 지닌 본관의 L자형 계획, 안뜰을 바라보는 L자형 구조 건물, 햇빛이 내부의 야외 안뜰로 비춰질 수 있게 안쪽으로 기울어진 지붕 등의 디자인 특성이 발견됩니다. 이곳에는 두 개의 안뜰이 있습니다. 단단하게 포장된 안뜰이 거리에 가까운 바깥쪽에 위치해 있으며, 소프트한 조경으로 이루어진 안뜰이 사적 영역인 내부에 있습니다. 짐스 하우스의 1층에는 상점이 있습니다. 날개 형태로 돌출된 구조로 인해 다양한 크기의 아파트를 수용할 수 있으며 내재된 사회적, 경제적 혼합이 가능합니다. 아파트는 일하는 장소와 동일한 기능을 수행할 수 있습니다.

아스크룬드는 외부 작업 공간을 건물만큼 견고하게 만들었으며, 다른 것으로부터 분리시켜 각각의 집중된 사용을 가능하게 하였으며, 밀도가 높은 도시 맥락에서 수요가 높은 여분의 생활 공간을 제공하였습니다. 두 개의 L자형 건물은 야외 공간을 거주 공간 가장자리로 정의하여, 남은 공간이 아닌 중요한 장소로 인식되게 만들었습니다. 중앙 지역의 안뜰 파빌리온은 단단하고 소프트한 두 개의 안뜰을 분리합니다.

내부의 개인 안뜰은 다양한 요소로부터 보호되어 추가적인 생활 공간을 제공합니다. 북쪽 거리를 향한 건물 외관에는 뚜렷한 수직 창틀을 가진 작은 창문이 있어 단열 효과가 높고 사생활 보호에 유리합니다.

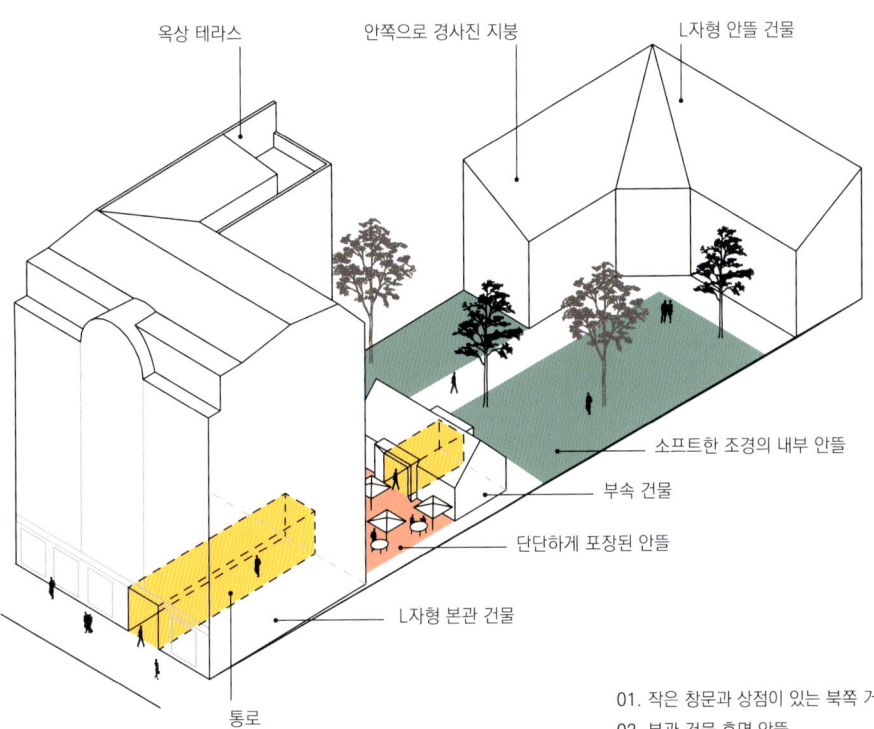

01. 작은 창문과 상점이 있는 북쪽 거리를 향한 외관.
02. 본관 건물 후면 안뜰.
03. 단단한 포장 바닥의 안뜰에 위치하여 임시적으로 운영되는 식당.

이중의 안뜰 구조 시스템은 서로 다른 용도와 유연성을 제공하는 두 개의 외부 공간을 만들었습니다. 예를 들어 앞쪽에 포장된 안뜰은 1층 식당에서 기분 좋은 여름을 만끽할 수 있는 기회를 제공합니다. 식당 손님은 안뜰 공간 내 햇빛 아래에서 식사를 하면서 깨끗한 공기와 평화롭고 조용한 분위기를 즐길 수 있습니다. 북쪽을 향하고 있는 레스토랑은 하루에 단 몇 시간 운영될지라도 여름철에 많은 사람들이 찾습니다. 중앙 파빌리온은 안뜰의 다른 부분을 위한 완충 장치 역할을 합니다. 식사를 하는 사람들은 내부 안뜰을 볼 수 있지만, 건축 설계를 통해 사적 안뜰 영역을 명확하게 분리하였습니다. 이중의 안뜰 시스템은 쓰레기통, 자전거, 식당 테이블과 같은 서비스 기능을 위한 단단한 바닥 표면을 제공합니다. 동시에 주민들의 즐거움을 위해 고요한 내부 세계인 정원을 제공합니다. 준공 당시 비평가들은 포스트모더니즘 성격의 외관을 갖지 않았다고 평가하였습니다. 짐스 하우스는 유연하고 살기 좋으며 환경적으로 지속가능한 복합 용도 건물의 모델입니다. 건물에서 피상적으로 느껴지는 것과 실제 기능 간에 서로 차이가 있다는 것을 분명하게 보여주는 사례입니다.

03.

결합형 구조

동일한 블록 내 위치한 여러 부지를 각각 독립적으로 개발하고 관리할 수 있습니다. 이를 통해 건축 설계, 유형, 시공법, 점유 형태, 용도, 일정에 따른 개발 정도 등에 있어 유연성을 제공합니다. 토지를 세분화하면 여러 개발 회사와 건축가가 참여하여 다양한 공사와 설계가 가능합니다. 부지 및 건물의 크기도 다양화될 수 있습니다. 그러나 각 부지에는 거리에 접근할 수 있도록 한 개의 모서리가 있어야 합니다. 기하학 관점에서 직사각형 부지가 부족할수록 건물 활용의 효율성이 떨어진다는 상식이 존재합니다.

각 부지는 주변 이웃들로부터 독립적으로 존재할 수 있지만 전체 블록의 완전한 상태를 보장하려면 방화벽과 독립적인 접근성이 있어야 합니다.

건물을 서로 연결하려면 양쪽에 방화벽을 설치해야 합니다. 방화벽은 창문과 장식이 없는 형태여야 합니다. 이러한 기본 구조는 건물의 병치를 가능하게 합니다. 또한 건물 간의 간격으로 인해 낭비되는 상당한 공간을 활용하게 합니다. 부지의 가장자리에 맞닿는 건물 외벽에는 방화벽을 설치해야 합니다. 방화벽을 통해서 인근 부지를 독립적으로 개발할 수 있습니다.

나란히 놓인 이중벽은 건물의 단열성을 향상시키며 소음과 진동을 줄입니다. 또한 방화벽을 사용하면 독립형 건물보다 노출된 벽면이 적기 때문에 시공과 유지 보수 비용이 줄어듭니다.

모든 부지에는 거리를 통해 건물의 안뜰 공간으로 연결되는 하나 이상의 독립적인 접근 통로가 있어야 합니다. 이것은 모든 부지와 건물이 블록 내 다른 부지와 건물과는 별개로 독립적으로 기능할 수 있음을 의미합니다.

물론 예외가 있습니다. 오래된 도시 구역에는 건물 사이에 계획되지 않은 간격이 존재하며, 벽에는 기이한 창이 있고 불필요한 접근성이 존재하기도 합니다. 그러나 일반적으로 방화벽과 독립된 접근성은 시간이 지남에 따라 각 건물의 독립성을 보장합니다. 에워싸는 형태의 블록에서 각 요소의 독립성은 단순한 물리적 형태나 설계의 문제가 아닙니다. 장기간에 걸쳐 건물을 소유하거나 관리하는 개인 및 단체는 자산의 운영, 유지, 상업화 등에 대해 자체적인 방식으로 접근할 수 있습니다. 어떤 건물은 단일 용도로 엄격하게 통제되고 어떤 건물은 다양한 용도가 혼합되어 있을 수 있습니다. 어떤 건물은 전대차를 허용할 수 있으며 어떤 건물은 이를 허용하지 않을 수 있습니다.

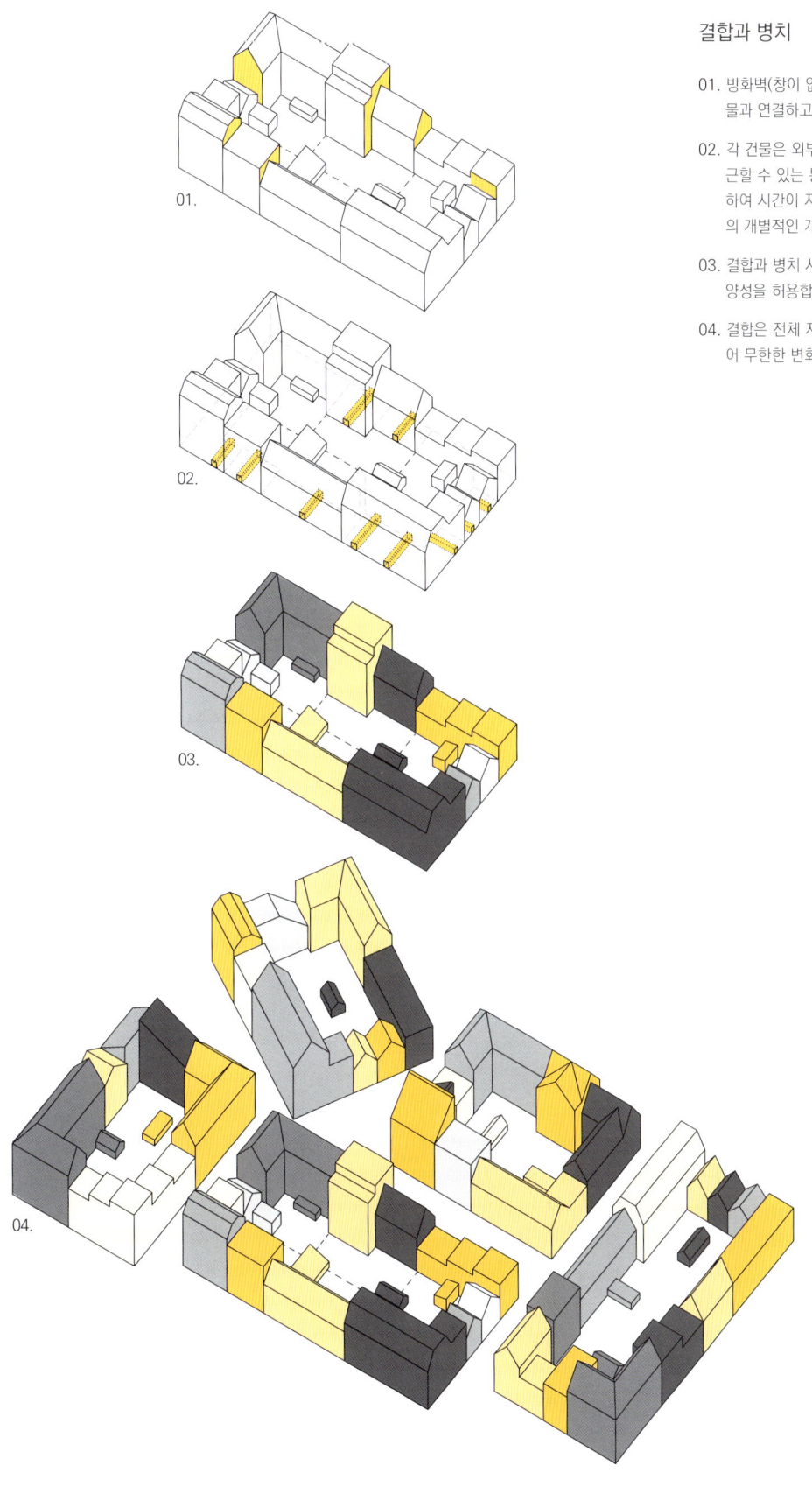

결합과 병치

01. 방화벽(창이 없는 측벽)으로 다른 건물과 연결하고 병치할 수 있습니다.

02. 각 건물은 외부 거리에서 안뜰로 접근할 수 있는 통로를 독립적으로 확보하여 시간이 지남에 따라 각 구획마다의 개별적인 개발이 가능합니다.

03. 결합과 병치 시스템은 각 블록의 다양성을 허용합니다.

04. 결합은 전체 지역까지 확장될 수 있어 무한한 변화가 가능합니다.

01.

02.

03.

04.

01. 아일랜드 더블린, 템플 바. 같은 거리에 병치된 여러 시대의 건축물.
02. 스위스 베른. 구식과 신식 건물, 결합형 구조의 다양한 용도 병치.
03./04. 독일 베를린. 여러 건축 양식과 다양한 용도 및 사용자의 병치, 구식과 신식 건물의 결합.
05.-08. 덴마크 코펜하겐과 호주 멜버른. 밀도가 높은 도시 환경에서 작은 차이를 수용한 사례. 작은 규모의 건물은 흥미롭게도 사람들의 활동에 있어서 매력적인 부분이 됩니다.

05.

06.

07.

08.

건물 블록: 도시화된 세상에서 로컬 생활하기 37

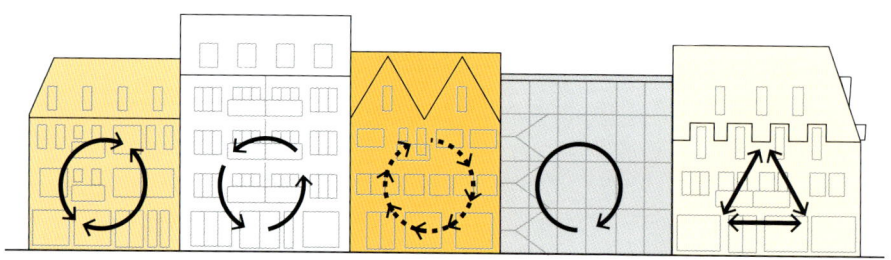

각 건물의 독립성으로 인해 시간이 지남에 따라 변경, 재사용, 재개발이 서로 다른 수준에서 진행될 수 있습니다. 이는 장기적으로 더 큰 사회적, 경제적 다양성이 공존할 수 있음을 의미합니다.

용도 변경이 있을 수도 있습니다. 예를 들어 주거 용도를 업무 용도나 또 다른 사용 방식으로 변경할 수 있습니다. 일부 건물은 가능한 가장 높은 수익을 위해 운영되고 다른 건물은 전혀 수익을 고려하지 않은 채 운영될 수 있습니다.

중요한 것은 서로 다른 종류의 건물과 함께 서로 다른 용도와 여러 유형의 사람들을 가까이에서 수용할 수 있다는 것입니다. 오래된 건물과 새로운 건물을 혼합하면 제인 제이콥스가 묘사한 사회 경제적 다양성에 기여할 수 있습니다.[7]

용도 및 사용자의 다양성은 공동체 의식에 기여하고 이웃을 더 안전하게 만들 수 있습니다. 주거, 작업, 비즈니스, 서비스 등의 활동이 혼합되어 있어 온종일 사람이 머무를 수 있습니다. 다양한 종류의 거주자와 사용자가 집에 머물며 하루 중 다른 시간대에 깨어 있습니다. 이는 범죄 예방에도 중요합니다.

이러한 패턴의 또 다른 장점은 작은 건물을 수용한다는 것입니다. 매우 작은 건물이 포함되면 장소의 느낌을 근본적으로 변화시키는데, 밀도가 높은 지역에서 휴먼 스케일을 제공하며 활기를 더하는 여러 활동들이 일어날 수 있게 합니다.

일본 도쿄, 구구라자카-도리. 특색 있는 좁은 부지들이 거리에 맞닿아 있고, 서로 다른 시대의 다른 건물들이 나란히 위치해 있습니다. 각기 다른 건물에 대한 소유권은 거리의 인상적인 여러 활동으로 이어집니다. 모든 사람들에게 무언가를 제공하는 각기 다른 다양성은 해당 거리가 이웃 사회에서 중추적인 역할을 할 수 있게 합니다. 콜라주: 소타로 미야타케 Sotaro Miyatake

38 소프트 시티

새로운 개발 사업 사례, 결합형 맞벽 건축물과 기능:
독일 베를린, 캐롤라인 본 험볼트스웨그/오버월스트라스

재건축된 세 개의 도시 블록 중 하나로, 주로 정면부가 좁은 타운하우스와 몇 개의 공동 주택 블록으로 구성되어 있었습니다. 이 재개발 사업은 세분화의 가능성을 보여줍니다.

카스틴 팔슨Karsten Pålsson은 모든 건물이 서로 독립적인 이 블록을 "현대의 중세 도시"라고 묘사했습니다. 일부 건물들은 상점과 사무실을 낮은 층에 배치하고 상층부에 주거용 공간을 배치하여 사용합니다. 다른 건물들은 온전히 주거용입니다. 모든 건물에는 외부 거리에 접한 정문과 뒤쪽의 작은 개인 정원이 있습니다.[8] 추가로 주목할 만한 점은 낮은 층에 대한 심도 있는 계획은 저층부가 지닌 큰 가치와 잠재력을 인지하고 있다는 것입니다. 이 블록은 매력적이면서 동시에 굉장히 개인화된 주거 및 업무 환경을 결합하여 활기찬 공공 영역과 흥미로운 보행자 경험을 가능하게 하였으며 다양한 현대 건축물을 연속하여 보여줍니다.

같은 장소에서의 다양성 제공:
독일 프라이부르크, 보방

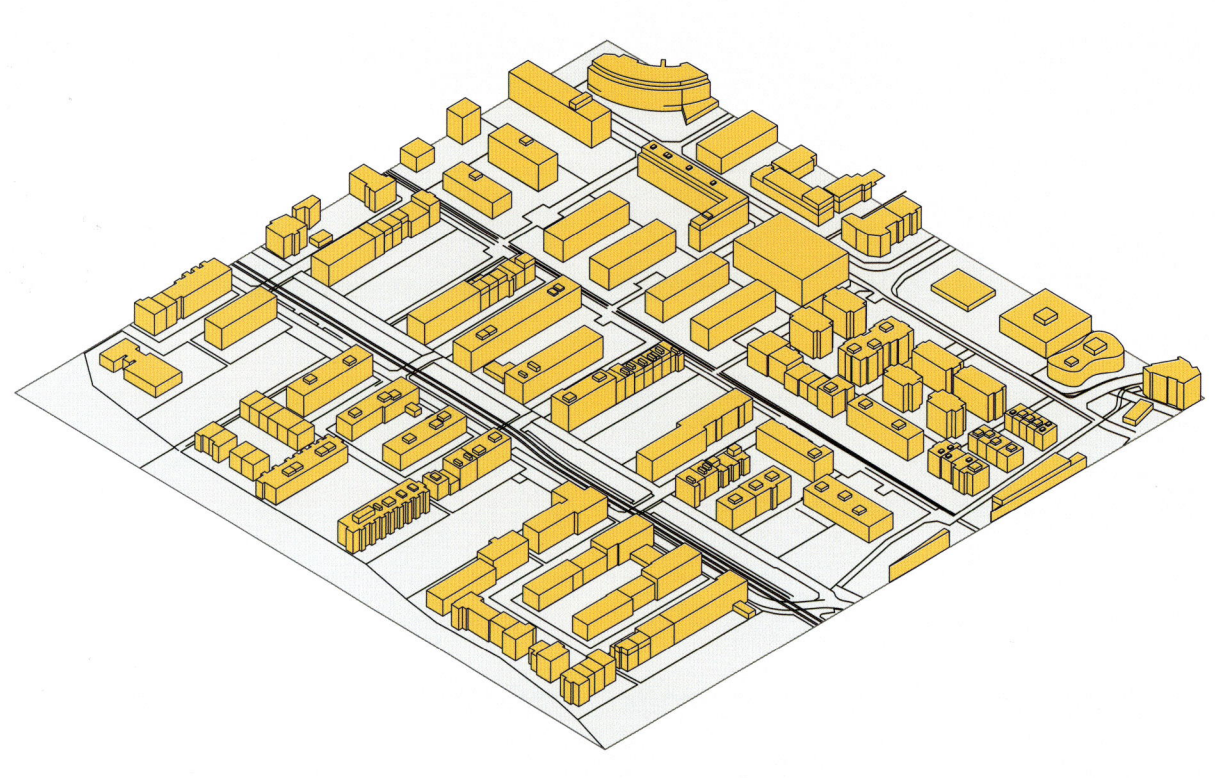

건물 밀도

부지 면적:	400×400m / 1,300×1,300feet
연면적:	129,400m² / 1,394,200sq. ft
주택 연면적:	34,900m² / 375,300sq. ft
용적률:	0.8
건폐율:	0.22

1층 접근성

1층과 접근성을 지닌 건물 면적:	27%
1층에서 도보 이동 거리 내에 있는 건물 면적 (4층 이하):	80%

소유권의 종류

개인 소유:	9%
바우그루픈Baugruppen:	57%
협동조합 기반 부동산 개발:	10%
민간 부동산 개발 회사:	26%

2002년에 진행된 450 가구에 대한 조사는 거주자 다양성 측면에서 성공적이었음을 보여줍니다. 60%는 자가 소유자, 40%는 임차인이었습니다. 25%는 노동직, 55%는 관리직, 20%는 전문직 및 자영업자였습니다. 10%는 한부모, 25%는 자녀가 없는 부부, 65%는 자녀가 있는 가족이었습니다. 75%는 프라이부르크에서, 25%는 다른 지역에서 이곳으로 이전했습니다.

독일 프라이부르크는 혁신적인 공공 공간, 태양광 발전, 자전거 전용 인프라에 대한 점진적인 투자로 유명한 도시입니다. 아마도 보게메인샤프트Baugemeinschaft 협동 건물 프로그램으로 가장 잘 알려져 있을 것입니다. 레이셀펠드Reiselfeld와 보방Vauban에서 이뤄진 새로운 개발 사업은 도시 느낌의 활기찬 장소에 고품질 주택을 제공하여 새로운 이웃 사회를 만드는 데 성공적이었습니다.

레이셀펠드는 프라이부르크에서 최초로 타운하우스와 아파트 건물에 의해 보호된 안뜰을 갖추고 뚜렷한 건물 앞뒤 공간과 휴먼 스케일 개념이 적용된 마스터 플랜에 기반하여 기획되었습니다. 이 계획은 "녹지에서 놀고 있는 아이가 소리를 질러 부모에게 닿을 수 있는 거리"라는 열망을 표방했습니다. 보방 지역에서는 프라이부르크 교외 안쪽에 위치한 과거에 프랑스 군 기지를 활용하여 계획을 이어갔습니다. 이 계획은 녹색당의 지원과 여러 지역 기초 단체의 참여로 시작될 수 있었습니다.

이 계획은 잠재적 구매자의 다양성을 보장하기 위해 보게메인샤프트 그룹과 민간 부동산 개발 회사가 주도하는 각 부지별 개발을 실행하였습니다. 레이셀펠드와 마찬가지로 소규모 프로젝트를 장려하기 위해 부지 크기가 표준보다 작았습니다. 여러 당사자가 동일한 부지에 입찰할 수 있으며 최고 입찰액이 결정 요인은 아니었습니다. 시 당국은 관리자로서 경제적 타당성, 거주민의 다양성, 재생 가능한 자재, 에너지 효율성 등을 고려하였으며 보게메인샤프트 그룹에 사업권을 부여했습니다.

도시의 오래된 지역에서 발견되는 안정감과 생명력을 바탕으로 경제적, 사회적으로 다양한 새로운 이웃을 만들고자 하는 열망이 있었습니다. 시 당국은 "모든 사람에게 기회를 제공하기 위해"라는 모토와 함께 잠재적 거주자를 "블라인드 프로필"을 통해 연령, 직업, 결혼 여부, 자녀 수, 이전 주소, 현재 직장, 점유 형태(소유자 또는 임차인)와 무관하게 평가하여 선정하였습니다.

해당 장소만의 특별한 느낌이 처음부터 있었습니다. 새로운 개발 계획은 기존에 있던 대부분의 커다란 나무와 건물들을

01.

02.

03.

04.

보존하였고, 건물의 불법 거주자들에게는 공식적인 거주권이 주어졌습니다. 이전 건물들은 학생 기숙사, 공공 주택, 망명 신청자 센터, 사무실, 회의실, 카페/레스토랑이 있는 커뮤니티 허브로 전환되었습니다.

개발 계획은 동서를 지나는 녹색의 중심선인 보방알레 Vaubanallee 중심부에 위치해 있으며, 경전차 노선이 지나갑니다. 중앙 지역의 넓고 무성한 잔디 표면은 경전차 소리를 차단하며 빗물을 흡수합니다. 보방알레는 프라이부르크 중심으로 이어진 주요 도로인 머자우서스트라스 Merzhauserstrasse 와 직각을 이룹니다. 이 두 거리가 만나는 곳은 자연이 있는 주민 활동의 중심지가 됩니다. 이곳은 학교를 포함하며 회사와 호텔이 있으며 방문객들이 찾는 장소이기도 합니다.

보방알레 건물 1층에는 상점, 카페, 사무실, 미용실, 유치원 등 다양한 비주거 활동을 위한 공간이 있습니다. 보방알레 각 측면에는 U자 형태의 이웃 내 거리가 있으며, 거리에서의 주차가 불가하며 교통량이 거의 없습니다. 건물들은 모두 3-5층(순밀도-95units/ha)이며 아파트와 연립 주택은 걸어서 올라갈 수 있는 높이이고, 대부분 혼합 용도로 사용됩니다. 블록이 건물에 의해 완전히 에워싸인 형태는 아니지만, 명확하게 전면과 후면을 인식할 수 있는 에워싸는 형태이며, 거리를 향한 정문이 있는 공공의 영역과 정원이 있는 후면의 사적인 영역을 동시에 갖습니다.

단순한 방화벽 장치와 별도의 출입구는 맞벽 건축물 거리를 만듭니다. 모든 건물은 고유한 건축 양식, 색상, 자재, 마감과 같은 외적인 모습에서부터, 크기, 기준, 유닛 레이아웃까지 각기 다릅니다. 여러 유형의 건축물은 다양한 취향과 라이프스타일의 사람들을 수용합니다.

이러한 다양성은 시각적인 흥미를 유발하고 공공 생활을 활성화하고 걷기 좋은 지역을 만듭니다. 다양성은 독특하고 인식 가능한 이웃 사회를 만들며 개인 및 지역 모두에게 정체성과 자부심을 제공합니다.

05.

서로 다른 건물들은 활성화된 1층을 조성하기 위한 여러 방법을 제시합니다. 거리로 향한 문, 건물 앞에 위치한 정원, 가장자리 구역, 상점 스타일의 창문, 소규모 비즈니스, 외부 계단, 갤러리 통로 등은 모두 거리에 초점이 맞춰져 있습니다.

개발 계획은 1층 공간과 직접 연결되는 개인 정원을 포함하여 넓은 발코니, 데크, 로지아, 테라스, 옥상 정원과 같은 다양한 야외 공간을 제공합니다. 정원은 가까운 이웃과 공유되며 일반적인 야외 공간은 더 넓은 범위의 이웃에 의해 공유됩니다. 커뮤니티 건물 외부에 위치한 광장과 남쪽 방면으로 숲이 우거진 풍경을 지닌 커다란 공공장소가 작은 시내와 함께 있습니다.

거리는 놀이와 모임을 위한 중요한 공공장소입니다. 보방 지역에 자동차가 전혀 없는 것은 아니지만 훌륭한 대중교통 및 자전거 인프라로 자동차가 없는 생활을 장려합니다. 자동차는 구역 내 가장자리에 위치한 여러 층의 차고에 주차됩니다.

보방은 시의 야심찬 계획과 열정적이고 헌신적인 지역 사회의 노력이 결합되어 만들어졌습니다. 공공 영역을 지향하는 건물 설계와 함께 휴먼 스케일 차원에서 더 높은 건물 밀도와 다양성을 성공적으로 수용하였습니다. 작은 규모의 건물은 더 많은 사교의 기회를 제공합니다.

보방 지역의 도시 계획은 건물 단위의 작은 소규모 단위로 이뤄지며, 강력한 정체성을 지닌 가정들을 하나로 결속시켜 공동체를 활성화합니다. 이는 자동차 기반의 교외 생활에 대해 실행 가능하고 지속가능한 매력적인 대안을 제공합니다.

01. 활력 넘치는 1층 빵집은 커뮤니티의 중심 역할을 합니다.
02. 녹색 중심. 경전차의 소음을 흡수하는 잔디 트랙. 오른쪽에는 우수 습지대가 위치합니다.
03. 병치된 건물. 다른 유형, 크기, 스타일을 보입니다.
04. 끝까지 계속해서 이어지는 공유 공간으로서 보도가 있습니다.
05. 다양한 건물 설계는 개인들의 필요를 반영하며 공유된 야외 공간은 공동체의 필요를 반영합니다.

보그루펜/ 보게메인샤프트 모델

독일의 도시 계획자들은 멀리 내다보며 앞으로의 젊은 세대가 부동산 개발 회사들이 공급하는 고가의 주택을 감당할 수 없을 것이라 예측했습니다. 지난 15년 동안 프라이부르크, 튀빙겐, 함부르크, 베를린을 포함한 독일 도시들은 "보게메인샤프트" 또는 "보그루펜"이라고 불리는 협동 건축 프로그램을 개발하였습니다. 이것은 미래의 소유자가 개발의 주체로 참여할 수 있는 특징을 가진 모델입니다. 개별 건물들을 부지별로 개발하므로, 고품질의 다양한 건물을 저렴한 가격에 지을 수 있습니다. 보게메인샤프트 접근법은 주민들의 개인적 요구와 그들의 공통적, 사회적 요구를 연결합니다.

도심 내 거주지는 활동적이고 성장하는 가족 구성원들의 필요에 대응하기 어렵습니다. 종종 자신의 요구에 맞게 집을 설계하는 유일한 방법은 도시 외부 부지에 단독 주택을 짓는 것입니다. 도시 환경에서 자신에게 맞는 집을 설계하는 것은 종종 부유한 사람들의 선택 사항일 뿐입니다. 새롭게 지어진 아파트는 선택의 여지를 제공하긴 하지만 욕실 타일, 부엌 캐비닛과 같은 것에 한정됩니다. 도심 내 주택의 실소유자가 치수, 배치, 난방 시스템, 단열재를 포함한 자신의 주택 설계에 직접 영향을 줄 수 있다는 아이디어는 상당히 흥미롭습니다.

보게메인샤프트 부지는 지역 당국에 의해 기본 설계되었으며 작은 구역으로 세분화되어 고정된 시장 가격으로 판매되었습니다. 지역 당국은 건물의 제한 높이와 개발 가능한 건물 밀도와 같은 정보와 함께 업무 공간, 주거 유형의 범위, 점유 형태의 혼합, 단열 기준, 재생 가능한 재료, 환경에 대한 기준 등 다양한 기능 사항들에 대한 간략한 정보를 잠재적 구매자에게 제공합니다. 일반적으로 실제 주택에 거주할 개인이 민간 개발 회사보다 주택 설계 혁신에 관심이 더 높습니다.

보게메인샤프트는 기존의 탐욕적인 개발 사업과는 다른 투자 모델을 제공합니다. 구매자가 처음부터 정해져 있기 때문에 담보 대출 기관 입장에서는 상대적으로 위험이 낮습니다. 그들은 이름과 주소와 재정적 안정성을 가진 사람들입니다.

독일 튀빙겐에 위치한 보게메인샤프트 아파트

한두 사람이 빠져나가거나 누군가가 실직하더라도 프로젝트가 실패하지는 않습니다.

이러한 종류의 맞춤형 솔루션은 개발 회사의 이익이 없기 때문에 기존의 표준화된 주택보다 40% 정도 저렴할 수 있습니다.[9] 보게메인샤프트가 개발 주체이기 때문에 가격 절감 효과를 얻을 수 있으며 모든 것이 처음부터 이미 판매되었기 때문에 마케팅 비용이 없습니다. 미래의 잠재적 거주자들은 더 나은 품질의 재료와 기술 솔루션에 투자하여 유지 보수와 운영 비용을 줄일 수 있습니다. 단기간의 수익을 추구하는 개발 회사가 이러한 종류의 프로젝트를 선택할 가능성은 낮습니다.

이웃 정신은 프로젝트 처음부터 존재합니다. 보게메인샤프트의 구성원은 본질적으로 처음부터 서로를 이웃으로 선택합니다. 계획 및 건축 과정에서 그들은 서로를 알게 되고 원치 않을 경우 프로젝트를 떠날 수 있는 옵션도 가지고 있습니다. 건물이 완성되면, 이웃들은 서로를 잘 알고 일상적인 공존을 시작할 수 있습니다. 보게메인샤프트 모델은 거주자의 요구와 열망에 잘 맞는 건물을 공급합니다. 주민들은 건물을 관리하며 애착을 가질 가능성이 높습니다. 이것이 안정적인 커뮤니티의 기초입니다. 프로젝트에 대한 장기적인 노력으로 주변 지역에 투자할 가능성이 높습니다. 이 모델은 현재 유럽 국가들과 호주에서 시험되고 있습니다.

사회는 서로 다른 필요, 수단, 꿈을 가진 다양한 사람들로 구성됩니다.

시 당국에서는 여러 개별 프로젝트를 가능하게 하는 단지 계획을 제안합니다.

보게메인샤프트. 각 그룹은 자신의 프로젝트를 위한 설계와 일정을 함께 만들어갑니다.

그 결과 사용자 특성에 맞게 제작된 건물을 갖게 되며, 강력한 정체성과 다양한 도시 풍경이 조성됩니다.

건물 블록: 도시화된 세상에서 로컬 생활하기

레이어 구조

레이어 구조Layering와 쌓아올린 구조Stacking에는 중요한 차이가 있습니다. 레이어 구조는 서로 다른 기능과 유형의 공간을 수직으로 배치하여 층간 차이로 생기는 공간을 최대한 활용합니다. 쌓아올린 구조는 동일한 기능과 유형의 거주 공간을 수직으로 쌓아올려 단순하게 배치합니다. 이상적으로, 도심 내 건물은 가로 수평 층이 명확해야 하며 1층에서 지붕층까지 올라감에 따라 각 층마다 접근성과 채광 조건이 달라지면서 층별 특성이 달라집니다. 레이어 구조 건물은 이러한 차이를 강조합니다.

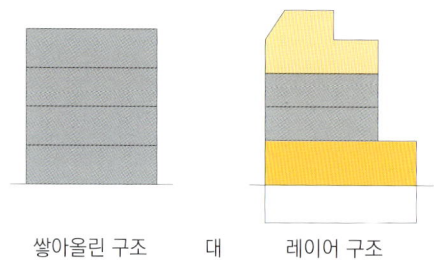

쌓아올린 구조　대　레이어 구조

레이어 구조 건물에서는 계단을 올라갈 필요 없이 1층으로 진입할 수 있습니다. 종종 거리에서 1층 창문을 곧바로 볼 수 있습니다. 용도에 따라 유리할 수도 있고 그렇지 않을 수도 있습니다. 1층은 상부층과 달리 언제든지 더 큰 바닥면을 갖도록 확장될 수 있습니다.

2층은 지면과의 물리적 접근성이 편리하며 사생활 보호와 안정감을 제공하여 전통적으로 피아노 노빌레piano nobile라는 이름을 얻었습니다. 위층으로 올라갈수록 접근성, 지면과의 관계, 일조량에 있어서 1층과 미묘한 차이를 보입니다.

최상층, 다락방, 펜트하우스는 위에서 빛을 받을 수 있습니다. 벽이 하중을 견딜 필요가 없기 때문에 주거 공간의 평면 배치는 다를 수 있습니다.

에워싸는 형태 블록과 관련하여 수직 레이어 구조도 있습니다. 거리로 열리는 전면의 방들은 안뜰을 향한 방들과 다릅니다. 안뜰 건물은 거리의 건물들과 다릅니다. 부속 건물은 본관 건물과 다릅니다. 안뜰은 공공 거리와 매우 다른 성격을 보입니다.

01. **프랑스 릴**. 뚜렷한 레이어 구조를 가진 다기능 건물은 1층에 상점, 중간에 사무실, 상단에 펜트하우스가 있는 도심 내 건물입니다.
02. **독일 튀빙겐**. 아파트 건물은 지붕에 넉넉한 테라스 정원이 있고 긴 후면 확장 공간과 함께 1층을 최대한 활용합니다. 최상층 아파트는 아래와 다른 레이아웃을 가지고 있습니다.

01.

02.

건물 블록: 도시화된 세상에서 로컬 생활하기 47

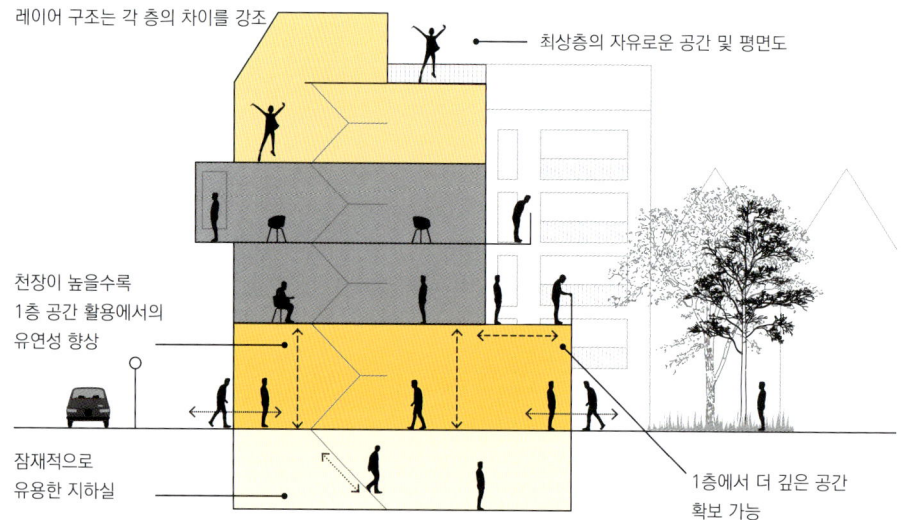

평면에 레이어 구조를 두면 실내외에 복잡한 공간 시스템이 만들어집니다. 공간 시스템이 복잡할수록 삶의 질이 다양해지고 다양한 활동과 행동이 일어날 가능성이 높아집니다. 이러한 복잡한 시스템에는 접근성과 노출 정도(공공 대 개인), 자연 채광과 환기 수준, 크기와 부피, 방 모양과 레이아웃 등 몇 가지 주요 요소가 있습니다.

1층과 최상층은 단독 주택에서 볼 수 있는 고유한 특성을 가지므로 건물의 다른 부분보다 유용하고 유연합니다. 이 두 곳은 다양한 용도와 사용자를 수용할 수 있습니다.

에워싸는 형태의 중간 수준 높이 건물에서 적절한 비율로 1층과 최상층이 구성되면 상대적으로 더 높은 건물보다 레이어 구조로부터의 혜택을 더 많이 누릴 가능성이 높습니다. 1층과 최상층을 합치면 전체 건축 연면적의 최대 절반을 차지할 수 있습니다. 이는 주거 공간 면적의 절반이 단독 주택이 갖는 유용한 특성을 가질 수 있음을 의미합니다. 이것은 밀도가 높은 도시 환경에서 매우 중요합니다.

01. **덴마크 코펜하겐.** 흔히 아마게르 샌드위치라고 불리며 1층에 슈퍼마켓, 중간 층에 스포츠 시설 그리고 최상층에 펜트하우스가 있는 3개의 별개 층으로 구성되어 있습니다.

02. **스웨덴 말뫼.** 오'보이O'Boy 자전거 호텔의 레이어 구조 숙박 시설. 1층 객실 문이 거리로 직접 열리므로 오고 갈 때 많은 활동을 가능하게 합니다. 위쪽에는 다양한 형태의 주거 공간이 있습니다.

01.

02.

대중교통 근처에 위치한 레이어 구조 건물: 호주 멜버른, 나이팅게일 1

사진: 피터 클라크Peter Clarke

호주 나이팅게일 1은 보게메인샤프트 방식을 통해 주택을 공급한 프로젝트로 미래의 잠재적 거주자들이 개발 과정에 적극적으로 참여했습니다. 기차역, 전차 노선, 버스 노선 옆에 편리하게 위치한 나이팅게일 1은 환경적, 사회적, 경제적 측면에서의 지속가능성을 핵심 목표로 합니다. 나이팅게일 1 프로젝트를 실행하고 공급하는 과정 그 자체만으로도 관심을 끌기에 충분하지만 21세기 아파트 건물에서의 레이어 구조 설계 또한 주목할 만한 가치가 있습니다.

1층에는 카페 공간, 건축 스튜디오, 사무실 공간이 있습니다. 이러한 용도는 하루 종일 거리에 생명력을 불어넣어 주며 일종의 마이크로 커뮤니티micro-community를 조성합니다. 또한 1층에는 자전거 주차 공간이 있습니다. 일반적으로 자전거 주차 공간은 불편한 위치에 있습니다. 하지만 나이팅게일 1에는 자동차 주차 공간이 없기 때문에 1층에 자전거 주차가 가능했습니다. 건물 정면부에 나무와 벤치를 배치하여 거리에 삶의 활기를 불어넣습니다.

통풍이 잘되는 넓은 계단으로 연결된 4개 층의 주거 공간이 지면에서 떨어져 위치해 있습니다. (나이팅게일 1에는 에어컨이 없습니다.) 시설물들을 영리하게 노출시킴으로 천정고가 높아졌으며, 이는 소형 아파트 내 조명과 공간 느낌에 있어 매우 중요한 역할을 합니다. 주변 전망을 감상할 수 있는 옥상에는 잔디, 데크, 바비큐 시설, 모래 놀이 공간, 작은 정원, 공용 세탁기, 빨랫줄 등이 있습니다.

나이팅게일 빌리지를 조성하기 위한 계획이 진행 중에 있으며 브런즈윅Brunswick 근처에 7개의 유사한 형태의 건물이 들어설 예정입니다.

새로운 개발 사업에서의 레이어 구조: 스웨덴 고덴부르크, 냐 호바스

고속도로 옆에 남겨져 방치된 스웨덴 고덴부르크 남쪽의 냐 호바스 지역이 새롭게 진행되는 개발 사업을 통해 번성하는 도시로 변모하고 있습니다. 이는 기존 경공업 건물에 상점, 서비스, 레크리에이션을 포함한 여러 용도를 적용하며 기존 건물에 생명력을 불어넣으며 시작되었습니다. 다음 단계에서는 전통적인 도시 레이아웃의 거리 및 안뜰과 함께, 새로운 랜드마크, 여러 용도의 스펙트럼 건물 등이 적용되었습니다.

혼합 사용 개발은 사람들을 고밀도 영역으로 이주시키기 위한 중요한 방법으로, 부동산 개발 회사는 전략적으로 1층 공간을 비주거용으로 만들었습니다. 정면이 활성화된 건물은 교통량이 많은 혼잡한 경로를 따라 배치되었습니다. 부동산 개발 회사는 새로운 개발 사업을 도우면서 사업자들의 전문성을 향상시키고 인테리어와 마케팅을 도왔습니다.

냐 호바스의 새로운 도심 내 블록은 1층에 비즈니스를 위한 공간이 있고 위층에는 아파트 주거 공간이 있으며, 변화한 주요 거리를 마주하고 있습니다. 최상층의 특별한 주거 공간에는 독특하고 변화하는 지붕이 있어서, 새로운 동네에 개성을 더하고 지역 내 랜드마크가 되었습니다.

여러 기능을 수용하는 레이어 구조 건물:
스웨덴 고덴부르크, 냐 호바스, 스펙트럼후셋

냐 호바스 도시 인근의 중심 장소에 위치한 스펙트럼 건물은 전체 블록을 덮고 있으며 사면에 걸쳐 활발한 정면을 갖습니다. 이 건물의 지하층에는 볼링장, 1층에는 식당과 상점, 2-3층에는 학교 교실 그리고 최상층에는 놀이터, 펜트하우스, 옥상 테라스가 있습니다.

스펙트럼 건물은 신중하게 설계된 건축물이 어떻게 여러 용도를 포함하며 주변 거리에 접한 가장자리 사용을 얼마나 잘 활성화시킬 수 있는지를 보여줍니다.

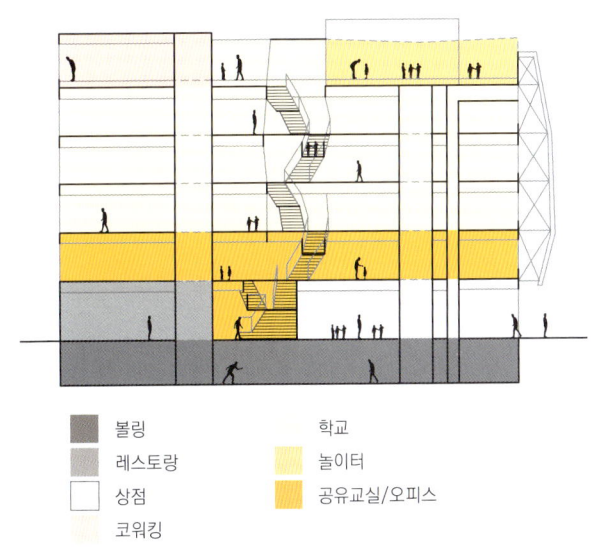

레이어 구조를 통한 다양한 기능 수용:
스페인 바르셀로나, 머켓 드 라 콘셉시오

01.

02.

03.

04.

레이어 구조를 통해 혼합 사용 환경을 이룬 성공적인 대형 건물의 사례로 바르셀로나의 시장 광장인 머켓 드 라 콘셉시오가 있습니다. 역사가 있는 시장 건물은 여러 지하층에 걸쳐 새로운 슈퍼마켓, 대형 하역장, 주차장으로 보존 및 개조되었습니다.

기능적 레이어 구조는 1층의 시장 광장을 활성화시킵니다. 노동 집약적이며 시간 소모적인 활동을 하는 소규모 도매업자가 역사적 공간의 자연 채광과 공기 그리고 높은 천장을 즐기며 주변 거리에 쉽게 접근할 수 있게 합니다. 폐쇄된 외관을 제공하는 대신 꽃 가게를 주요 도로 쪽에 위치시켜 꽃들이 보도를 바라보게 배치함으로 감각적인 즐거움을 제공하며, 시장 내부에 위치한 상점들보다 더 오랜 영업 시간을 가능하게 해 주는 유연성을 제공합니다.

시장에서 일하는 직원들의 공간 활용 밀도가 높으며 15-20m²(162-215평방 피트) 정도의 작은 장소에서 4-5명이 함께 일합니다. 신중한 구매를 위해 시간이 필요하거나, 상점 주인과의 대화를 즐기는 고객들을 위해 시장 광장에 의자를 두었습니다. 더 많은 사람들이 머무르고 소통하는 데 도움이 되는 환경(자연 채광 및 환기가 가능한 환경)에서 모든 상품에 대한 감각적 경험을 즐길 수 있도록 하는 것은 분주한 시장 환경에서 우선적으로 갖추어야 할 사항입니다.

시장에는 상점 주인과 고객들이 자주 이용하는 커피숍, 미용실, 전기 제품을 판매하는 상점 등이 있습니다. 시장 1층 밑 지하에는 일상생활을 위한 제품들이 진열된 넓은 면적의 슈퍼마켓이 있습니다. 모든 계산은 1층에서 이루어지기 때문에 이곳에는 최소한의 직원만 배치되어 있습니다. 계산대 직원들은 쾌적한 채광 환경에서 손님들을 친절하게 대합니다.

05.

시장은 주변 지역과 잘 연결되며 밀도와 다양성(물건과 경험)을 동시에 제공합니다. 합리적인 접근성과 1층에서 이뤄지는 활발한 활동들로 인해 방문자 경험이 상품 배송, 차량 운반, 주차된 차량보다 우선합니다.

머켓 드 라 콘셉시오는 단순히 한 장소에서 발생하는 서로 다른 보완적 용도의 공존에 관한 것은 아닙니다. 이곳은 인간의 경험을 최우선시하기 위해 레이어 구조를 사용하여 다른 구성 요소들이 적절한 위치에 놓일 수 있게 하였습니다.

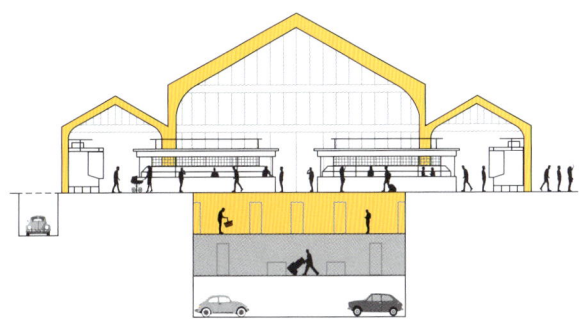

시장은 레이어 구조로 되어 있습니다. 식당은 슈퍼마켓 위인 1층에 있습니다. 상점 위, 즉 주차장 위에 있습니다.

01. 1층 시장 광장.
02. 꽃 판매는 시장 외부 보도에서 이루어짐.
03. 이웃의 거리와 직접 연결되는 측면 입구.
04. 작은 상점에는 4-5명의 직원이 근무할 수 있음.
05. 지하의 슈퍼마켓을 건너는 다리 형태의 입구.

1층이 지닌 잠재력

작은 규모의 에워싸는 형태의 블록 사례의 가장 중요한 점은 생성되는 1층의 비율이 높다는 점입니다. 1층, 특히 천장 높이가 넉넉한 경우에는 다른 층보다 유연하므로 밀도와 다양성을 수용하는 데 더욱 유리할 수 있습니다.

활성화된 1층은 다양한 용도를 수용할 수 있으며 더 많은 사람들이 거리에서 시간을 보내며 외부 생활과 연결되게 해 줍니다. 활성화된 1층은 많은 창문이 거리를 향하고 직접적인 접근으로 빈번한 출입이 가능하기 때문에 공동체와 보안성에 대한 감각을 키울 수 있습니다. 다양한 사용으로 하루 종일 활성화된 공간이 생깁니다. 1층은 많은 서비스와 상품을 이용할 수 있으므로 일상적인 운동 패턴 중 하나인 걷기를 더욱 흥미롭게 하고 다양한 업무를 가능하게 하여 이동성이 활성화됩니다. 1층을 상점으로만 생각해서는 안됩니다. 반대로, 활성화된 1층은 주거, 업무 공간, 기타 서비스 기능 등에 있어서도 중요합니다.[10]

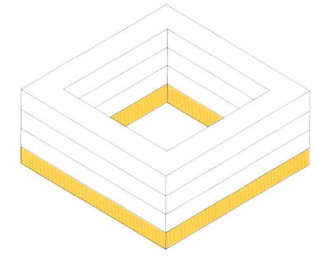

4-5층 규모 블록의 경우 1층이 최소 20-25%를 차지할 수 있습니다.

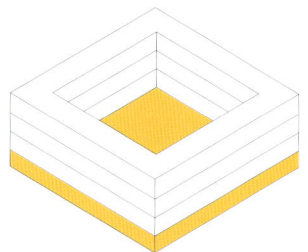

블록의 완전성을 잃지 않고 1층이 최대 100%를 차지할 수도 있습니다.

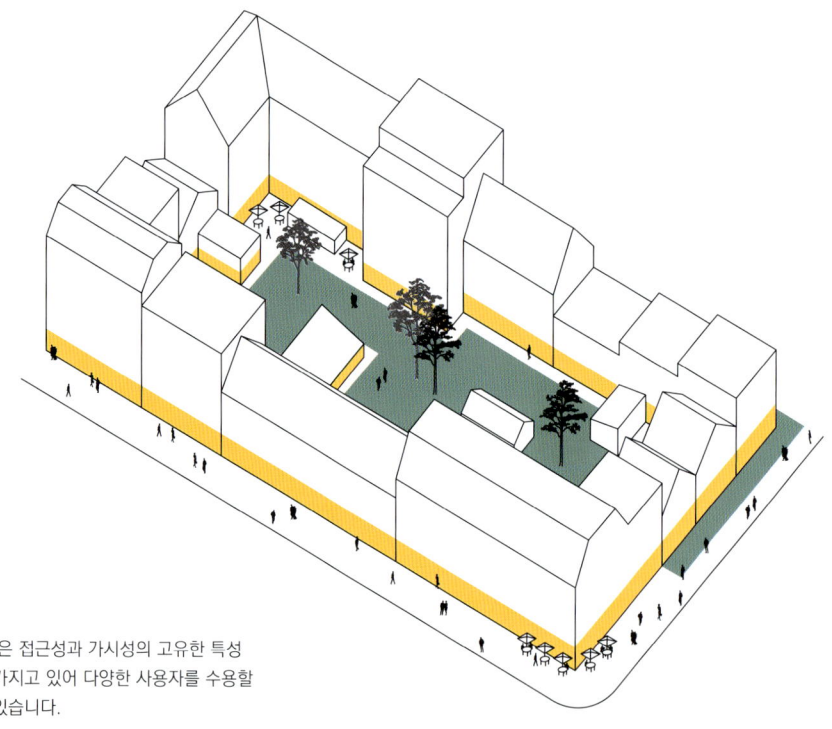

1층은 접근성과 가시성의 고유한 특성을 가지고 있어 다양한 사용자를 수용할 수 있습니다.

01.

02.

03.

04.

05.

06.

01. **이탈리아 벨라지오.** 상점 주인은 눈높이에서 보이는 것들의 가치를 인지하고 외벽에 추가적인 창문을 만들어 상업적 노출을 극대화하였습니다.

03. **영국 런던.** 1층의 가치로 인해 1층 상점이 있는 작은 타운하우스가 확장되었습니다. 모든 관심(색상, 세부 사항, 장식)은 처음 3미터/10피트에 집중되어 있으며 눈높이에서 이를 경험할 수 있습니다. 위층에 위치한 아파트는 다소 평이합니다.

05. **일본 도쿄.** 1층에 있는 큰 창문은 내부 사람들을 외부 사람들과 연결시켜 지역 사회 관계를 구축하는 데 도움을 줍니다.

02. **일본 도쿄.** 일상의 작은 작업 공간도 거리에 생명력을 불어넣을 수 있습니다. 가족이 운영하는 수선소의 직원들은 거리에서 본인들의 기술을 볼 수 있게 하여, 새로운 고객 유치와 함께 행인들을 즐겁게 합니다.

04. **스코틀랜드 에든버러.** 1층에는 작고 유용한 상점과 서비스가 많이 있습니다. 이러한 다양성은 걷기를 더욱 흥미롭게 만듭니다.

06. **브라질 상파울루.** 기존의 상점이 커뮤니티 시설로 변환되었습니다. 큰 창문은 지나가는 행인들에게 무슨 일이 일어나고 있는지 알려주고, 구경하도록 초대하며, 심지어 참여를 위해 안으로 들어오게 합니다.

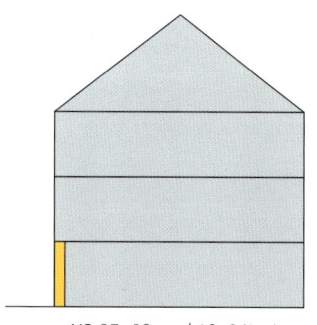
XS 25-60cm / 10-24inches

XS

활성화된 1층을 만들기 위한 최소 규모는 선반 또는 벽장 크기인 25-60센티미터(10-24인치)입니다. 이러한 규모에서는 건물 소유자 혹은 상점 주인이 소규모 비즈니스를 할 수 있습니다. 물품의 저장과 전시가 가능합니다. 신중하게 배치된 빌트인 벤치도 건물 가장자리를 활성화하기 위해 중요할 수 있습니다.

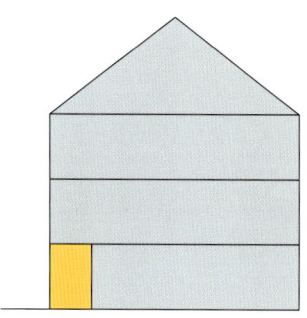
S 1-2m / 3.2-6.5feet

S

깊이 1-2미터(3-6피트)의 공간은 상인이나 가게 주인을 내부에 있게 하지만 일반적으로 고객을 내부로 수용하지는 않습니다. 외부에 있는 고객에게 서비스를 제공하는 벽의 개구부가 있을 수 있습니다. 서서 일하는 커피숍, 신발 수선집, 신문 판매점일 수 있습니다. 사람들이 보도 바깥에 줄을 서 있기 때문에 이런 종류의 상점은 거리를 효율적인 판매 공간으로 사용합니다. 종종 상품을 외부에 전시합니다. 이러한 소형 공간은 긴 줄을 서고 활동성이 적은 1층에 적합한 용도인 슈퍼마켓과 주차에 유리합니다.

M 4-6m / 13-20feet

M

깊이 4-6미터(13-20피트)의 공간은 고객을 위한 내부 공간이 있는 작은 상점이나 사무실로 사용될 수 있습니다. 종종 건물의 앞쪽 절반을 차지합니다. 이곳은 소규모 상점, 작업장, 사무실 등으로 사용될 수 있습니다.

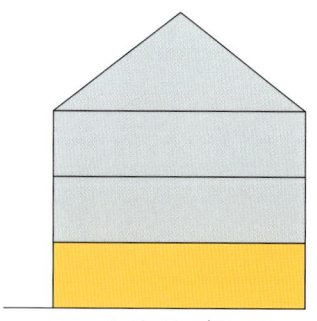
L 10-12m / 33-39feet

L

건물 1층 너비와 깊이를 모두 채울만큼 큰 규모의 장소도 있습니다. 매장이나 식당과 같은 공공장소는 큰 규모로 확장될 수 있습니다. 대안으로 구역을 나눌 수도 있습니다. 전면에는 상점을, 중간에는 창고와 기타 시설을, 후면에는 부엌, 사무실, 직원 공간을 위치시킬 수 있습니다. 특정 유형의 소매점의 경우 "좁고 깊은 평면 계획"이 선호되며, 나란히 반복될 때 이 양식은 조밀하고 다양한 상점 거리를 만들어 냅니다.

XS 가장 작은 공간으로 물품을 저장하고 전시할 수 있습니다.

XS: 세르비아 벨그레이드. 상인과 고객이 보도에 있으며 얇은 벽 찬장으로 구성된 거리 상점입니다.

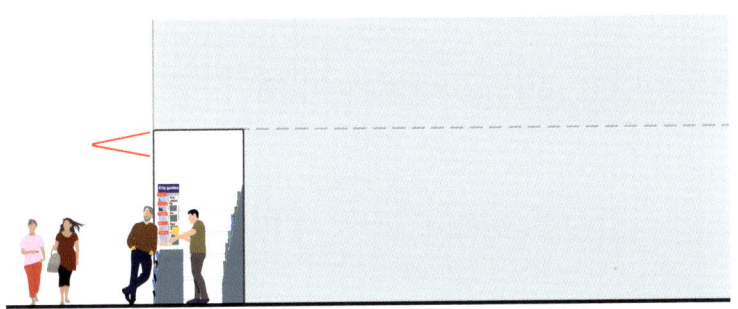 

S 다음으로 작은 규모의 공간으로, 고객은 밖에 있지만, 상인은 내부에 있습니다.

S: 일본 도쿄. 단지 몇 미터의 길이입니다. 작은 창문 바와 접이식 테이블이 있습니다.

M 중간 규모의 공간으로, 건물이 거리에 접한 전면 방향에 위치합니다.

M: 덴마크 코펜하겐. 단면 상점은 전면 폭이 넓을수록 거리에 더 많은 생명력을 불어넣을 수 있습니다.

L 큰 상점은 건물의 전면에서 후면까지 이어집니다.

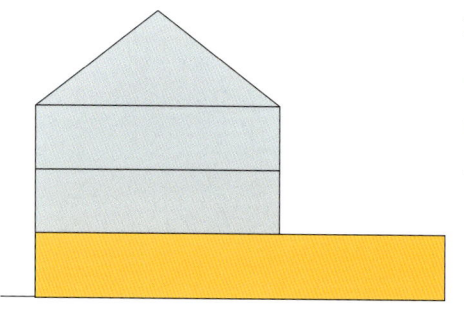

XL 12-20m / 39-65feet

XL

어떤 경우에는 1층이 상부층보다 더 깊은 바닥 면적을 필요로 하며(특히 리테일), 더 넓은 바닥 면적은 유용한 기능적 공간을 만들어냅니다. 또한 더 넓은 1층 면적은 상층부 숙박 시설에 유용한 데크 및 야외 공간을 제공합니다.

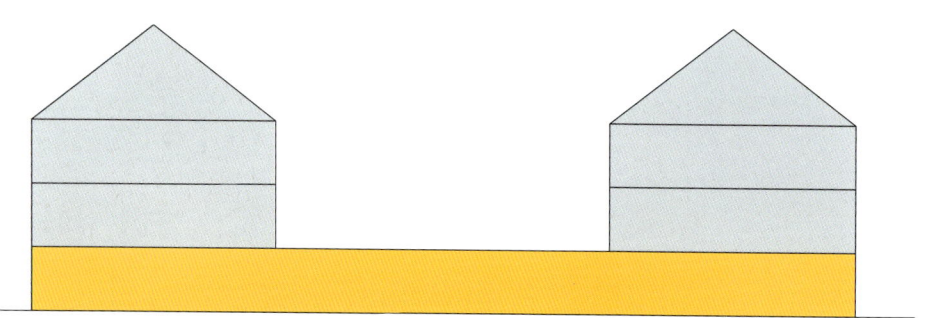

XXL 20+m / 65+feet

XXL 매우 큰 바닥 면적으로 전체 블록을 차지합니다.

XXL

1층의 전체 표면을 채워 그 위에 포디움 형태의 안뜰을 만들 수 있습니다. 이러한 거대한 솔루션은 슈퍼마켓과 같이 커다란 면적이 필요한 용도의 장소에서 상부층의 주거 공간으로의 이동을 가능하게 합니다. 중요한 점은 건물 가장자리를 작지만 다양한 용도의 상점들로 감싸 더 나은 보행성을 제공하며, 주변 지역과의 연결을 위한 연속적인 거리 풍경을 만들어냅니다. 포디움은 주변 층들에 직접 연결되어 활성화된 야외 공간을 만듭니다.

XL 대형 상점은 건물 너비 이상으로 확장됩니다.

… 가장자리에 작은 상점이 있습니다.

XXL: 스위스 베른. 유용한 소규모 상점들을 가장자리에 배치하고, 대형 슈퍼마켓이 보도를 향해 위치했습니다. 지루했던 판매 외관이 통행인들을 더 흥미롭고 즐겁게 만들어 줍니다. 빵집과 아이스크림 가게를 외부에 놓으면 더 많은 잠재 고객을 이끌 수 있으며 큰 매장에 갈 필요가 없으므로 시간을 절약할 수 있습니다.

거리에서

비즈니스 확장을 위한 가장 유연한 공간은 보도입니다. 다양한 크기와 용도의 보도가 활동적인 야외 가장자리 구역과 결합되면 거리를 소프트하게 만들고 사람들이 머무르도록 합니다. 특히 작은 단위에서 이러한 공간은 중요합니다. 식료품점 밖에 놓인 신선한 과일 상자, 옷 가게 외부에 의복 선반을 놓는 것과 같이 상품을 전시하기 위한 공간으로 활용할 수 있으며, 테이블과 의자를 두어 먹고 마시기 위한 공간이 될 수도 있습니다.

사람들이 좋은 날씨에 길거리로 나가는 것은 식당과 카페 운영에 있어 매우 중요합니다. 중요한 거리 생활을 만드는 것 외에도 매출을 높일 수 있기 때문입니다. 야외 보도나 공공 공간은 청소가 훨씬 쉽습니다. 테이블과 의자 설치를 위한 초기 투자비와 유지 보수 비용이 저렴하므로 식당이나 카페의 면적을 쉽게 늘릴 수 있습니다. 또한 외부 공간에는 환기가 필요하지 않으며 일반적으로 뜨거워지지 않습니다. 아마도 보도에 위치한 테이블과 의자는 건물 1층에서 일어나는 그 어떤 현상들보다 거리에 더 많은 생명력을 불어넣고 도시 공간에 다양성과 밀도를 높이는 데 기여합니다.

주거 지역에서도 보도 지역은 추가적인 생활 공간이 될 수 있습니다. 공공 영역에서 거주자의 존재와 그들이 보유한 사적 재산은 거리에 친밀감과 생동감을 가져올 수 있습니다.

01. 일본 도쿄. 작은 식당이 거리의 공간을 활용하면 기존보다 두 배 이상 공간 수용성이 높아질 수 있습니다. 플라스틱 커튼을 통해 이웃 식당과 구분하였습니다.

01.

02.

03.

04.

05.

06.

07.

02. 네덜란드 암스테르담. 화분으로 이루어진 작은 정원을 통해 타운하우스 앞 가장자리를 개인화하였습니다. 이는 주민들과 행인들에게 큰 즐거움을 줍니다.

04. 스웨덴 헬싱보리. 아이스크림 판매점 외부 가장자리에 접이식 의자를 두면 계절에 따라 보도를 사용할 수 있습니다.

06. 스위스 베른. 1층 카페에 어닝과 화분을 활용한 야외 공간이 생겼습니다.

03. 덴마크 코펜하겐. 건물 앞 좁은 공간을 사용하면 주민들에게 추가적인 생활 공간이 생기며 공공 공간과 연결됩니다.

05. 스웨덴 린케비. 옷을 가리는 어닝과 그 밑에 테이블 그리고 상점 직원이 거리로 나와 보행 동선에 소프트한 상업 시설이 있는 가장자리를 조성합니다.

07. 스코틀랜드 에든버러. 지하 카페가 앞마당과 연결되며, 계단을 통해 위쪽의 보도와 연결됩니다.

단순한 상점 그 이상:
다양하게 활성화된 1층 레벨

가정집

자녀가 있는 가정의 경우 1층 집에 산다는 것은 매우 편리한 경험입니다. 작은 정원은 거리로부터 완충 역할을 합니다. 더불어 숨쉴 수 있는 공간, 자전거와 유모차를 보관할 수 있는 장소, 어린이를 위한 놀이 공간이 될 수 있습니다.

특수 목적성의 집

매우 실용적인 1층 접근성은 노인이나 장애인을 위한 것일 수 있습니다. 도움 없이 출입할 수 있는 기회는 외부 세계와의 연결을 가능하게 합니다. 1층 거주자는 야외에서 시간을 보내고 지나가는 사람들과 교류하며 이웃과 더 강한 관계성을 구축할 수 있습니다.

오피스

1층은 독립적인 작업 공간에 적합한 장소입니다. 거리에 위치하며 가시성과 사회적 연결을 제공합니다. 밖으로 나가 커뮤니티의 일부를 느낄 수 있습니다. 1층에서 누군가 일한다는 것은 거리에 생명력을 전달할 수 있으며, 거리에 안전감을 더해 줍니다.

작업 공간

1층은 작업, 제작, 수리를 위한 작업 및 스튜디오 공간으로 활용될 수 있습니다. 1층 공간은 예술가, 장인, 상인 등의 일상생활을 지역 사회에 잘 연결시킬 수 있도록 합니다. 거리에 위치하는 것은 방문 고객 유치에 용이하며 배달 및 수거 작업에도 유용합니다.

육아

1층은 직접적인 접근이 가능하고 "쇼 윈도우" 역할을 합니다. 탁아소, 도서관, 공공 서비스, 지역 사무소, 자선 사업 등의 기관 활동이 고립된 공공 건물에 있지 않고 거리와 커뮤니티 일부에 있어 사용자에게 더 가까이 위치할 수 있습니다.

헬스케어

1층은 의사, 치과 의사, 수의사, 전문의, 치료사를 위한 오피스를 이상적으로 수용할 수 있습니다. 주소가 있으므로 방문자들이 쉽게 찾고 접근할 수 있습니다. 대중교통을 이용할 때 버스 정류장과 같은 유용한 것들과 편리하게 연결될 수 있습니다.

쇼룸/갤러리 공간

1층의 넓은 표면은 전시 공간으로 활용될 수도 있습니다. 면적당 비교적 적은 인원을 수용하지만 여전히 조용한 거리를 활성화합니다. 교외가 아닌 도시에서 이러한 공간과 활동은 많은 사람들에게 큰 혜택을 제공함을 의미합니다.

살롱

미용실, 뷰티샵, 네일샵, 이발소는 이곳에서의 활동이 지닌 사교적인 성격 때문에 특별한 주의를 기울일 필요가 있습니다. 거리의 창은 내부 활동을 외부로 보이게 하여 고객을 전시의 일부로 만들어 더 활기찬 장소의 느낌을 전달합니다. 예약 시스템은 하루 종일 비슷한 수준의 분주함을 가능하게 합니다.

헬스장

헬스장은 1층의 넓은 표면을 차지할 수 있으며 운동하는 사람들과 함께 거리에 활력을 불어넣습니다. 아침 일찍부터 밤 늦게까지 1층 헬스장은 거리에 더 많은 시선을 제공하여 외부의 공공장소에 보안을 강화합니다. 특히 인근의 다른 가게가 문을 닫을 때 더욱 중요합니다.

전문 상점

소규모 전문 상점은 조용한 거리에서의 삶을 활기차게 만들 수 있습니다. 모직, 모형 철도, 중고 서적, 홈브루잉 등 상점에서 특이한 상품을 판매할 때는 창문 전시가 특히 중요합니다. 전문 상점은 온라인 판매가 대부분을 차지할 수 있습니다. 그러나 거리 상점은 해당 비즈니스의 대표와 점원이 커뮤니티의 일상생활에 참여할 수 있는 기회를 제공합니다.

최상층과 지붕의 가치

고층 건물과 비교하였을 때 에워싸는 형태의 블록이 비율적으로 더 넓은 1층 공간을 제공하는 것처럼, 에워싸는 형태 블록이 고층 건물보다 비율적으로 더 넓은 최상층 또는 펜트하우스를 제공합니다. 4-5층 건물에서 전체 연면적의 20-25%가 최상층일 수 있습니다. 1층과 마찬가지로 최상층과 지붕에도 사용자에게 도움이 되는 특성들이 있습니다. 이러한 특성들을 잘 활용함으로써 건물의 성능과 가치를 높일 수 있습니다. 최상층의 장점으로는 제한 없는 평면 구성과 지붕 모양, 지붕 표면에 대한 쉬운 접근성, 확장을 위한 공간과 훌륭한 조망, 밝은 채광과 자연 환기 등이 있습니다.

최상층은 내부 벽이 하중을 지지할 필요가 없기 때문에 평면 배치에서 훨씬 더 큰 이점이 있습니다. 이러한 평면 계획에서의 유연성은 지붕 지역의 외부 공간으로 직접 걸어나갈 수 있게 합니다. 최상층의 공간은 위에 아무것도 없기에 모든 형태로 구성될 수 있습니다. 동일한 아파트에서도 지붕 높이와 천장 높이가 다를 수 있으며 이중 높이 공간이나 이중 층도 가능합니다. 지붕 공간의 유연성으로 인해 공간 확장의 여지가 있으며 위쪽으로 확장될 수도 있습니다. 이러한 작지만 중요한 요소가 기능적 유연성을 높이고 더 나은 사용자 최적화를 가능하게 합니다.

최상층은 위에 사는 사람이 없으므로 종종 더 매력적으로 인식됩니다. 그래서 펜트하우스에는 프리미엄 가격이 형성됩니다. 많은 도시에서 최상층의 펜트하우스와 같은 고급 주택은 인기가 있습니다. 최상층은 사생활 보호, 자연 채광, 개인 야외 공간과 같은 교외 주택이 지닌 여러 특성을 갖습니다. 최상층의 유연성은 다양한 용도를 포함하고 다양한 사용자가 거주할 가능성을 높여 건물의 사회, 경제적 다양성과 역동성을 증가시킵니다. 그러나 많은 곳에서 최상층은 상당한 잠재력을 지닌 채 활용되지 않은 자산으로 남아 있습니다.

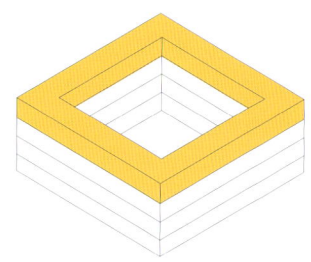

4-5층 건물의 전체 연면적 20-25%는 최상층의 독특한 펜트하우스 속성을 가질 수 있습니다.

01. **영국 런던, 쇼디치.** 기존 건물에 추가된 다층의 펜트하우스는 옥상 레스토랑과 테라스가 있는 듀플렉스 호텔 스위트 룸을 포함합니다.
02. **멕시코 멕시코 시티.** 새로운 루프탑 아파트는 큰 창문을 통한 빛과 함께 옥상 테라스의 야외 공간을 즐길 수 있게 해 줍니다.

01.

02.

지붕에 살기:
핀란드 헬싱키, 툴로 주택

고층 건물을 저층 건물들로 구성된 주변 환경에 어떻게 통합시킬 수 있을까요? 정답은 큰 지붕을 사용하는 것입니다. 툴로 주택의 거대하고 재미있는 맨사드mansard 지붕은 아파트 4개 층을 수용할 수 있으며, 이를 통해 8층 건물 높이를 크게 낮춥니다. 상부 층의 지붕 재료를 활용하여 일종의 착각을 일으키게 합니다.

지붕의 공기 역학적 형태는 바람을 위로 향하게 하여 안뜰 공간을 보호하고, 지붕의 각도는 햇빛이 안뜰 바닥에 도달하게 합니다. 큰 굴뚝과 함께 지붕의 장난기 넘치는 모습은 해당 장소의 친밀도를 높입니다. 작은 규모의 아파트에 유리 상자 발코니가 돌출되어, 하늘을 향하는 지붕의 형태를 최대한 활용합니다.

보통 한 층만 최상층이 될 수 있지만 툴로 주택의 넉넉한 지붕은 많은 주거 공간에 펜트하우스 느낌을 줍니다. 경사진 지붕 창문은 일반 수직 창문보다 더 많은 빛을 받을 수 있게 하며 발코니가 넓고 270도의 전망을 즐길 수 있습니다.

전체 아파트 층의 절반에 지붕이 있습니다.

보조 공간의 가치

지하실, 다락방, 후면 확장 공간과 같은 보조 공간과 차고, 자전거 창고와 같은 부속 건물은 시간이 지남에 따라 성장과 변화의 여지를 제공합니다.

단기적으로 지하실, 다락방, 별채는 보관소, 세탁실, 취미 공간, 자전거 보관소와 같은 실용적인 공용 보조 용도로 사용될 수 있습니다. 이것들은 교외 환경에서만 발견되는 중요한 기능입니다.

중기적으로 단순한 건물과 공간은 소규모 기업에게 적합한 건물이 될 수 있습니다. 이러한 소박한 공간은 그곳의 매력적인 이웃과 잠재적인 고객과 함께 새로운 기업이 활성화될 수 있는 곳이 될 수 있습니다.

거리와 연결된 지하실은 새로 시작하는 상점이 입점할 수 있으며 조용한 안뜰 내 부속 건물은 제작자를 위한 작업장 혹은 창업을 위한 사무실로 적합할 수 있습니다. 주거 지역에 비주거 용도가 함께 있으면 방문자가 다양해지고 하루 종일 활동성이 증대되어 이웃 환경 내 탄력성이 증가합니다.

장기적으로 이웃 사회가 인기를 얻게 됨에 따라 보조 공간의 가치가 더 높아질 수 있습니다. 매력적인 생활 및 업무 공간으로 전환되거나 업그레이드될 수 있는 기회가 있을지 모릅니다. 이전의 세면장, 마구간, 차고, 다락방은 매력적인 집이 될 수 있습니다. 마구간을 개조한 뮤스 하우스mews houses와 공장 등을 개조한 로프트 아파트loft apartments는 보조 공간의 용도 변경으로 잘 알려진 사례입니다.

01.

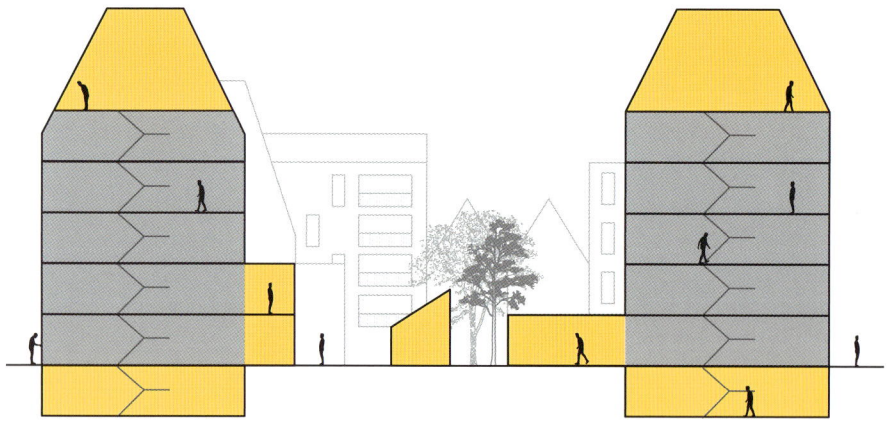

다락방, 지하실, 후면 확장 공간, 부속 건물은 시간이 지남에 따라 새로운 용도와 성장을 위한 공간을 제공하였습니다.

01. 덴마크 코펜하겐. 기존의 안뜰 내 부속 건물은 시간이 지남에 따라 도시의 편의 시설과 직접 연결된 조용하고 보호된 안뜰에 위치한 작은 집으로 변모하였습니다.

02./03. 스위스 베른, 브라이튼레인. 조용한 안뜰 내에 위치한 부속 건물은 고급 사무실 공간으로 개선되어 주거 지역에서의 낮 생활이 지닌 조용함을 누립니다.

04. 덴마크 코펜하겐. 도시 전역 여러 곳에서 옷을 건조하기 위해 사용되던 다락방이 뛰어난 전망과 조명을 갖춘 최상층 아파트로 바뀌었습니다.

02.

03.

04.

건물 블록: 도시화된 세상에서 로컬 생활하기 67

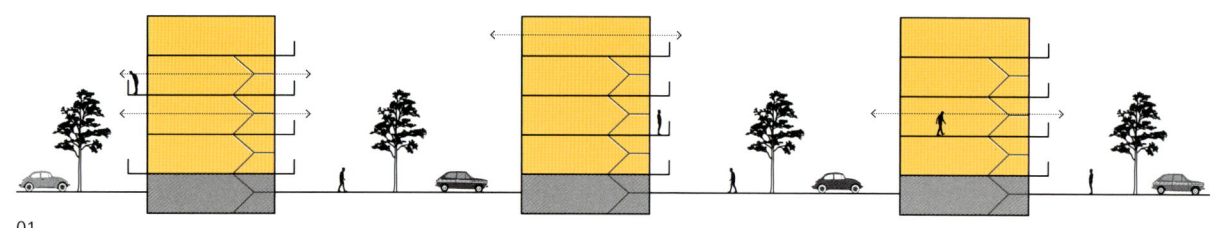

01.

공간적 다양성 인식

에워싸는 형태 블록에서의 맞벽 구조 건물 혹은 레이어 구조의 건물과 열린 공간에 있는 층을 쌓아올린 형태의 단독 건물을 단순히 비교하면, 설령 단독 건물이 일반적이지 않고 특이한 건축 형태를 지녔더라도, 단독 건물은 에워싸는 형태 블록이 만들어 내는 공간보다 훨씬 적은 종류의 공간을 만들어 냅니다.

먼저, 쌓아올린 구조의 단일 건물은 전면과 후면이 명확히 구분되지 않습니다. 이는 거리 주소에 맞게 위치한 정문이 나타내야 할 건물의 정면성이 없음을 의미합니다. 사적인 공간이 부족하며 쓰레기통, 자전거 주차 공간과 같이 건물에 필요한 실질적인 서비스를 위해 필요한 후면 공간도 뚜렷하게 존재하지 않습니다. 상점과 서비스가 활성화될 수 있는 공간적 영역이 없고, 창문을 열어 놓고 아이들이 놀거나 잘 수 있는 외부로부터 보호된 조용한 공간이 존재하지 않습니다.

그러므로 쌓아올린 구조로 된 독립형 단일 건물에는 한 개의 실외 공간과 한두 개의 실내 공간만 있을 수 있습니다. 만약에 공간의 다양성을 측정할 수 있는 시스템이 존재한다면 이러한 건물 유형은 내부와 외부에 단지 두세 개의 뚜렷한 서로 다른 공간이 있어, 2-3점의 공간 다양성 점수가 주어질 것입니다.

01. 개방형 조경에서 단일 건물로 층을 단순히 쌓아올린 형태의 건물은 공간적 다양성이 없습니다. 명확한 건물 전후면이 존재하지 않으며, 뚜렷한 개인 및 공공 영역도 존재하지 않습니다. 실제로 층 별 간의 별다른 차이가 없습니다.

03. 스웨덴 룬드. 단일 건물이 있는 개방형 계획은 넓은 지역에 걸쳐 공간적으로 단조로운 환경이 됩니다.

03.   04.

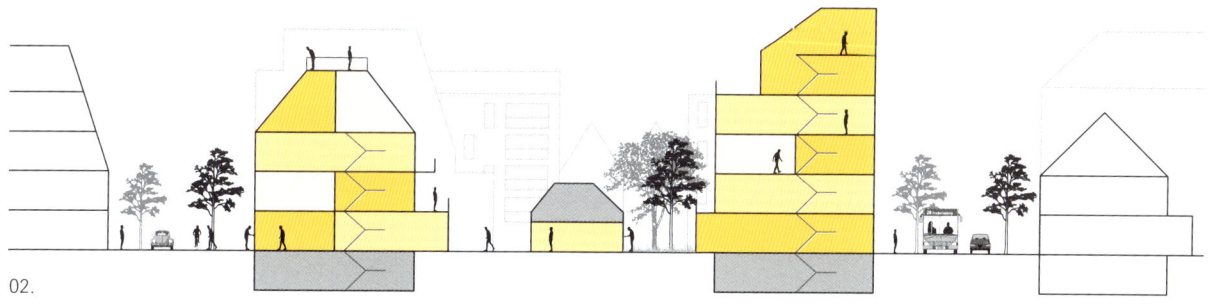

02.

02. 레이어 구조 건물로 둘러싸인 에워싸는 형태의 블록은 상당한 공간적 다양성을 제공합니다. 거리의 공공장소는 안뜰과 매우 다릅니다. 전면의 공공을 향하는 방과 후면의 사적 영역은 성격이 다릅니다. 1층은 지면과 연결되어 있어 상부 층과 상당히 다른 특징을 가집니다.

04./05./06. 덴마크 코펜하겐. 레이어 구조 건물을 지닌 에워싸는 형태의 블록은 동일한 위치에서 다양한 공간 조건이 가능하게 합니다. 3장의 사진은 서로 50m 이내에서 촬영되었습니다.

에워싸는 형태 블록 중 레이어 구조 건물은 개방형 계획에서의 독립형 건물보다 다양한 종류의 유용한 공간을 만들 수 있습니다. 전면과 거리 그리고 후면과 안뜰의 차이를 통해 최소한 두 가지 유형의 명백하게 다른 실외 공간이 있음을 나타냅니다. 인접한 안뜰 간에 차이가 있을 수도 있습니다. 거리에 더 가까운 첫 번째 안뜰이 있고, 그 다음 내부 안뜰이 있을 수 있습니다. 건물의 각 층마다 확실한 특성과 차이가 존재합니다. 전면과 후면을 연결하는 공간들도 다릅니다. 돌출 확장부와 부속 건물은 서로 다른 종류의 공간을 만들며 그 사이에서 또 다른 실외 공간을 만듭니다.

위에서 사용한 것과 동일한 공간 다양성 시스템을 활용하여 측정한다면 부속 건물이 있는 블록 건물은 전후면 조건과 1층에서 다락방까지 이어지는 뚜렷한 레이어 구조로 인해 최대 12-13점의 공간 다양성 점수를 갖습니다. 중요한 것은 각기 다른 종류의 공간들이 다른 잠재적인 사용 가능성을 증가시킨다는 것입니다.

05.

06.

건물 블록: 도시화된 세상에서 로컬 생활하기

휴먼 스케일을 유지하며 더 큰 요소 수용하기

지역에서 생활이 가능한 이웃 환경을 만들기 위해서는 직장, 의료, 육아, 교육, 문화, 상점에 이르기까지 도보로 쉽게 접근할 수 있어야 합니다. 이러한 용도로 사용되는 건물은 밀도와 다양성 문제를 중요하게 다룹니다. 학교, 도서관, 건강 관리 시설, 호텔, 영화관, 슈퍼마켓, 직장을 동네 안에 어떻게 함께 수용할 수 있을까요? 휴먼 스케일을 잃지 않으면서 이웃 환경 내에서 어떻게 더 큰 용도를 수용할 수 있을까요? 모든 사용 용도가 주변 환경에 눈높이에서 연결되어 있고 걸어갈 수 있는 거리에 위치하게 하려면 어떻게 해야 할까요?

직장은 장기간에 걸쳐 매일 같이 접근해야 하는 가장 중요한 고려 사항일 것입니다. 이웃 사회는 다양한 직장을 포함하여 고용 기회를 제공해야 합니다. 아마도 학교와 보육 시설은 수년에 걸쳐 거의 매일 사용되기 때문에 그 다음으로 중요할 것입니다. 이러한 시설들은 매주 사용될 수 있는 도서관 및 스포츠 시설과 같은 사회 문화 기관과 함께, 지역 정체성과 만남의 장소로 중요한 역할을 합니다. 의료 시설은 자주 필요하지 않더라도 일생에 걸쳐 매우 중요합니다. 슈퍼마켓과 같은 일상생활을 위한 소매점도 거리에 통합되어야 합니다. 그러나 매우 넓은 면적을 요구하는 건물을 수용하는 데에는 특별한 과제가 있습니다. 이러한 건물은 중소형 규모의 상점들에 의해 둘러싸이는 방식으로 되어야 합니다. 대규모 건물은 전체 블록을 채우거나 적어도 하나의 블록을 채울 수 있습니다. 대규모 건물은 지역 내 거리가 지닌 소규모 리듬과 생활을 깨뜨리지 않고 지역 내 거리에 통합되어야 합니다.

01. 스코틀랜드 에든버러. 빅토리아 발모랄 호텔의 거대한 건물 구조(왼쪽)는 외벽 쪽에 작은 상점(호텔 사업과 관련이 없음)을 위치시켜 에든버러 기차역으로 이어지는 후면 계단과 연계되어 분주하게 이동하는 승객에게 유용한 서비스를 제공합니다. 1980년대 쇼핑몰(오른쪽)에는 이러한 공간적 배려가 없었습니다.
02. 스페인 바르셀로나. 체인형 슈퍼마켓의 작은 입구는 실내의 커다란 바닥 면적의 외부 노출을 숨기면서 동시에 작은 지역 상점, 오피스, 주거를 위한 면적을 제공합니다.

01.

02.

03. 덴마크 코펜하겐. 일룸 백화점Illum department store. 5층 규모의 백화점은 주변의 중세 시대 양식의 건물과 비슷한 규모입니다. 내부 안뜰 대신 아트리움 공간이 있어 내부 공간에 빛이 들어오고 환기가 가능하며 최상 층에는 테라스와 빛이 투과할 수 있는 루프 라이트가 있습니다. 1층 가장자리에는 거리의 사람들로부터 많은 관심을 끄는 작은 규모의 플래그십 스토어들이 위치해 있습니다.

04./05. 네덜란드 위트레흐트 / 프랑스 파리. 개신교 교회와 가톨릭 교회. 서로 다른 성격의 두 개의 교회는 건물 가장자리를 따라 작은 상점들을 통합하여 보다 완전한 지역 환경을 제공합니다.

03.

04.

05.

과거 환경에서 배울 점이 있습니다. 오래된 마을과 도시에서 작은 규모의 장소에 큰 건물이 규모와 용도 측면에서 소프트하게 통합되었습니다. 간단한 예로 독일의 전통적인 라타우스켈러Rathauskeller가 있으며, 말 그대로 타운-홀 지하실town-hall basement이라는 의미가 있습니다. 이곳은 지하에 위치한 레스토랑과 바로, 시민과 공공을 위한 중요한 건물 중 하나입니다. 단순히 물리적인 레스토랑이 존재한다는 것으로 인해 주변을 소프트하게 만드는 것이 아니라 하루 중 여러 시간대에 다양한 활동을 불러일으키는 사회 경제적 솔루션이 됩니다. 레스토랑은 비어 있을 때도 주민들의 생활에 생명력을 불어넣습니다. 이곳에서는 사적인, 상업적인, 대중적인 활동이 공공 기관과 공존하며, 공공 행정을 위한 민간 기업의 소득 창출이 가능합니다. 지하실과 1층에 일상적이고 사적인 용도를 지닌 공공, 민간, 종교 건물이 여럿 위치해 있습니다. 이러한 지하실과 1층의 용도는 건물의 주요 목적과 관련 없이 거리와 외부 커뮤니티의 연속성에 대한 배려를 위해 존재하기도 합니다.

대규모 리테일

백화점과 같은 대규모 시설도 4-6층 규모의 건물에 입점할 수 있습니다. 안뜰 공간의 서비스는 거리에서 보이지 않습니다. 아트리움 공간에는 자연 채광이 깊숙이 들어올 수 있으며 층간 소통을 가능하게 합니다. 더 큰 기능은 일종의 공생 경제로서 여러 작은 기능을 포함할 수 있습니다. 예를 들어 백화점은 건물 가장장리에 여러 작은 상점을 입점시킬 수 있습니다.

대규모 리테일 건물은 작은 상점들을 입점시켜 고객을 유치하는 동시에 임대료 수입을 올릴 수 있습니다. 백화점은 그 자체로 목적지이며, 작은 상점들은 백화점과 가까이 위치하며 혜택을 누립니다. 백화점은 다양한 유형의 고객들을 유치하고 도보로 접근 가능한 중앙 지역에 더 오랜 시간 다양한 상품과 서비스를 경험할 수 있게 합니다. 백화점은 광범위한 고용을 제공하는 주요한 고용주입니다.

에워싸는 형태의 루프

에워싸는 형태의 블록이 계속되면 이는 하나의 연속적인 루프loop가 됩니다. 이 루프는 끝이 없는 다양한 접근성을 제공합니다. 다른 두 방향으로 끝없이 움직일 수 있어 사용 측면에서의 유연성이 높습니다. 루프는 여러 구성 요소로 세분화되거나 하나의 커다란 연속된 공간으로 사용될 수 있으므로 다양한 규모의 용도로 사용될 수 있습니다.

루프는 청소 카트와 음식 배달 카트부터 전기 회로와 컴퓨터 케이블까지 여러 것들이 건물 전후면으로 쉽게 이동할 수 있도록 합니다. 병원 및 호텔과 같이 서비스 요구 사항이 높은 건물에서 매우 유용합니다. 또한 루프는 다양한 접근 포인트를 제공하므로 비상시 대피하기에 용이합니다. 예를 들어 화재 발생 시 한곳의 방향과 출구가 막히면 돌아서 다른 방향으로 갈 수 있습니다.

소규모 이웃 환경에서의 대규모 호텔

이웃 사회에 호텔을 위치시키는 것은 호텔 손님과 현지인 모두에게 여러 가지 이유가 있습니다. 호텔 손님은 다양하고 유용한 서비스에 걸어서 갈 수 있는 위치의 호텔을 선호합니다. 호텔은 지역 비즈니스와 공생 관계를 가질 수 있으며, 다양한 숙련도를 지닌 현지인을 고용할 수 있으며, 젊은이와 이민자를 고용하는 효과를 갖기도 합니다. 편안한 의자, 커피, 인터넷 서비스가 제공되는 호텔 로비는 공공장소로서 회의 및 업무에 유용한 다목적 장소가 될 수 있습니다. 이 공간은 일반적으로 일주일 내내 24시간 동안 오픈되어 추가적인 삶의 활력을 거리로 가져와 이웃에 더 큰 보안성을 제공합니다. 비즈니스맨, 여행자, 개인 및 가족 여행자에 이르기까지 다양한 그룹의 고객들을 유치함으로써 현지 상점을 위한 고객 창출 효과도 제공합니다.

에워싸는 형태 블록에서 안뜰 주변으로 위치한 연속적인 루프는 효율적인 서비스를 제공합니다. 안뜰 형태는 도심 내 인근 생활과의 진정한 연결을 가능하게 하는 외부 공간과 조용하고 고요한 실내 공간을 동시에 제공합니다. 안뜰은 기둥이 없는 넓은 공간이 필요한 이벤트 장소로 사용될 수 있습니다. 이곳이 주는 놀라운 공간적 경험은 건축물이 지닌 주요한 매력이 될 수 있습니다.

안뜰 블록 구조가 지닌 잠재력 극대화:
독일 베를린, 래디슨 블루 호텔

01.

02.

03.

독일 수도의 최고 중심지 중 한곳에 위치한 래디슨 블루 호텔은 인근 베를린 대성당의 위엄과 높이를 강조하기 위해 특정 규모를 유지합니다. 호텔의 높이를 낮추어 이웃과 조화를 이루게 하며 손님들은 이러한 높이에서 주변 환경과 잘 연결되어 있다고 느낍니다.

호텔 건물에는 레스토랑과 바가 있는 넓은 안뜰과 5층 높이인 세계 최대 규모의 화려한 어항이 있습니다. 지하층에 위치한 탱크는 수족관의 주요 시설 중 일부입니다. 건물 1층은 레스토랑, 카페, 상점이 위치하여 주변 거리에 활기를 불어넣습니다. 호텔에는 다양한 서비스, 접근성, 출입성 등을 위한 루프가 존재하며 에워싸는 형태 블록의 장점을 활용합니다.

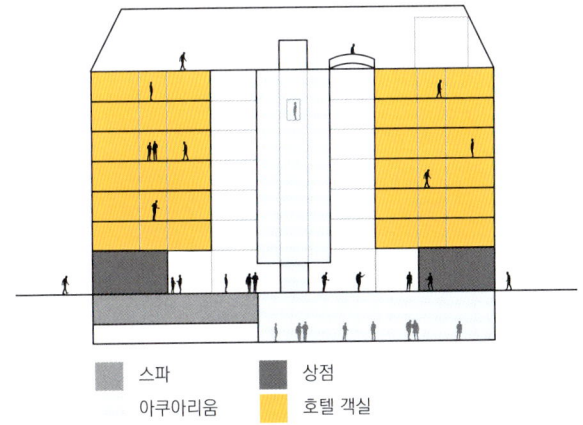

중앙 아트리움과 수족관 탱크를 보여주는 호텔 단면

01. 호텔에 인접한 쇼핑가.
02. 대성당 옆에 위치하여 구분되는 규모.
03. 아트리움 로비에 위치한 수족관.

세분화된 이웃 사회에 초대형 상자 구조물: 독일 함부르크, 알토나 이케아

온라인 소매업이 증가하고 큰 상점이 교외 지역으로 밀려드는 시대에 독일 함부르크 알토나와 같은 휴먼 스케일 도시에 대형 이케아 매장을 입점시킨 것은 매우 성공적이었습니다. 이러한 대규모 이케아는 교외 고속도로 옆 큰 산업 창고에서 주로 발견됩니다. 하지만 함부르크 알토나의 대형 이케아 매장은 작은 상점, 비즈니스, 사무실, 아파트가 있는 보행자 거리에 성공적으로 통합되었습니다.

다른 이케아 매장과 달리 대중교통과 도보로 접근할 수 있습니다. 매장은 뚜렷한 레이어 구조를 보여줍니다. 1층 주변에서는 쇼룸과 입구가 있습니다. 상점 창문, 스웨덴 음식 가게, 아이스크림 카페가 있는 건물의 가장자리는 거리에 활기를 불어넣어 줍니다. 레스토랑은 1층에 있으며 거리를 조망할 수 있습니다. 셀프 서비스 창고는 주차장과 함께 최상층에 있습니다.

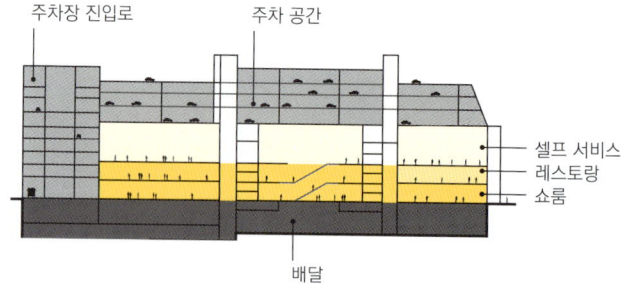

백화점에서 직장으로:
캘리포니아 샌프란시스코, 트위터 본사

샌프란시스코에 본사를 둔 트위터는 마켓 스트리트Market Street 중앙에 위치한 기존에 백화점이었던 건물로 사옥을 이전하였습니다. 넓은 바닥 면적은 끊임없이 변화하고 진화하는 그룹 기반의 프로젝트 작업, 공동 협력 작업 그리고 비교적 평등한 관리 구조의 혁신적인 기업에게 필요한 유연성을 제공합니다. 각 층의 넓고 개방된 공간은 직원들의 공식적이고 자발적인 만남과 교류에 필수적입니다.

상점, 레크리에이션, 문화 시설과 함께 대중교통, 걷기, 자전거로 쉽게 접근할 수 있는 도시 공간이 중요합니다. 건물은 주변 환경을 반영하고 있으며 그 자체로 편의 시설을 제공합니다. 카페, 레스토랑, 시장 광장, 슈퍼마켓 등 매력적이고 유용한 기능을 통해 1층 활용을 극대화하여 보행자들이 안을 들여다보고, 안으로 들어와 둘러보며, 안에서 머물러 있게 합니다.

트위터가 새로운 본사 위치로 마켓 스트리트에 위치한 기존의 백화점 건물을 선택한 것은 세 가지 중요한 사항을 우리에게 알려줍니다. 첫째, 직장으로서 필수적인 건물 종류(적은 층수에서의 넓고 유연한 바닥 면적 활용)이며, 둘째, 직원 채용과 유지에 유리한 도시(중앙에 위치하며, 잘 연결되어 있고, 높은 서비스 제공이 가능)에 위치하였고, 셋째, 1층에 모든 사람이 이용할 수 있는 상점과 서비스를 제공하여 트위터 건물을 도시에 통합시켰습니다. 외부 사람들도 회사 건물 내부에 머무를 수 있습니다. 트위터는 직원들에게 편의성을 제공하며, 건물 내부에 도시의 진정한 모습을 포함하는 것이 가능합니다. 더불어 건물의 물리적인 측면에서 뿐만 아니라 기업 이미지를 소프트하게 만들었습니다.

휴먼 스케일의 고밀도 레이어 구조:
스위스 베른, 올드 타운

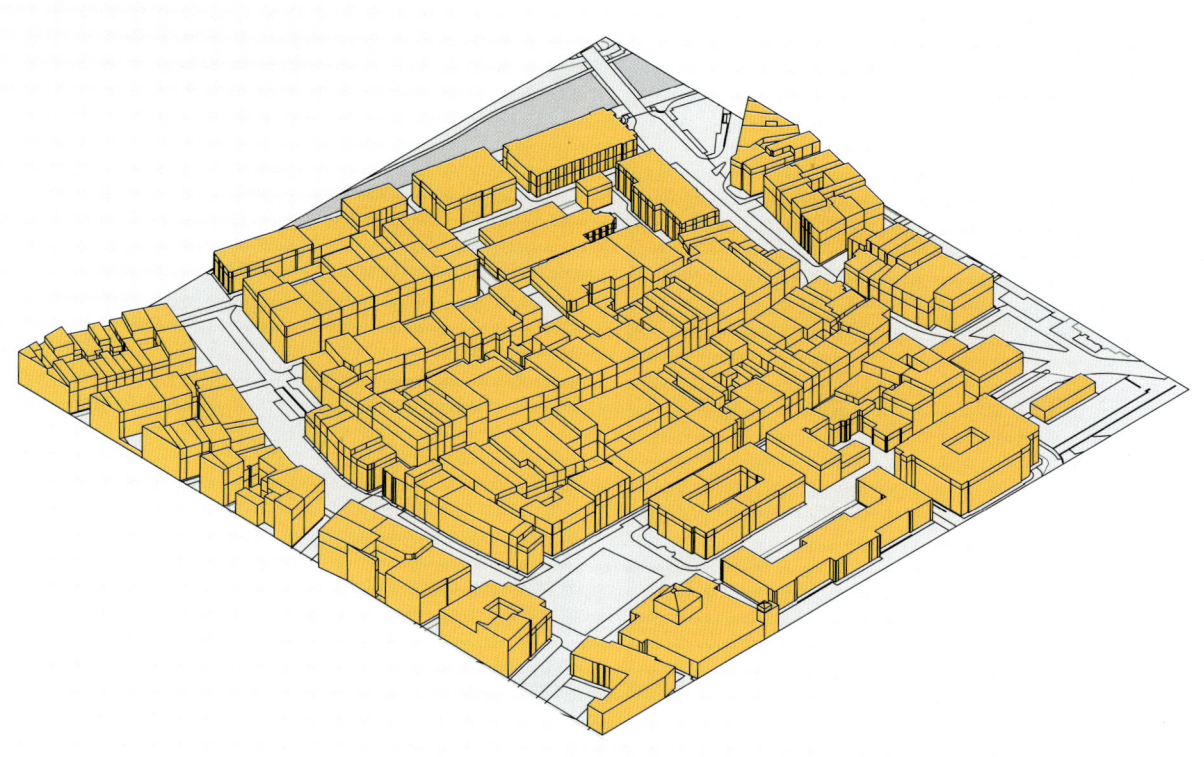

건물의 밀도

전체 대지 면적:	400×400m / 1,300×1,300feet
전체 연면적:	373,600m² / 4,047,200sq. ft
주거 면적:	80,200m² / 864,000sq. ft
용적률:	1.87
건폐율:	0.50

1층과의 접근성

1층에서 접근 가능한 건물 면적:	21.5%
1층에서 도보 거리에 있는 건물 면적 (4층 이하):	62%

베른 알트스탓트/올드 타운

유네스코 세계 유산 부지 0.85km² / 85ha
알트스탓트 거주자 4,600명
핵타르 당 거주자 93명
도심 내 거주자 140,600명
그레이터 베른 내 거주자 400,000명

단면은 아케이드와 대중교통이 존재하는 거리의 관계를 보여줍니다.

휴먼 스케일 측면에서 건물의 유형 및 용도의 다양성과 밀도를 보여주는 가장 좋은 예는 스위스의 수도 베른의 중세 도시 중심에 있습니다. 베른의 구시가지, 특히 마크게쓰Marktgasse, 크람가쓰Kramgasse, 게레치티스게잇가쓰 Gerechtigkeitsgasse의 중심가 주변은 중층 건물로 구성된 다양하고 밀도 높은 블록의 가능성을 보여줍니다. 거리에는 여러 용도와 기능들이 혼재되어 있어 활기찬 도시 공간을 만듭니다. 이러한 구조의 사용은 시간이 지남에 따라 바뀌었지만 12-15세기에 지어진 레이아웃은 본질적으로 변하지 않았습니다.

단순한 구조

건물은 4-5층 높이이며 큰 지붕과 아치형 1층이 전면 거리를 마주하고 후면에는 안뜰이 있습니다. 건물의 앞쪽은 공공의 특성을 갖고 거리를 향해 연속적이고 질서 있게 배치되어 있으며, 안뜰이 있는 사적 공간은 일상적인 용도를 수용하며 시간에 따라 변화하는 거주자의 요구를 수용합니다. 이를 위해 건물의 높이를 높이거나 외부의 공공장소를 침입할 필요 없이 건물의 안쪽으로 확장 가능한 유연성을 갖습니다.

소프트한 지붕 경관, 비교적 낮은 건물 높이, 밀도 높은 도시 형태의 조합은 건물 사이의 쾌적한 미기후를 만듭니다. 연속적인 아치형 1층은 어떤 날씨 조건에서도 사용될 수 있는 산책로를 만들어 사람들이 걷고, 멈추고, 서 있도록 합니다. 좁은 골목길은 주요 도로 사이에 보행자 지름길을 만들며 상업 활동을 위한 더 많은 매장 공간을 제공하면서 도시 블록의 규모를 줄여 줍니다.

모든 사람과 모든 것을 수용

휴먼 스케일의 에워싸인 형태의 블록인 베른 구조는 휴먼 스케일을 유지하면서 초소형부터 초대형까지 모든 크기의 용도를 수용할 수 있습니다. 초소형에는 아케이드 휴식 공간에 있는 음식 판매점과 꽃 판매점, 시장 가판대, 구석에 위치한 키오스크, 다락방에 있는 작은 스튜디오 아파트가 있을 수 있습니다. 초대형에는 넓은 면적의 슈퍼마켓, 백화점, 주요 호텔이 입점할 수 있습니다. 초소형과 초대형 사이에는 모든 규모의 상점, 은행, 쇼룸, 카페, 바, 레스토랑, 변호사 사무실, 의료 시설 등이 있습니다. 이들 모두가 근접하여 공존함으로써 상호 이익을 누리고 있습니다.

여러 소매 활동을 함께 수용하는 데 있어서 명백한 위계 질서가 공간에 있습니다. 회전율이 높은 체인점은 주요 거리에 입점을 선택하며, 소규모의 개인 운영 상점과 손님이 적은 상점은 작은 길, 후면 골목, 아케이드 등에 위치합니다. 과거의 여러 소유권 패턴을 볼 때 소규모 비즈니스와 세계적인 체인점이 함께 위치할 가능성은 적습니다.

여러 규모의 활동 간의 공생 관계는 슈퍼마켓과 같은 큰 개체가 어떻게 휴먼 스케일 환경에 부합되는지를 보여줍니다. 대형 소매점 외부 측면을 따라 작은 상점이 위치하여 전체 블록이 단일 기능의 단조로운 긴 외벽이 되는 것이 아니라 역동성과 활기를 제공합니다.

01.

수평적 레이어 구조

베른 중심가의 1층은 가장 집중된 활동성을 지니며 수직적인 레이어 구조를 이루고 있습니다. 1층의 연속적인 리테일은 편리한 접근성으로 인해 상점의 번성에 주요한 역할을 합니다. 1층에 있는 상업용 공간들은 임차인의 수요에 따라 위아래층을 사용하여 한 개 층으로 확장될 수 있습니다. 때때로, 상점은 2-3개 층으로 계속 이어질 수 있는데, 이로 인해 대규모 백화점 및 가구 쇼룸이 작은 소매점 등과 함께 위치할 수 있습니다.

야외 계단을 통해 독립적인 동선으로 지상에서 지하실로 접근할 수 있습니다. 지하실 공간은 임대료가 상당히 낮기 때문에 신생 기업과 다양한 상인들에게 매우 유용한 입지가 됩니다. 이러한 레이어 구조를 통해 다양한 성격의 상업 활동과 신규 비즈니스가 기존 비즈니스와 공존할 수 있습니다. 중고 레코드를 판매하는 상점이 보석상 아래에 있을 수 있습니다.

상부층은 의사, 치과 의사 등이 제공하는 서비스 용도로 활용됩니다. 건물 중앙 높이에는 변호사, 엔지니어, 건축가 등의 전문가 사무실이 있어 방문객이 편리하게 방문할 수 있습니다. 주거용 공간도 일부 남아 있습니다. 1층 상점에는 상부층으로 올라가는 계단의 문이 있으며, 표지판은 입주자의 상호명과 용도를 나타냅니다. 또한 1층에 은행이 위치한 오피스 건물이 블록 구조에 있기도 합니다. 이러한 전형적인 거리의 레이아웃은 주소지를 통해 해당 위치를 쉽게 찾을 수 있게 해 줍니다.

거주자, 상인, 고객 관점에서 다양한 활동을 함께 배치하면 매우 편리하고 복합 기능적인 환경을 만들 수 있습니다. 모든 것이 도보 거리 안에 있으며 한 번의 여행으로 다양한 일을 할 수 있습니다.

01. 주요 거리 공간입니다.
02. 3층 포디엄에 위치한 식당은 안뜰 1층에 닿지 않는 햇빛을 받습니다. 지붕과 근접성을 갖습니다.
03. 추가적인 리테일 공간을 제공하기 위해 안뜰 일부가 일반에게 개방되었습니다.
04. 아케이드에서 임시적이고 독립적인 리테일 활동을 영위합니다.
05. 간판은 같은 건물에서 다양한 활동이 존재함을 보여줍니다.
06. 거리에서 임시적이고 독립적인 리테일 활동이 이루어집니다.
07. 접근 가능한 별도의 계단이 있는 아케이드 및 지하실 상점의 패턴이 있습니다.

02.

03.

04.

05.

06.

07.

건물 블록: 도시화된 세상에서 로컬 생활하기

거리와 건물을 가로지르는 단면은 건물 내에 다양한 활동의 레이어 구조가 존재하며 크고 작은 기능들이 함께 수용되고 있음을 보여줍니다.

일상적인 이동성

중심가에는 다양한 이동성이 있습니다. 자전거 친화적이며 양쪽 방향으로 향하는 노면전차 노선이 있습니다. 버스 노선이 양쪽 방향의 노면전차 노선을 따라 있는 아케이드 이동 동선과 함께 있습니다. 아케이드 이동 동선은 횡단보도 용도로 활용되는 노면전차 노선 사이의 공간과 즉흥적으로 연결됩니다.

배송 및 서비스 차량은 보다 광범위한 이동 패턴을 갖습니다. 베른이 지닌 유네스코 세계문화유산의 명성을 존중하기 위해 현대적인 서비스 요구를 수용할 수 있는 실용적인 해결책들이 많이 적용되었습니다. 특히 보도에 위치한 리프트를 사용하면 슈퍼마켓을 포함한 다양한 소매점으로 물건을 배달할 수 있습니다. 이를 통해 일반적으로 대형 트럭에 필요한 상하차 구역과의 교통 혼잡을 피할 수 있습니다.

01.

02.

01./02. 아케이드 밑을 향하는 리프트는 지하실에 있는 큰 규모의 상점으로 배달을 가능하게 합니다.
03. 노면전차와 보행자는 같은 공간을 편안하게 공유합니다.
04. 아케이드에 파라솔을 활용하여 외부와 내부에 여러 경험을 제공합니다.

03.

아케이드

베른의 아케이드는 거리 자체의 너비보다 더 넓은 이동 통로를 제공합니다. 사람들이 걷거나 머물러 있기 위한 확장된 안락 지대를 만들어 외부 날씨에 더 가까이 노출되도록 합니다. 이는 태양이 강할 때는 그늘을 제공하고 비와 눈을 덮어줍니다. 아케이드는 열린 하늘이 항상 한걸음 거리에 있으며, 비가 멈추는 순간 다시 밖으로 나갈 수 있음을 의미합니다. 레스토랑과 카페는 둥근 천장 밑에서 보호를 받으며 야외 테이블을 활용할 수 있고, 날씨가 좋을 때는 거리에서 영업할 수도 있습니다.

아케이드 공간에 있는 상점은 일년 내내 상품을 전시할 수 있습니다. 기둥은 상업 활동을 위한 전시 공간 및 간판 용도로 사용되며, 기대고 앉을 만한 휴먼 스케일을 제공합니다. 아케이드는 중요한 하이브리드 공간으로 내부와 외부 생활 간의 관계를 소프트하게 합니다.

아케이드는 계절에 따라 다양한 야외 활동 기회를 제공합니다.

04.

에워싸는 형태 블록이 수행할 수 있는 것

전형적인 도시 블록

4-5층 규모의 전형적인 도시 블록입니다. 단순한 형태이지만 보기보다 더 많은 기능을 수행할 수 있습니다.

사적/공공 공간

이 블록 시스템은 전면(또는 블록 외부)의 공공 공간과 후면(블록 내부)의 사적 공간으로 명확하게 정의됩니다. 매우 다른 두 개의 세계가 근접하여 공존할 수 있습니다.

공용 공간과 정체성

에워싸는 형태 블록 중간에는 공용 공간이 형성되어 주민들의 공통된 관심사를 함께 누릴 수 있으며 지역 공동체 형성에 포인트가 될 수 있습니다.

고밀도/저층

이 블록 시스템은 저층 구조와 휴먼 스케일을 유지하면서도 고밀도 개발을 가능하게 합니다. 사람들이 건물 1층에 쉽게 접근할 수 있고 주변 이웃에 가까이 접촉할 수 있음을 의미합니다.

더 나은 미기후

에워싸는 형태 블록은 안전한 공간, 보호된 미기후, 강한 바람으로부터 보호, 필요에 따른 채광 등의 이점을 제공합니다. 일관된 건물 높이는 난류로 인한 부정적인 영향을 줄입니다.

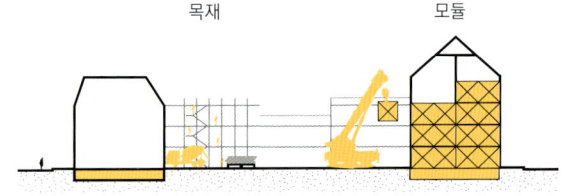

간단한 건축과 기초

중층 건물(4-5층)은 고층 건물에 비해 더 단순하고 저렴한 건축 및 기초 시스템을 가지고 있어 시공이 더 간단합니다. 광범위한 자재(목재 포함)와 다양한 시공법(조립식 모듈 포함)을 사용할 수 있으며 소규모 시공사와 부동산 개발 회사가 참여할 수 있습니다.

보호된 음향 공간

에워싸는 형태 블록은 외부로부터 보호된 음향 공간을 만듭니다. 주변의 건물 벽체는 거리의 소음으로부터 내부 공간을 보호합니다. 이것은 여름에 창문을 열고 잠을 자도 교통 소음에 방해받지 않는 것을 의미합니다.

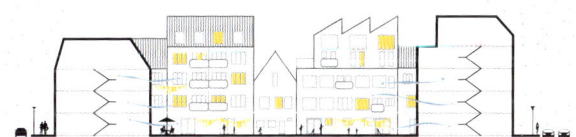

보호된 공기층

에워싸는 형태 블록은 공기층을 보호하여 교통량이 많은 거리에서 깨끗한 공기를 유지할 수 있게 해 줍니다. 이로 인해 통풍이 잘 되고 창문이 깨끗하며 환기를 통한 청소 등이 가능한 일상적인 장점이 있습니다.

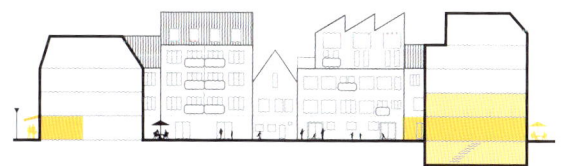

활성화된 건물 가장자리에서의 개발 가능성

에워싸는 형태 블록을 사용하면 1층(상점, 카페, 작업장 등) 활동을 2층까지 혹은 지하실까지 확장할 수 있습니다. 1층 활동을 블록 후면으로 확장할 수도 있습니다. 이런 식으로, 거리와 관련된 공공 활동이 내부의 사적 활동을 방해하지 않으면서 두 배, 세 배 이상이 될 수도 있습니다.

보호된 안전 영역

에워싸는 형태 블록은 외부 거리와 무관하게 안전한 영역을 생성합니다. 공공 영역 중간에 위치하며 안전하게 관리되는 커뮤니티입니다. 이곳은 자전거를 놓아두거나 아이들이 놀 수 있는 안전한 장소가 됩니다.

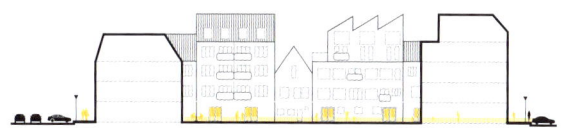

100% 차량 접근성과 100% 차량이 없는 공간

에워싸는 형태 블록을 사용하면 한쪽 측면의 모든 건물에 100% 차량 접근이 가능하며, 반대 측면의 모든 건물에 100% 차량이 없는 공간을 만들 수 있어 두 개의 서로 다른 공간을 제공합니다.

20-25% 도보 접근성

4-5층으로 에워싸인 블록에서 건물 전체 연면적의 20-25%가 도보로 접근이 가능하여 사용자 및 사용 용도 측면에서 다양한 혜택을 제공합니다.

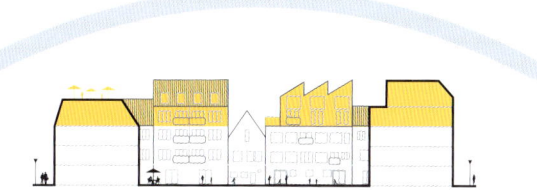

20-25% 펜트하우스

4-5층 건물로 에워싸인 블록에서 펜트하우스 공간이 전체 건물 연면적의 20-25%를 차지할 수 있습니다. 이곳은 가치가 높은 최상층의 숙박 시설입니다. 하중을 지지하는 벽이 없어 자유로운 계획이 가능하며 지붕에 창문이 있을 때 훨씬 더 많은 빛을 제공합니다. 쾌적한 미기후가 있는 높이에서 옥상 테라스와 정원이 있을 가능성도 있습니다. (강하고 차가운 바람에 많이 노출되면 외부 공간이 덜 쾌적해지고 사용성이 떨어질 수 있습니다.)

100% 도보로 올라가기

4층 규모의 에워싸인 형태 블록에서는 상층부를 포함한 건물 전체 연면적 100%에 도보로 접근이 가능하며 공공 성격의 전면과 사적 성격의 후면에 대한 이중의 접근성을 갖습니다.

다중 차원 시스템

에워싸는 형태 블록은 기본적인 특성을 잃지 않고 자체적인 별도 접근이 가능한 독립적인 건물로 세분화될 수 있습니다. 이것은 서로 다른 소유권과 점유 형태를 가질 뿐 아니라 다양한 건축 스타일과 용도가 이웃 안에서 공존할 수 있음을 의미합니다.

교외의 단독 주택과 도심 내 고층 건물 간에는 어떠한 차이가 있을까요? 흥미롭게도 저밀도 환경과 고밀도 환경 모두에서 외부와 분리된 환경을 조성할 수 있습니다.

건물 블록과 건물의 복원력

독립적인 맞벽의 레이어 건물로 구성된 에워싸인 형태의 블록이 지닌 도시 패턴은 휴먼 스케일을 유지하면서 건물 밀도와 다양한 용도를 수용할 수 있습니다. 이러한 패턴은 시간이 지남에 따라 성장, 적응, 변화를 반복적으로 수용할 수 있음을 의미합니다. 일상적인 삶의 질을 향상시킬 수 있는 방식으로 사적 영역에서의 안락함과 안정성 그리고 공공 생활의 편의성과 접근성을 모두 결합할 수 있습니다. 작고 섬세한 규모의 세부 사항들은 사교의 기회를 열어 줍니다. 이것은 공간, 건축 자재, 에너지, 시간 측면에서 매우 경제적인 시스템입니다. 설명된 여러 요소가 매우 기본적인 내용으로 들릴지 모르지만 이러한 간단한 규칙이 적용된 에워싸는 형태의 블록이 세계에서 가장 살기 좋은 도시를 만들었습니다. 이 도시 패턴의 보편적인 성공이 오늘날의 모습을 만들었습니다.

주택, 정원, 작업 공간, 스튜디오 등이 있는 소규모의 사적 공간과 함께 백화점, 슈퍼마켓, 학교, 사무실, 기관, 스포츠 시설과 같은 공공 생활의 큰 구성 요소를 함께 수용하며, 공간에 탄력성을 높이는 블록 형태의 견고한 도심 체계가 되었습니다. 이러한 패턴은 일상생활을 용이하게 해 줍니다. 빵 구입하기, 개와 산책하기, 밖에서 점심 먹기, 음악 감상하기, 장보러 가기와 같은 공공의 생활이 빨래 널기, 바베큐 하기, 자전거 수리하기, 수영장에서 놀기, 여행 차량 준비하기, 침구 바람 넣기, 토마토 식물을 위한 양지 찾기와 같은 사적인 생활과 함께 이루어집니다.

이러한 간단한 시스템은 확장 및 결합이 가능한 유연한 구조를 제공합니다. 거리를 만들기 위해 블록끼리 서로 결합될 수 있습니다. 거리는 동네를 만들기 위해 결합될 수 있습니다. 동네는 도시 전체를 만들기 위해 결합될 수 있습니다.

사라지 중간? 중층 높이의 블록은 높은 밀도와 휴먼 스케일을 동시에 제공하여 사람들이 지상 및 이웃과 잘 연결될 수 있게 합니다.

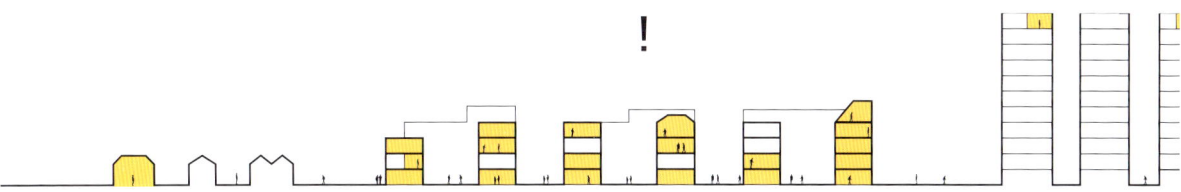

당신은 끝없이 늘어선 건물들 가운데서 독립적인 시스템을 얻을 수 있습니다. 각 개별 건물은 고유한 방식으로 사용자의 독특하고 구체적인 상황에 대응하며 적응할 수 있는 잠재력이 있습니다. 전체로서는 탄력적인 시스템을 만들어 차이를 수용하고 시간이 지남에 따라 변화를 견딜 수 있습니다.

이러한 패턴은 정치적 힘과 시장의 힘에 의해 고밀도화를 요구하는 빠른 도시화 시대에서 배제된 중간 층 규모의 건물을 찾는 데 도움이 될 수 있습니다. 바람직한 공공 및 개인 공간을 만드는 "더 조밀하고 더 낮은" 규모의 중층 건물은 도시로 이동하는 사람들에게 더 나은 이웃 환경을 제공합니다. 추가로 기존 장소 및 사람들과 좋은 이웃이 될 수 있는 기회를 제공합니다. 이것은 공공 인프라, 공공 및 민간 서비스, 레크리에이션 및 문화 활동 등을 가능하게 하고 지원하는 건축 밀도입니다. 동시에, 개인의 특정한 요구와 열망을 반응하는 척도가 됩니다. 공동의 선과 개인적 만족 간의 균형은 건물 블록이 탄력성을 가질 수 있게 합니다.

에워싸는 블록 형태, 맞벽의 결합 형태, 레이어 형태는 높은 건축 밀도 내에서도 개인의 요구와 열망에 부응하는 질적 수준을 제공하는 데 도움이 될 수 있습니다.

당신의 삶에서의
시간

"삶이란 다양한 계획으로
바쁜 당신에게 일어나는 것입니다"

존 레논John Lennon, 1980[11]

삶의 표준과 삶의 질 사이의 주요 차이점은, 삶의 표준은 우리가 가진 돈과 지출 방식에 관한 것이지만 삶의 질은 우리가 가진 시간과 사용 방식에 관한 것입니다. 하나는 양에 관한 것이며 다른 하나는 질에 관한 것입니다. 하나는 재화에 관한 것이고 다른 하나는 경험에 관한 것입니다. 우리는 인생에서 더 많은 것을 주고받기 위한 방법보다는 소중한 시간을 더 나은 방법으로 사용하기 위한 방법을 고민할 필요가 있습니다. 우리는 시간을 통해 삶의 부담과 짐을 덜고, 일에 대한 스트레스와 갈등을 변화시키며, 아이들을 키우며 건강을 유지하고, 쇼핑을 하며 집을 꾸미고, 이웃을 일상의 즐거움으로 대하며 살아갈 수 있습니다.

살기 좋은 삶의 환경을 만드는 데 있어서 가장 큰 장애물은 일상생활의 여러 구성 요소들이 물리적으로 분리되어 있는 것입니다. 20세기 후반의 도시 계획은 다양한 삶의 활동을 분리하고 확산시키는 데 기여하였습니다. 우리에게 필요한 여러 용도가 널리 분산되어 있으면 로컬에서 살아가는 것이 어렵습니다. 교외의 단독 주택, 산업 단지, 외곽의 쇼핑센터, 사무실, 공원, 교육 캠퍼스가 모두 서로 다른 장소에 있습니다. 조용하고 친환경적이며 안전한 환경을 약속하는 평화로운 교외 생활에 대한 희망에는 자동차 사용이 필수라는 아킬레스건이 있습니다. 모든 사람이 운전할 수 있는 것은 아니며(예: 어린이, 노인, 병자, 신경장애) 한 가정의 구성원들이 각기 다른 곳에서 서로 다른 활동을 할 수 있으므로 한 대의 자동차로는 충분하지 않을 수 있습니다. 삶의 질 측면에서 보면 자동차를 통해 돈과 에너지를 낭비하는 것보다도 시간의 낭비가 더욱 소모적입니다.

우리는 필요한 것과 원하는 것 사이에서 너무 많은 시간을 낭비하기 때문에 우리 주변의 사람들과 잘 연결될 수 있는 좋은 기회를 놓칩니다. 가장 넓은 의미에서, 시간은 공평하고 진정으로 민주적입니다. 부, 건강, 민족, 교육에 관계없이 모든 사람이 하루 24시간 동안 생활할 수 있기 때문입니다. 우리가 해야 할 모든 일을 마친 후 남는 시간은 "그 밖의 다른 것"을 하기 위한 시간입니다. 이러한 남아 있는 소중한 시간은 우리가 진정 의미 있고 가치 있는 것으로 간주하는 것에 투자해야 하는 시간이기 때문에 인생의 질에 직접 반영됩니다. 삶에 대한 투자, 삶의 질 향상, 친구 및 가족과의 관계 형성, 자녀들의 잠자리에서 이야기 들려주기, 공원에서 애완견과 산책하기, 지역 사회에 기여하기, 학습 및 자아 개발(가정 DIY 프로젝트에서 언어 수업에 이르기까지 모든 것들)하기, 다양한 문화 체험하기, 새로운 사업 시작하기, 우리가 돌봐야 하는 것들에 대해 관심 갖기 등이 있습니다.

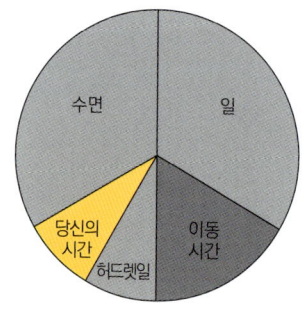

24시간

대부분의 사람들은 하루 최소 8시간을 일해야 하며 운이 좋으면 매일 8시간의 수면을 취하고 허드렛일을 포함하여 "다른 모든 일"을 위해 8시간을 남겨 둡니다. 이동 시간은 이러한 "다른 모든 일"의 상당 부분을 차지할 수 있습니다.

우리에게 의미를 부여할 수 있는 시간을 더 많이 허용하도록 도시, 마을, 이웃, 거리 등의 물리적 환경을 설계할 수 있을까요? 그리고 우리가 시간을 더 생산적으로 사용할 수 있도록 만들 수 있을까요? 최소한 더 편안하고 즐거운 시간을 보낼 수 있도록 만들 수 있을까요?

부분으로 쪼개진 현대 도시의 패러다임을 바꾸는 분명한 방법은 일상생활을 구성하는 다양한 활동을 함께 배치하여 한곳에서 생활하고 일하며 배우고 휴식을 취하게 하는 것입니다. 이는 이동에 소요되는 시간을 크게 줄이거나 없앨 수 있으며 에너지와 비용을 절약할 수 있습니다. 우리는 말 그대로 하루에 몇 시간을 더 원하는 일들을 위해 보낼 수 있을 것입니다.

가까이에서 필요한 모든 것을 갖는 것 외에도, 시간과 장소 사이를 더 즐겁고 만족스럽게 만들어야 합니다. 일상생활의 진정한 가치를 실현하기 위해 시간과 공간 측면에서 사람들을 더 잘 연결시킬 수 있는 기회가 가득한 장소로 만들어야 합니다. 예를 들어 학교 통학을 가족과의 자전거 타기 시간으로 만들 수 있습니다. 출퇴근을 공원을 걷는 즐거운 운동 시간이 되게 할 수 있습니다. 점심시간에 여러 다양한 업무를 수행하고 일상의 일들을 처리하고 심지어는 집에 들르거나 유치원에 있는 자녀를 확인하는 등의 기회를 가질 수 있습니다. 탁아소에서 아이들을 데려오는 일로 스트레스를 덜 받을 것이며 방과 후 및 퇴근 후 활동을 위한 더 많은 시간이 보장될 것입니다.

매일 몇 시간이 더 주어지면 무엇을 할 수 있을지 상상해 보십시오. 당신의 하루는 어떻습니까? 그것은 우리 모두가 마을과 도시를 어떻게 건설하고 사용하는지에 달려 있습니다.

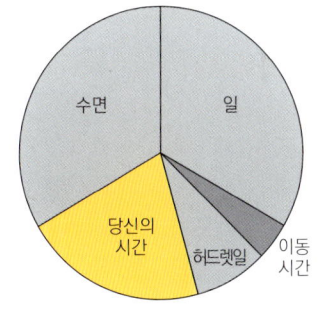

24시간

이동 시간을 줄일 수 있다면, 당신은 훨씬 더 긴 값진 시간을 매일 갖게 될 것입니다.

혼잡하고 분리된 세상에서 연결되어 살아가기

혼잡과 분리는 관련성이 있습니다. 분리로 인한 물리적 확산에서 더 많은 공간이 필요하고 더 많은 교통량이 생기기 때문입니다. 구역과 기능이 분리된 모더니스트 도시에서 온전한 삶을 영위하기 위해서는 다른 용도의 건물에 접근하기 위한 교통수단이 꼭 필요합니다.

물리적 분리는 다른 종류의 사람들과 활동들이 완전히 다른 장소에 있기 때문에 사회적 분리를 만듭니다. 따라서 용도가 구분되어 있는 도시는 일상생활에 불편을 줄 뿐만 아니라 다양한 그룹(민족, 경제, 직업, 나이)의 사람들이 자연스럽게 만나는 기회를 제공하지 않아 사회적 문제를 만들 수 있습니다.

도심 내 이동성은 사회적 이동성에 관한 것입니다. 어느 지점에 도달하는 것은 당신이 가려는 목적지를 포함하여 가는 도중에 마주치는 장소와 사람과의 연결성을 의미합니다.

걸어 들어가기

연속적 보도

자전거 전용도로

분리대

자전거 전용도로

플랫폼 역할을 하는 보도

휴먼 스케일에서의 이동성

도시 시스템 내에서 다양한 활동이 잘 통합되어 있더라도 다양한 이동 옵션은 여전히 필요합니다. 이것은 거실에서 발코니, 아파트 문에서 거리, 부엌에서 안뜰, 내부에서 외부로 가는 가장 작은 이동에서 시작됩니다. 겉보기에 사소한 이동일지라도 편안한 삶을 사는 데 필수적 요소입니다. 침실, 욕실, 발코니 등의 건물 내부의 편안함에서 빵집, 자전거 전용도로, 버스 정류장까지 1분 이내에 이동할 수 있을 때 걷기 좋은 건물walkable buildings이라고 부를 수 있습니다.

도시 이동성에는 도보, 자전거 타기, 스쿠터, 대중교통을 포함하여 개인 차량 및 모든 종류의 서비스 배달 차량이 포함됩니다. 이러한 수준의 이동성에 대해 이야기할 때 다양한 공학적 인프라 시스템, 용량, 속도, 흐름의 상대적 이점에 대해 논의할 수 있습니다. 그러나 교통수단과 사람 사이의 인터페이스에 관해서는 또 다른 이동성 계층이 존재하며, 크고 복잡한 이동성 시스템이 이웃 간의 거리에서 소규모의 이동성 시스템과 함께 통합됩니다. 거리를 가로지르거나, 자전거를 타거나, 버스를 기다리는 것과 같은 이웃 내에 작은 움직임들이 있습니다. 다양한 이동 방식을 통한 작은 움직임은 사람들이 다른 사람들과 연결될 수 있게 하여 사교의 기회를 제공합니다.

01. **스위스 바젤.** 장거리 노면전차는 도심 내 사람들의 속도에 맞춰 느리게 운행됩니다. 노선이 확실히 정해져 있기 때문에 보행자들은 안정감을 느낍니다. 버스보다 조용하고 깨끗합니다. 자전거와 잠자는 아기를 볼 수 있습니다.
02. **일본 도쿄.** 모든 연령대의 사용자가 다양한 이동성으로 상호 작용합니다.
03. **독일 프라이부르크.** 대중교통은 당신과 다른 사람들이 만날 수 있는 수많은 기회를 제공합니다.

휴먼 스케일에서의 이동성은 건물 내부에서 시작하여 일상의 여러 움직임들과 끊임없이 연결됩니다.

01.

02.

03.

이는 휴먼 스케일 차원에서의 도심 내 이동성에 관한 것입니다. 도심 내 이동성은 일상생활의 필수 요소입니다. 사람의 일상을 발전시키고 주변 사람들과 연결되어 편리함을 갖게 됩니다. 걷기는 사교적 기회를 제공합니다. 우리는 도심을 걷는 것이 모든 건축 환경 내의 한걸음 한걸음에 있으며, 사람들이 살고 일하는 건물에 있으며, 사람들이 움직이는 매우 작은 공간에도 있음을 인식해야 합니다.

걷기 좋은 건물

도심 내 에워싸는 형태 블록은 4-5층 규모로 우수한 접근성을 통해 휴먼 스케일을 만들어 낼 수 있습니다("건물 블록" 장 참조). 휴먼 스케일은 사회적 상호 작용을 더 쉽게 만듭니다. 대부분의 사람들은 3-4층까지는 비교적 쉽게 걸어서 이동할 수 있으며 최소한 4층까지는 인근 거리와 우수한 연결성을 갖습니다. 4층에서는 지상에서 일어나는 일들을 관찰할 수 있으며 거리의 일상에 직접 참여할 수도 있습니다. 안뜰에서 놀고 있는 아이를 부르거나, 친구에게 열쇠를 던지거나, 거리에 있는 지인을 부르기도 합니다.

주요 교통 인프라를 설계할 때 공급 장치 시스템을 만드는 개념이 있습니다. 예를 들어 모빌리티 계획자들은 역 허브에서 집으로 이동할 때 마지막 마일(또는 마지막 킬로미터)의 중요성을 점점 더 중요하게 인식하고 있습니다. 소프트 시티의 목표는 이동성 개념을 집, 건물, 계단, 아파트 문 앞까지 훨씬 더 가까운 위치에 두는 것입니다. 마지막 피트(또는 미터)에서의 관심은 내부와 외부의 삶을 연결하고 사람들을 이웃, 장소, 기후와의 양질의 관계성 안에 둡니다.

도보성은 집의 문에서 시작하여 당신을 거리로 초대합니다. 거리와의 물리적 근접성과 직접적 접근성은 개인 생활이 도시의 공공 생활과 연결됨을 의미합니다. 도보성은 건물 안으로 걷기, 건물을 통과하여 걷기, 건물에서 위로 걷기 등을 포함합니다.

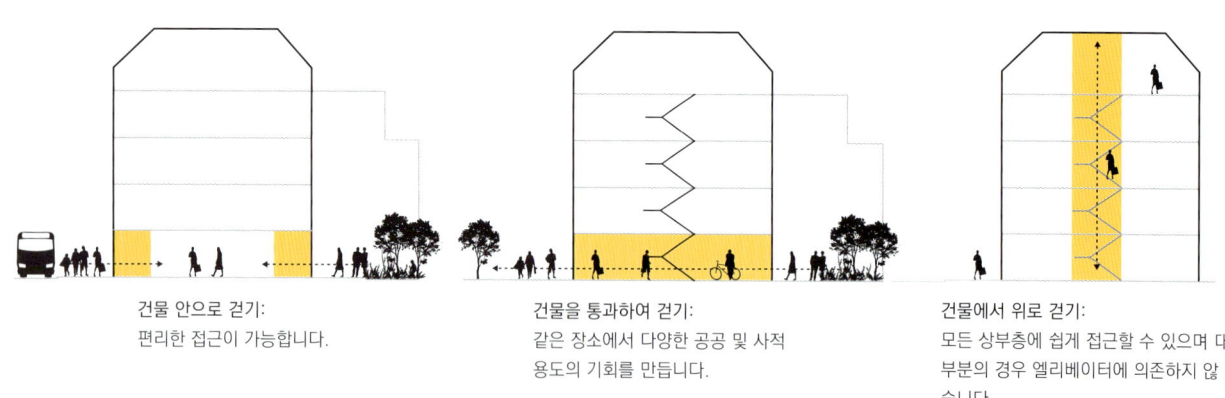

건물 안으로 걷기:
편리한 접근이 가능합니다.

건물을 통과하여 걷기:
같은 장소에서 다양한 공공 및 사적 용도의 기회를 만듭니다.

건물에서 위로 걷기:
모든 상부층에 쉽게 접근할 수 있으며 대부분의 경우 엘리베이터에 의존하지 않습니다.

건물 안으로 걷기

아마도 가장 단순하면서 중요한 접근 유형은 건물을 똑바로 들어가고 나오는 것입니다. 이것은 1층의 실제적 가치이며, 외부 가장자리(거리)와 내부 가장자리(안뜰)에서 즉시 접근할 수 있음을 의미합니다. 내부와 외부를 직접 연결하는 창문과 문이 많을수록 좋습니다. 비율적으로 더 넓은 1층 면적을 가진 도시 형태는 직접적인 건물 내부로의 진입 기회가 더 많으며, 다른 사람들과 연결하는 기능을 수행합니다. 특히 주변 이웃과의 연결 측면에서 더 많은 기회를 제공합니다.

1층을 통해 건물 내부로 진입하는 것은 휠체어 사용자, 장애가 있는 사람, 이동에 제한이 있는 사람들을 포함하여 보편적 접근성이 높습니다. 1층을 통해 직접 출입이 가능하면 물건을 운반하거나 이동할 때 매우 실용적입니다. 가정의 경우 쇼핑을 하거나 쓰레기를 버리거나 아이들과 함께 이동할 때 용이합니다. 유모차, 카시트, 자전거, 수하물, 스포츠 장비, 가구, 기구를 운반할 때도 용이합니다. 비즈니스의 경우, 고객과 손님들이 직접 방문하는 것에 대한 용이함도 있지만 매일 물품을 수령하고 폐기물을 처리하는데 있어 편리함도 제공합니다. 내부 공간이 포장 도로와 잘 연계될수록 더욱 편리한 접근성을 제공합니다.

건물을 통과하여 걷기

덮개가 있는 출입구와 연결 복도를 통해 건물로 진입하는 접근 방법은 거리의 공공 영역과 안뜰의 사적 영역 사이를 쉽게 연결하여 한 세계에서 완전히 다른 세계로 갈 수 있게 합니다. 이와 같이 두 종류의 실외 공간이 가깝게 인접해 있는 도시 형태에서는 사적인 안뜰 영역에서 공공의 영역으로 직접 걸어서 이동할 수 있는 매우 편리한 접근성을 제공합니다.

01. 독일 튀빙겐. 건물 안으로 걷기.
02./03. 덴마크 코펜하겐. 건물 통과하여 걷기.

01.   02.   03.

더불어 1층은 접근성이 뛰어나므로 다양한 용도를 수용할 수 있는 높은 잠재력이 있습니다. 건물 1층을 통한 독립적인 별도의 접근성을 갖는다면 사적인 주거 공간과 위층으로 향하는 계단과 분리되어, 같은 위치에서 더 다양한 활동이 공존할 수 있습니다.

외부의 거리와 내부의 안뜰에서 지하 공간으로의 독립적인 접근이 가능하다면 건물 안으로 들어가거나 통과해서 걸을 때 더 다양한 용도가 있을 기회가 생깁니다.

01.

건물에서 위로 걷기

밀도가 높은 건축 환경 내에서 도보성 관점에서 가장 중요하게 고려할 점은 아마도 엘리베이터에 의존하지 않고 계단을 통해 모든 상층부에 쉽게 접근할 수 있게 하는 것입니다. 엘리베이터는 이것을 꼭 필요로 하는 이들에게 보편적 접근성을 제공하고 운송을 위한 목적으로 필요하지만 상층부로의 주요한 연결 동선은 엘리베이터가 아닌 계단이 되어야 합니다.

자연 채광, 환기, 외부로의 조망 등의 세부 사항들을 설계하여 계단 사용의 경험을 크게 변화시킬 수 있습니다. 예를 들어 개 다리 형상의 계단을 사용하면 여러 개의 작은 단위로 계단을 나눌 수 있으며 사용자는 휴식을 취할 수 있는 기회가 많아지고 계단을 오르는 것이 쉬워집니다.

02.

특히 최상층의 접근성은 흥미롭습니다. 앞서 언급했듯이 최상층에는 개인 정보 보호, 공간 유연성, 풍부한 자연 채광이 있는 사적인 야외 공간으로 활용할 수 있어 교외의 단독 주택과 비슷한 특성을 가지고 있습니다. 지상에서 3-4개 층의 계단을 오르면 짧은 시간 내에 인근의 모든 공용 자원에 쉽게 도달할 수 있습니다.

걷기 좋은 건물의 가치

자연스럽게 출입할 수 있다는 것은 도시 생활에서의 삶의 질에 큰 영향을 미칩니다. 운동을 하고 신선한 공기를 마시며 더 많은 사회적 접촉을 하는 사람들에게는 즉각적인 건강상의 이점이 있습니다. 커뮤니티에서 느끼는 이웃과의 유대감은 공공장소에 참석하고 활동하며, 아이들이 쉽게 밖으로 놀러 나가고, 어른들이 주변 환경 및 사람들과 교류하며 나타납니다. 특히 1층에 있는 주택은 더 빠르고 쉽게 출입할 수 있기 때문에 그 가능성이 높습니다. 평균 4층짜리 주거 시설의 25퍼센트 면적에서 거리를 향해 문을 열 수 있으며 외부로 직접 접근할 수 있습니다. 평균 5층짜리 주거 시설의 경우 1층을 통해 직접 접근할 수 있는 면적은 전체 건물의 20퍼센트에 달합니다. 이와 같이 주거 시설의 20-25퍼센트가 외부와 직접 연결되어 최상층의 펜트하우스가 지니는 이점을 가질 수 있습니다. 4-5층의 중간 높이 건물에 거주하면 외부 환경과 도보 1분 이내에 살 수 있습니다.

01. 덴마크 코펜하겐. 통로는 건물의 전면에서 후면으로의 출입을 허용합니다.

02. 독일 베를린.

03. 독일 베를린. 통로는 계단과 결합될 수도 있습니다.

04. 스위스 베른. 안전한 계단은 일상적인 활동을 허용합니다.

계단에서의 생활

03.

04.

계단과 엘리베이터는 서로 커다란 차이가 있습니다. 일상적인 운동량 차이 외에도 계단은 사회적 교류의 기능을 하여 이웃을 만날 수 있는 기회를 제공합니다. 계단은 건물 위로 올라가기 위한 중추적인 역할을 합니다. 주변 이웃들과 소규모 커뮤니티를 만들 가능성이 있습니다. 낮은 층수의 건물일수록 가구 수가 적어 통제력이 향상되며 친밀한 상황이 만들어질 수 있습니다. 이웃의 수가 적기 때문에 엘리베이터의 고층 건물보다 계단으로 걸어 올라갈 수 있는 건물에서 이웃을 더 잘 인식하며 알게 될 가능성이 높습니다.

거리의 문과 아파트 문 사이 공용 계단에 있는 슬루스sluice 문은 개인 주택과 도시 외부의 중요한 완충 지대입니다. 계단은 주거 지역 내에 고도로 통제되고 안전한 구역을 조성하여 작은 게이티드 커뮤니티gated community를 만듭니다. 그러나 교외에 위치한 커뮤니티와는 달리 공공 세계와 가깝게 위치하므로 격리되지 않습니다. 이러한 방식으로 공용 계단의 완충 장치는 조밀하고 다양한 도심 환경에서 생활하며 발생하는 많은 문제를 완화하는 데 도움이 될 수 있습니다.

계단을 걸어 올라갑니까, 아니면 엘리베이터를 기다립니까? 4-5층의 낮은 규모의 건물로 구성된 도시 형태에서는 더 많은 사람들이 걸어 올라갈 가능성을 높이며 전체 이웃들에게 자발적인 접근성을 제공합니다.

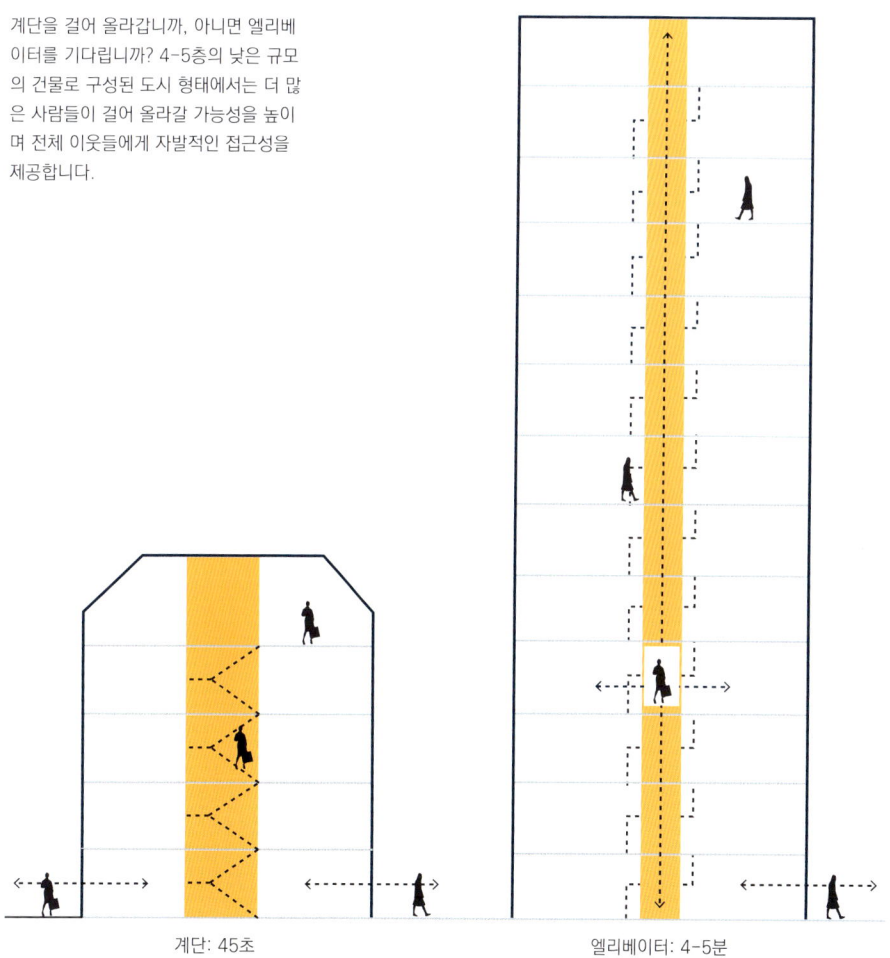

계단: 45초 엘리베이터: 4-5분

외부 공간으로의 접근

모든 건물에는 외부 공간(창문 바로 바깥에 있는 부지의 일부: 보도나 잔디, 건물 바로 바깥의 장소)이라고 불리는 곳이 있습니다. 당신의 외부 공간은 당신이 소속감을 갖는 지역 사회의 일원이 되게 합니다. 이곳에서 어떠한 사고가 발생하거나, 우는 아이가 있거나, 반사회적인 일들이 발생하면 당신은 무언가를 할 수 있습니다. 제인 제이콥스는 자신의 창문을 통해 본 거리 모습과 거리를 안전한 곳으로 만들기 위해 거리 감시자가 가질 수 있는 중요한 역할("거리에 대한 눈")에 대해 생생하게 글을 썼습니다.[12] 창문이 거리에 눈이라면, 문은 "거리의 팔과 다리" 역할을 할 것입니다. 창문은 중요한 구성 요소이며 범죄 예방을 위해 자주 인용됩니다. 거리의 문은 더 강력한 보안 신호를 보내고 가해자에게 경고하며 잠재적인 피해자를 보호합니다.

창문 앞쪽 공간으로 바로 접근할 수 있는 이동 동선이 없으면 문제가 됩니다. 건물의 다른 방향으로 이동하여 나가는 길을 찾은 후 외부 공간으로 가려면 몇 초가 아닌 몇 분이 걸립니다. 이로 인해 당신의 외부 공간으로 느껴지지 않게 됩니다.

건물 전후면에서 최대한 가까운 위치에 접근성을 갖는 것은 사적 및 공공 공간으로 출입하는 데 있어서 매우 중요한 요소입니다. 정문과 후문 모두에서 접근할 수 있는 계단 코어가 있어야 합니다. 1층은 창문 외부 공간에 직접 연결되어야 하며, 상층부는 가능하다면 즉각적으로 창문 아래 공간에 연결되어야 합니다. 즉시 거리로 접근이 가능하다면 도시 생활이 매우 매력적으로 변합니다. 단 1분만에 다양한 장소에 갈 수 있다는 사실은 도시 생활의 아름다움의 일부입니다.

얀 겔이 강의에서 사용한 사진들은 건축물이 접근을 허용하지 않는 경우 사람들이 "외부"와 어떻게 연결되는지를 보여줍니다.

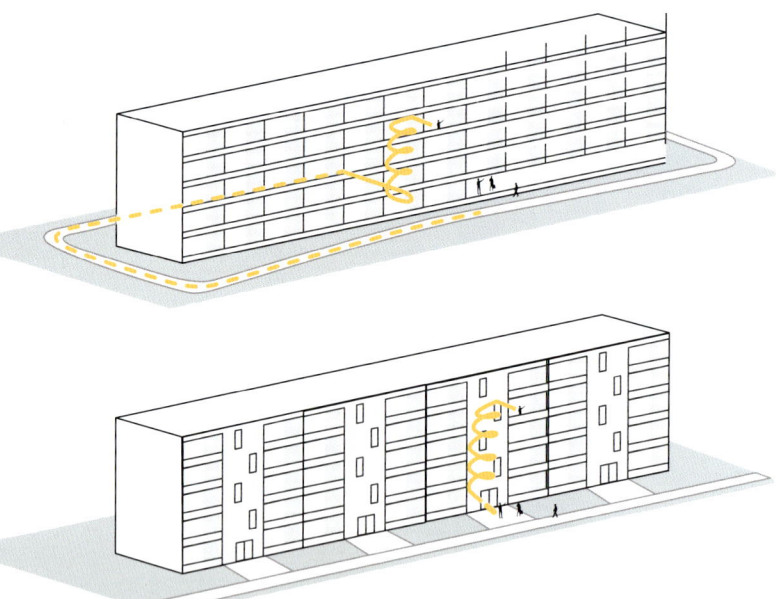

4-5분 만에 당신의 외부 공간에 접근. 많은 모더니스트 건물은 한 면에서만 접근할 수 있었으며, 이는 주민들이 긴 우회 없이는 "그들의 외부 공간"에 접근할 수 없음을 의미합니다. 내부 복도 시스템은 문제를 악화시킵니다.

45초 만에 당신의 외부 공간에 접근. 거주지와 외부 공간 사이에는 논리적 관계가 있어야 합니다. 여러 개의 계단과 건물의 양쪽에 출입문이 있어야 합니다.

102 소프트 시티

거리 조성하기

인류의 가장 오래된 흔적은 길에 있습니다. 길의 연결망은 건물과 블록보다 훨씬 오래 전에 나타났으며 이동 패턴을 만듭니다. 공간으로서 거리는 사람의 이동 패턴을 건물 안에서의 인간 활동과 연결함으로써 발생했습니다.

건물이 길가를 따라 모이거나 열린 공간 주변에 밀집하면 거리 및 광장과 같은 유용한 공간이 만들어집니다. 이곳은 공공 영역의 일부이며, 이동과 야외 활동을 위한 식별 가능한 공간이 만들어집니다. 역사적으로, 이러한 방법은 많은 수의 건물들을 도로, 배수, 수도, 기타 시설을 포함한 고가의 인프라에 연결하는 가장 경제적인 방법이었습니다. 건물을 인프라에 직접 연결하면 개인 자산이 공용 네트워크에 접근할 수 있고 어디에서나 다른 곳으로 쉽게 연결 가능합니다. 이러한 방식을 통해 건물과 인프라, 정적 세계와 동적 세계, 개인 영역과 공공 영역, 개별 가정과 도시 인구 간에 직접적이고 역동적인 연결이 이루어집니다.

거리나 광장과 같은 공공장소에서 사람들이 한데 모이고 야외에서 더 많은 시간을 보내며 공공 생활에 참여함으로써 시민의식을 키울 수 있습니다. 그러나 이것은 공공 영역이 예측 가능하고 편안한 장소일 때만 가능합니다. 그런 장소에서 사람들은 행동하는 방법, 예상되는 일, 쉽게 돌아다니는 방법, 필요한 것을 찾을 수 있는 장소 등을 잘 알고 있습니다. 블록 사이의 거리와 공간의 패턴은 상대적으로 단순한 이동 구조로 만들어져야 합니다. 사람들은 공공 영역을 인식하고 그 구조를 사용하여 본능적으로 마을과 도시를 탐색할 수 있어야 합니다. 거리와 장소 이름은 주소가 되고 모서리는 방향점이 됩니다.

건물을 합치면 공간이 절약되고 인프라가 덜 필요하며 다양한 물건이 서로 가까이 있을 수 있어 도보로 이동하기에 편리합니다. 낭비되는 공간이 적으면 도보를 통해 다양한 장소에 빨리 도달할 수 있습니다. 또한 거리의 구조는 통행 흐름과 연결된 건물과 함께 상업적인 기회를 만듭니다. 건물의 가장자리에 상점을 연속적으로 배치하면 쇼핑 및 비즈니스 센터가 형성됩니다.

코너 공간

에워싸는 형태 블록 사이의 거리 패턴은 코너 공간을 창출합니다. 블록이 많을수록 코너 공간이 많아집니다. 교차로 수가 많을수록 더 많은 노선 선택이 가능하기 때문에 걸어갈 수 있는 인근 지역이 더 많다는 것을 인지하게 됩니다. 이런 방식으로 교차로 수는 사람들이 얼마나 걷는지에 직접적인 영향을 미치며 교차로의 빈도는 도시 지역의 건강 지표를 나타냅니다.[13]

코너 공간은 거리 생활에서 매우 중요한 요소입니다. 중요한 장소, 방향성을 위한 지점, 사람들이 만나는 인기 있는 장소, 상업용 공간으로 활용됩니다. 건물 1층 코너 공간은 상점, 카페, 기타 비즈니스를 위해 눈에 잘 띄는 장점이 있어 여러 방향에서 접근하는 고객을 유치할 수 있습니다. 상부 층의 코너 공간은 다방면의 빛과 야외 전망으로 인해 매력적입니다.

모든 거리에서 접근 가능한 건물의 1층이 주거용으로 이용될 때 건물이 활성화되지 못할 수도 있습니다. 가능하다면 상업용, 기관용, 지역 사회 용도 등 인근 지역의 맥락에 맞는 용도의 공간이 1층 코너에 위치해야 합니다.

01. **영국 런던.** 밝은 빨간색 상점가는 다른 흰색 주거용 건물과 차별화되어 코너 위치의 가치를 보여줍니다.
02. **일본 도쿄.** 코너에 위치한 작은 상점은 코너 상점 내에 위치한 또 다른 코너 상점으로, 인근 지역의 위치적 가치를 보여줍니다.
03. **덴마크 코펜하겐.** 활기찬 코너 장소에 카페가 있는 동네. 1층 코너를 대각선 방향으로 절단하여 바쁜 보행자의 움직임을 배려하면서도, 상층부의 효율적인 직사각형 형상을 유지하였습니다.
04. **아일랜드 더블린.** 모서리에 입구가 있는 상점은 두 방향으로부터 고객을 유치합니다. 경사지게 깎인 코너 공간은 걸을 수 있는 보도를 추가적으로 제공합니다.

01.

02.

03.

04.

걷기에 대하여

얀 겔은 인간이 생물학적으로 걸을 수 있도록 설계되었다는 사실을 자주 상기시킵니다.[14] 보행성은 걷기에 편리하고, 효율적이고, 즐거운 것을 의미합니다. 걷기는 언제나 도시 생활에서 필수적인 요소입니다. 가장 중요하고 기본적인 형태의 이동 방식입니다. 교통수단에 관계없이 모든 여정은 걷기로 시작하고 걷기로 끝납니다. 우리는 주차장과 자전거 창고에 걸어가고, 버스 정류장으로 걸어가며, 지하철 플랫폼으로 걸어갑니다. 걷기는 도시 생활 속에서 모든 연결을 가능하게 하며, 가장 가까운 곳부터 주변 환경을 넘어서는 곳까지의 연결을 위한 잠재력을 제공합니다.

걷기는 풍부하고 감각적인 경험을 제공하며 사회적 상호 작용과 주변 환경과의 연결을 촉진시킵니다. 도시 공간은 이러한 경험 증가를 위해 보행성을 향상시킬 수 있도록 설계될 수 있습니다. 즉, 편안하고 매력적이며 연속적인 보행을 위한 표면과 공간을 만들어 다양한 보행자 그룹이 동일한 공간을 공유하고, 다양한 교통수단 사이에서 안전하고 용이하게 이동할 수 있도록 합니다.

다른 형태의 교통수단과 달리, 사람들은 걸을 때 자연스럽게 멈추고 마음대로 움직일 수 있습니다. 우리는 걸으면서 주변에서 일어나는 일들에 쉽게 반응할 수 있고 다양한 연결 기회를 많이 가질 수 있습니다. 다른 교통수단으로 연결하는 짧은 도보가 특히 중요합니다.

지하에 직접 주차한 후 집이나 사무실로 올라가는 이동 패턴은 사람, 장소, 세상과 연결될 기회를 거부합니다. 짧은 거리의 걷기를 통해 집이나 직장에서 주차장까지 걸어간다면 건강상의 명백한 이점과 함께 다양한 연결의 가능성이 열립니다. 거리에서 일어나는 일들을 보고, 다른 사람들을 만나며, 날씨를 피부로 느낄 수 있는 기회를 갖습니다.

사람들이 각기 처한 환경에 따라 걷는 방식도 다양합니다. 걷기 좋은 도시를 설계하기 위해서는 걷는 사람들의 다양성과 상황을 고려해야 합니다. 어떤 사람들은 버스를 타기 위해 분주하게 걷습니다. 어떤 사람들은 산책을 하다가 도중에 쉬기도 합니다. 어떤 사람들은 적극적으로 운동을 합니다. 우체부와 같이 일을 하는 사람도 있습니다. 일부는 걷기에 적합한 운동화를

착용하고 일부는 하이힐이나 고무장화를 착용합니다. 심지어 누군가는 맨발로 걷습니다. 서로 다른 요구와 속도를 가진 다양한 사람들이 같은 보도를 공유해야 합니다.

보행자가 도시 환경 내에서 다양한 종류의 소지품을 들고 이동하면서 여러 가지 일을 편안하게 할 수 있도록 만들 수 있습니다. 예를 들어 유모차, 쇼핑 트롤리, 보행 보조기, 바퀴 달린 가방, 쇼핑 바구니, 배낭, 접이식 자전거, 헤드폰, 모바일 장치, 물병, 커피 컵, 우산, 파라솔 등은 보행자가 공간을 이동하고 사용하는 방식에 영향을 미칩니다. 걷기 좋은 도시를 계획할 때 사람들의 소지품과 그에 따른 행동 양식을 고려해야 하며, 다른 사람들의 움직임과 어떻게 연계되고 혹은 방해하는지 그리고 어떠한 공간을 필요로 하는지 이해해야 합니다.

01. 스위스 바젤. 수천 명의 보행자가 바젤 중앙역 밖에서 12개의 노면전차 노선과 동일한 거리를 공유합니다. 노면전차 노선은 버스 차선과 달리 안전하게 걸을 수 있는 거리에 대한 직관적인 안내를 제공합니다.

02. 덴마크 코펜하겐. 도심 내 보도가 사람들이 걷고 머무르기 위해 필요한 넓이를 항상 확보하고 있지는 않습니다.

03. 덴마크 코펜하겐. 보도는 유모차와 작은 자전거를 포함한 여러 이동 수단을 위해 사용됩니다.

04. 스위스 베른. 보도는 휠체어가 이동하기에 적합한 바닥 표면과 넓이를 제공해야 합니다.

01.

02.

03.

04.

길 건너기

걷기 편한 도시를 설계하는 데 있어서 가장 큰 어려움 중 하나는 간단하지만 길을 안전하게 건너는 것입니다. 이것은 보행자가 그들의 이웃을 만나는 진정한 시점이며, 다양한 교통수단이 보행자들에게 위협이 되는 곳이기도 합니다. 때로는 횡단보도의 위치가 불편하거나 우회하는 것처럼 보이는 경우가 있으며, 도보로 이동하는 사람이 길을 건너기 위해 사용하던 동선에 있지 않을 수도 있습니다. 특히 길을 건너는 것은 어린이와 노약자에게 어려운 일입니다. 길을 건너는 것은 어린이에게 있어서 아마도 도시 생활의 가장 큰 장애물일 것입니다. 그러나 길을 건너는 것은 일상생활에 있어서 핵심적인 부분입니다.

보행자 전용 다리와 지하 통로는 교차로 옵션을 제한합니다. 그것들은 때때로 고립되고 당황스러운 환경을 조성합니다. 또한 계단은 보행자의 상당한 물리적 에너지를 필요로 하며 보편적 접근에 대한 장애물이기도 합니다.[15]

코너 장소는 사람이 많고 복잡하기 때문에 도보에 어려움이 따릅니다. 보행자와 차량 통행량은 교차로에서 가장 많으며 모두가 같은 지점에서 멈추고 출발하며 방향을 바꿀 수도 있습니다. 다른 교통수단들의 예측할 수 없는 특성은 보행자에게 가장 큰 위협이 됩니다. 차량이 바뀌는 신호등을 통과하기 위해 돌진함에 따라 속도가 증가하는 경우가 종종 있습니다.

주차를 위한 입구 혹은 주차장과 같이 보행자와 차량의 움직임이 겹치는 동선이 있습니다. 이러한 곳에서 보행자는 차가 어디에서 오는지 예측하기 어렵기 때문에 혼란스러울 수 있습니다. 바닥 재료 및 바닥 높이의 변화, 경사도, 회전도 등은 종종 보행자보다 차량에 유리합니다.

보도의 어수선한 여러 장애물들은 보행자를 불편하게 합니다. 여기에는 불필요한 연석, 기둥, 표지판, 시설물, 기타 물체가 포함됩니다. 지나가는 다른 사람과 그들이 소유한 물건도 장애물이 될 수 있습니다. 보도가 여러 사람과 용도의 다양성을 수용하기에 충분히 넓지 않은 경우 걷는 것 자체가 스트레스가 되고, 짜증나고, 불편하게 됩니다. 이것은 유모차, 보행기, 휠체어 등이 필요한 사람들에게 특히 더 그렇습니다.

전 세계 도시 사례들을 통해 앞서 언급된 어려움들에 대한 간단한 솔루션을 살펴보겠습니다.

05.-07. 일본 도쿄 / 홍콩 / 호주 멜버른. 길을 쉽게 건너갈 수 있게 하는 것은 도심 내 이동성을 위한 중요한 세부 사항 중 하나입니다.

05.

06.

07.

공통점은 사용이 쉽고 보행자의 삶을 편리하게 하는 단순하고 기술이 필요 없는 솔루션이라는 점입니다.

중앙에 위치한 길

조명과 페인트 줄무늬가 있는 횡단보도는 도로 안전의 상징입니다. 그러나 그것은 거리를 가로지를 때 종종 융통성이 부족하며 불편한 해결책이 될 수도 있습니다. 서로 다른 욕망과 행동성을 지닌 다양한 사람들의 요구를 충족시키는 거리를 만드는 것이 중요합니다. 사람들은 때때로 횡단보도가 허용하는 것보다 더 자연스럽고 편리하게 길을 건너야 합니다.

도로 중앙에 작은 길을 추가하면 보행자가 차량과 공존하는 방식이 크게 바뀔 수 있습니다. 중앙에 놓인 작은 길은 차량 운전자에게 보행자 및 자전거 운전자와 같은 다른 유형의 사용자가 도로를 함께 공유하고 있다는 신호를 보냅니다. 이러한 변화는 모든 사람이 공간을 사용하는 방식을 바꿀 수 있고 거리에서의 교통량, 흐름, 속도를 변경할 수 있습니다. 이것은 보행자와 차량이 공존할 수 있는 거리를 만들어 내며 보행성을 높이는 환경으로 이어집니다.

보행자는 중앙의 작은 길을 통해 원하는 모든 곳에서 원하는 시간에 비교적 쉽게 길을 건너갈 수 있습니다. 한번에 한 방향에서 오는 차량을 확인할 수 있고 한번에 건너야 할 차량 노선 수가 적습니다. 중앙의 작은 길은 보행자의 개별적이고 즉각적인 요구에 직접적인 해결책이 됩니다. 거리의 분위기가 더 소프트해집니다. 자전거 전용도로가 결합되면 보행자를 위한 추가적인 정지 지점이 생겨 거리를 더 쉽게 건널 수 있습니다.

중간의 작은 길은 다양한 크기와 형태로 기능하며 다양한 종류의 움직임을 허용할 수 있습니다. 예를 들어 특정 움직임을 방지하기 위해 중앙의 작은 길에 연석을 설치하거나 필요에 따라 차량이 쉽게 지나갈 수 있도록 거리의 레벨을 수평으로 맞출 수도 있습니다. 이것은 차량 통행의 움직임을 제어하는 하나의 방법입니다. 치수는 조약돌 몇 개의 폭(서 있는 사람을 충분히 수용할 수 있는 만큼의 폭)에서부터 나무 심기나 자전거 주차를 수용할 수 있을 만큼 넓어질 수도 있습니다.

01. 덴마크 코펜하겐, 베스테르브로게이드. 좁은 중앙의 길은 보행자가 거리를 가로질러 원하는 방향으로 갈 수 있게 하며, 한 방향에서의 차량을 확인하면 다른 방향의 차량의 움직임이 분명하게 확인될 때까지 중간에 멈출 수 있어 자연스럽게 거리를 건너기에 용이합니다.

02. 런던, 켄싱턴 하이 스트리트. 보행자들이 더 쉽고 자연스럽게 도로를 건너게 돕는 것 외에도, 넓은 중앙 길은 자전거 주차 공간으로 사용됩니다. 거리의 한가운데에 있는 사람들의 빈번한 존재는 운전 문화를 변화시켰고, 중앙 길이 도입된 이후 차량으로 인한 사고 수가 줄었습니다.

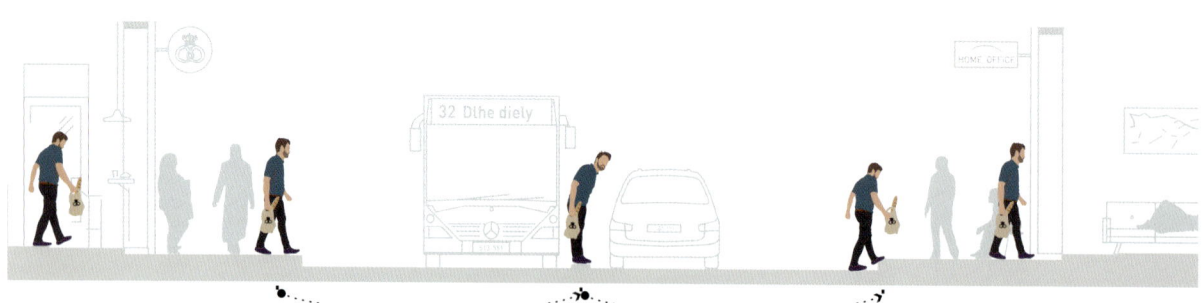

중앙 길은 보행자에게 길 한가운데에서의 안전한 피난처를 제공하여 길을 건너는 것을 더 쉽게 합니다.

01.

02.

혼잡하고 분리된 세상에서 연결되어 살아가기

연속적인 보도

도심 내 거리의 위계 구조 상 주요한 거리에서는 차량의 흐름을 멈추지 않게 하고, 상대적으로 덜 중요한 거리에서는 멈추고 양보하게 하는 것이 합리적입니다. 보행자의 경우도 마찬가지입니다. 같은 방향으로 주행하는 차량이 없을 때 보행자가 멈추고 기다려야 할 필요가 있을까요? 횡단보도는 종종 걷는 사람들이 동선의 자연적인 방향이나 원하는 경로를 포기하고 큰 차량이 회전하는 도로를 기반으로 우회하여 이동하게 합니다. 보행자는 도시 환경에서 차량보다 훨씬 많습니다. 거리를 설계할 때 누가 우선순위가 되어야 할까요?

런던과 코펜하겐 같은 도시에서는 보도를 연속적으로 이어질 수 있게 설계하여 사람들의 보행성을 우선시합니다. 이것은 여러 개의 짧은 보도블록을 하나의 긴 보도블록으로 효과적으로 변환시킵니다. 차량의 방향을 바꿀 때는 보도의 보행자를 관찰하고 항상 양보해야 합니다.

사람을 우선시하여 다시 설계된 보도에서의 이동성은 보행자와 차량의 통행 권리 간의 균형점을 변화시킵니다. 보행자 구역에선 보행자가 차량 운전자보다 우선시됩니다. 이것은 간단한 변경이지만 보행자에게 있어서 보도의 접근성, 편의성, 안전성 측면에서 큰 차이를 만듭니다.

연속적인 보도는 표면의 잦고 성가신 변화를 제거하여 휠체어, 유모차, 바퀴 달린 수하물, 쇼핑 트롤리, 스쿠터, 킥 바이크를 사용하는 사람들에게 이동에서의 편리함을 제공합니다. 전반적으로 연속적인 보도는 걷는 사람들에게 더 편안하고 안전하며 즐거운 경험을 제공합니다. 거리에서 신호등을 기다리는 데 낭비되는 시간이 없기 때문에 빠른 이동을 도와줍니다. 연속적인 보도는 아이들이 더 독립적일 수 있게 만들어 줍니다. 예를 들어 일상의 보도 네트워크를 확장하면 학교를 가고, 친구를 만나고, 심부름을 할 때 어른의 보살핌이 없어도 됩니다. 안전한 이동 옵션은 어린이들을 위한 새로운 자유, 학습, 경험의 세계를 의미하며 부모에게 자유 시간을 제공할 수 있습니다.

덴마크 코펜하겐. 도시 영역에서 가장 단순하면서도 중요한 세부 사항 중 한 가지: 차도를 가로질러 보도를 이어갑니다.

다른 예: 연속된 보도는 도시 환경의 조건을 근본적으로 변화시키고 자동차의 움직임을 길들입니다. 안전하고, 매끄럽고, 중단 없는 도보가 가능합니다.

01. 덴마크 프레데릭스베르크.
02. 덴마크 알 보그.
03. 덴마크 코펜하겐.
04. 프랑스 리옹.
05. 영국 런던.

연속적인 보도는 보행자를 우선시합니다.

01.

02.

03.

04.   05.

혼잡하고 분리된 세상에서 연결되어 살아가기 111

연석의 확장

코너 공간은 주변 이웃 환경에서의 중심이 됩니다. 차량 경로가 교차하는 집중된 지점들은 여러 기회를 만듭니다. 길의 모서리는 종종 만남의 장소이며, 멈추어 숨을 고르고 주변을 관찰할 수 있는 기회를 제공하기도 합니다. 그러나 코너 공간과 교차로는 다른 방향으로 이동하고 교차하는 많은 사람들로 인해 서로 간섭될 수 있습니다.

코너 공간에서의 연석의 확장은 이러한 문제에 대해 간단하면서도 매우 효과적인 대안을 제공합니다. 보도가 교차로를 향하여 넓어짐에 따라 공간을 균형 잡힌 방식으로 재분배합니다. 교차로에서 기다리거나 움직이는 사람들을 위해 더 많은 공간을 확보하고, 방향을 찾는 사람들에게 더 나은 시야를 제공하며, 사회적, 상업적 잠재력이 있는 지역 활동을 위한 공간을 제공합니다. 연석의 확장은 교차로에서의 위험한 운전을 길들이는 동시에 보행자의 횡단 거리를 짧고 안전하게 만듭니다. 거리 시설들을 위한 공간이 될 수 있으며, 복잡한 도로에서 휴식을 취할 수 있으며, 조경을 위한 공간이 되기도 합니다.

01.

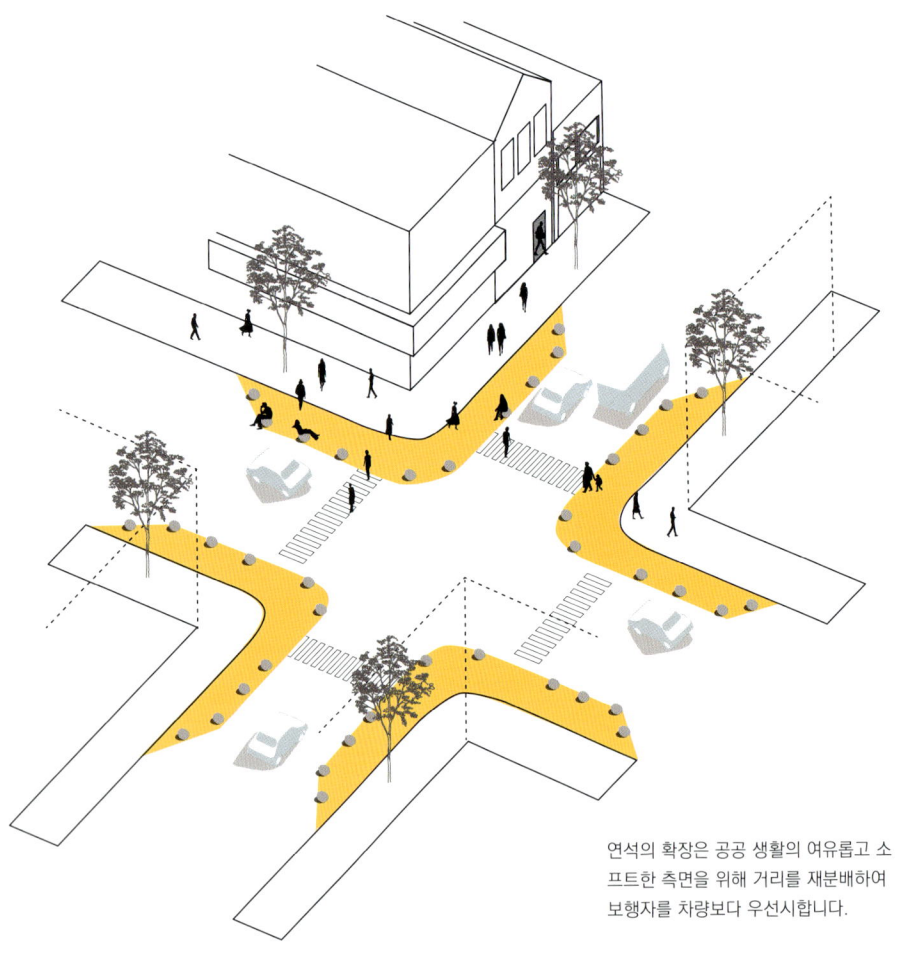

연석의 확장은 공공 생활의 여유롭고 소프트한 측면을 위해 거리를 재분배하여 보행자를 차량보다 우선시합니다.

01./02. 프랑스 리옹. 코너 공간에서의 연석 확장은 길을 더 쉽게 건너갈 수 있게 해 주며 의자와 테이블이 있는 공원 스타일 공간을 만들 수 있습니다.

03./04. 아르헨티나 마르델 플라타. 이 파일럿 프로젝트는 페인트와 임시 설치물을 활용하여 코너 공간의 연석을 확장하였습니다. 과거에는 자동차가 지나던 구역이었지만 다양한 거리 내 시설과 식재를 통해 사람들이 머물 수 있게 하였습니다. 사진: 뮤니시팔리다드 마르델 플라타.

05./06. 아르헨티나 부에노스 아이레스. 연석 확장을 통해 더 쉽게 길을 건널 수 있게 되었으며 이곳에 머물면서 여러 활동을 할 수 있습니다.

02.

03.

04.

05.

06.

혼잡하고 분리된 세상에서 연결되어 살아가기 113

거리의 양지:
덴마크 코펜하겐, 베스터 볼드게이드

북유럽 국가에서 주요 도로를 사람들이 머물고 싶은 곳으로 바꾸는 가장 간단한 방법은 길가의 밝은 쪽으로 보도를 넓히는 것입니다. 이러한 방법은 보행자가 다양한 사람 및 장소와 상호 작용할 수 있는 기회를 제공하며, 동시에 더 좋은 날씨를 즐길 수 있게 합니다.

코펜하겐 베스터 볼드게이드 거리는 재설계를 통해 주변 기능과 관련하여 추가적인 활동을 가능하게 하였습니다. 예를 들어 탁구대가 학교 근처에 생겼고 카페와 식당 근처에 야외 테이블과 의자를 위한 공간이 만들어졌습니다.

이전

이후

단순히 걷는 것 그 이상

거리는 아마도 문밖에서 가장 중요한 공공장소일 것입니다. 동시에 거리는 마을과 도시의 열린 공간의 30%를 차지합니다.[16] 보행성과 공공 생활을 개선하기 위한 가장 간단한 방법은 더 넓은 보도를 확보하는 것이며, 그것은 보행자가 멈추거나 움직일 때 더 많은 공간을 제공하는 것입니다. 더 넓은 보도는 나란히 산책하는 사람에서부터 어딘가로 서둘러 이동하는 사람에 이르기까지 다양한 목적의 사용자들에게 관용과 편안함을 제공합니다.

대부분의 도시에는 차량에 대한 많은 데이터가 있지만 보행자 활동에 대한 데이터는 거의 없기 때문에 공간 분포 결정은 차량에 대한 편향으로 이어집니다. 실제로 보행자가 가장 큰 사용자 그룹인 지역에서도 보행자를 위한 공간이 훨씬 적습니다. 거리에서 발생하는 일들에 대한 광범위한 논의가 있으며, 보행자는 안전에 대한 인식을 개선하고, 지역 사회 건설을 도우며, 로컬에 돈을 소비하며 지역의 번영을 돕는다고 이야기합니다. 하지만 지나가는 차량들은 이러한 역할을 수행하지 않습니다.

보행자가 도시를 자유롭게 걸어다니며 다양한 장소로 접근할 수 있게 만드는 또 다른 요소들이 있습니다. 예를 들어 다양한 보행자를 지원하기 위해 휴식 장소를 제공하며, 더 멀리 걸을 수 있도록 공공 벤치와 같은 가구를 갖추는 것이 중요합니다. 공공 벤치는 사람들이 야외에서 더 많은 시간을 보내도록 초대하는 활동을 지원합니다.

비슷한 방식으로 키오스크는 유용한 서비스를 제공하여 사람들이 공공 영역에서 더 오래 머무를 수 있도록 합니다. 작은 공간에서 의미 있는 일자리를 창출하고 비즈니스를 번창시키는 것 외에도 공공 영역에 안정성을 더해 줍니다.

공공장소에서 더 많은 시간을 보낸다는 것은 사람들이 거리의 자연성에 개방되어 있다는 것을 의미합니다. 이를 통해 사회적 상호 작용, 인지 개발, 이웃 사회 만들기 등이 가능해집니다. 사람들은 햇살을 즐기기 위해 앉아서 커피를 마시거나 단순히 휴식을 취하는 등 여유로운 시간을 가질 수 있습니다.

01./02. 호주 멜버른(왼쪽 아래)과 브라질 리우데자네이루(오른쪽 아래). 중앙 지역의 키오스크는 야간 인구가 없는 지역의 거리에 안정감을 제공합니다.

01.

02.

자전거가 통합된 도시

도보와 마찬가지로 자전거 타기는 친환경적이고 편리하며 재미있게 즐길 수 있는 수단입니다. 자전거는 저렴하고 거의 모든 사람이 이용할 수 있습니다. 로컬에서의 이동(탁아소, 학교, 식료품점, 체육관 등)은 비교적 동선이 짧기 때문에 자전거가 실용적인 선택지가 될 수 있습니다.

자전거는 장거리를 걷는 데 어려움이 있는 사람들에게 좋은 방안입니다. 또한 도보로 이동할 때 운반할 수 있는 양보다 더 많은 물건을 운반할 수 있습니다. 자전거를 타면 아이, 애완동물, 식료품, 스포츠 장비 등을 쉽게 운반할 수 있습니다. 자전거가 운반할 수 있는 무게를 과소평가해서는 안됩니다.

자전거 이용자는 자신의 경로를 쉽게 변경할 수 있습니다. 시간표를 확인하거나 주차 장소를 찾을 필요 없이 원하는 속도로 원하는 장소까지 원활하게 도달할 수 있습니다. 이러한 접근성이 매우 저렴한 비용으로 제공됩니다. 아마도 자전거는 도보 다음으로 가장 접근하기 쉬운 교통수단일 것입니다.

자전거는 일상생활의 일부로 인식되어야 합니다. 눈높이에서 움직이는 자전거 운전자는 보행자와 비슷한 관점을 가지고 있기 때문에 거리 생활의 혜택을 누릴 수 있습니다. 자전거를 타면 버스나 노면전차에서는 어렵고 자동차에서는 불가능했던 방식으로 주변 사람, 장소, 활동, 자연과의 연결 상태를 유지할 수 있습니다. 자발적인 상호 작용과 이웃 활동에 참여하는 것이 쉽습니다. 자전거를 타고 친구를 만나거나 상점에 들르는 데 몇 초 밖에 걸리지 않습니다. 이 모든 것이 자전거로 돌아다니는 것을 더욱 즐겁게 만듭니다.

경험의 질 – 이동 중에 서로가 연결되고 이웃이 되는 것. 신중하게 설계된 자전거 전용 노선은 보행자를 차량으로부터 보호하여 보행 경험을 향상시킬 수 있습니다.

보행자처럼 자전거를 타는 사람들도 여러 형태로 나타나며 다양한 능력과 행동양식을 갖습니다. 장거리 통근, 사이클링, 우편 배달 등을 위해 자전거를 이용합니다. 자전거는 어린이용부터 대형 화물용에 이르기까지 다양한 크기로 존재합니다. 스케이트 보드, 롤러 스케이트, 킥 스쿠터와 같은 다른 작은 이동 수단들도 있습니다. 이러한 바퀴 달린 이동 수단 그룹에 새로 추가된 것은 전기 자전거와 전기 스쿠터입니다. 전기 스쿠터는 커다란 재미를 주는 것 이외에도 활동적인 이동성을 위해 용이합니다. 반면, 전기 자전거는 많은 사람들이 안 좋은 날씨와 오르막길에서 더 오랜 시간 이동할 수 있도록 도와줍니다. 이러한 다양한 사용자들이 거리에 모두 수용되어야 합니다. 해결책은 자전거, 스쿠터, 스케이트 등과 같은 작고 가벼운 바퀴의 소프트한 이동성을 위한 자전거 전용도로를 만드는 것입니다.

서로 다른 필요와 속도를 가진 여러 종류의 자전거 이용자.

01. 브라질 상파울루.
02. 스위스 루체른.
03. 프랑스 보르도.
04. 일본 도쿄.

01.

03.

04.

혼잡하고 분리된 세상에서 연결되어 살아가기

모두를 위한 안전한 자전거 타기: 코펜하겐의 자전거 전용도로

도심 내 차량 교통 속에서 자전거 타기는 매우 도전적이고 위험할 수 있습니다. 빠르게 움직이는 대형 차량으로 둘러싸였을 때 소형 자전거를 타는 것은 어려울 수 있습니다. 코펜하겐의 자전거 전용도로는 의심할 여지없이 도시 공간에 통합되어 자전거 이동성을 향상시킨 모범 사례로 꼽힙니다. 전용도로는 안전성과 편의성을 제공하여 자전거 타기를 훨씬 쉽고 예측 가능하게 만듭니다. 자전거 타기 시스템은 간단하고 이해하기 쉽습니다. 자전거 이용자에게는 자체 공간이 주어지며 거리 생활 및 다른 사용자의 일상과 함께 합니다.

코펜하겐에서는 보도와 차선 사이에 자전거 전용도로가 있습니다. 자전거 전용도로는 8센티미터(3인치)의 연석을 통해 보행자와 명확하게 분리된 구역을 갖습니다. 더 중요한 것은 자전거 이용자와 차량 운전자를 분리하는 동일한 크기의 또 다른 연석이 있다는 것입니다. 각 이동 수단마다 고유한 바닥 표면을 갖고 있으며 모든 사람이 자신의 위치를 알고 단순한 순서 감각을 갖게 됩니다. 차량 운전자가 보도와 자전거 전용도로에서 주행하지 않고 자전거 이용자도 보도에서 자전거를 타지 않습니다. 이러한 명확성은 가장 기본적인 충돌을 피할 수 있음을 의미합니다.

보도, 자전거 전용도로, 차도 간의 관계에서 일관성을 유지하는 것이 중요합니다. 자전거 전용도로는 단일 방향입니다. 자전거는 차량과 같은 방향으로 움직이므로 정면으로 다가오는 교통으로부터의 위협을 제거하며 치명적인 충돌 위험이 방지됩니다. 자전거 전용도로는 보도 바로 옆에 위치하기 때문에 자전거 이용자는 다른 도시에서 흔히 볼 수 있는 양

01.

02.

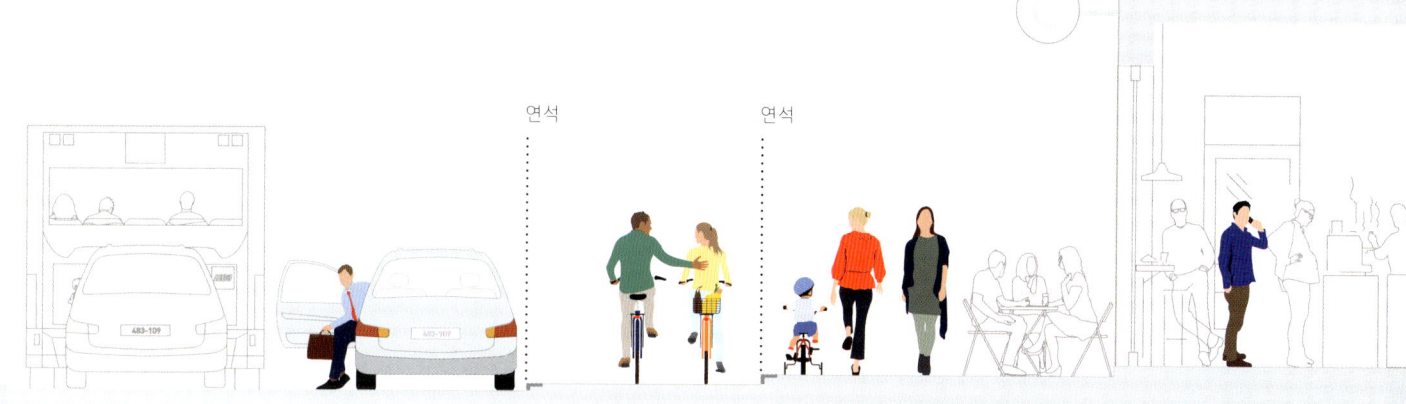

방향 통행이 아닌 단일 방향 통행만 할 수 있습니다.

자전거 이용자가 느끼는 위험과 스트레스에 대한 실질적인 인식은 보행자가 아닌 도로의 차량에서 비롯됩니다. 한쪽 방향에서의 자동차 통행만을 허용해야 자전거 타기가 훨씬 쉽고 안전하게 느껴집니다.

코펜하겐 모델에서 주차된 차량은 자전거 전용도로와 차량 통행 사이의 보호 장벽 역할을 합니다. 많은 도시에서 주차된 차량은 보도와 자전거 전용도로 사이에 배치되어 자전거 이용자와 차량 운전자 모두에게 복잡한 교통 상황을 만듭니다. 도심 내에서의 차량 주차는 자전거 이용자를 고려하지 않더라도 운전자에게 있어 이미 가장 큰 스트레스 중 하나입니다. 차량 운전자가 자전거 전용도로를 건너서 주차하도록 강요되는 경우 공간 안팎으로 차량을 조심스럽게 움직여야 하며, 종종 시야가 제한되어 다가오는 자전거를 발견하지 못할 수도 있습니다. 주차 후 운전자 방향 차문을 열 때 자전거가 없는 것을 재차 확인해야 합니다. 코펜하겐 모델은 자전거 이용과 차량 주차 문제를 동시에 해결해 윈-윈 효과를 이루었으며, 서로 다른 요구 사항을 가진 다양한 유형의 이동성이 공존할 수 있음을 입증하였습니다.

자전거 사용자에게 있어 코펜하겐 모델의 또 다른 중요한 이점은 쉽게 시작할 수 있다는 것입니다. 자전거 전용도로가 보도 바로 옆에 위치하므로 언제든지 자전거 전용도로 시스템에 즉시 접근할 수 있습니다.

01.-04. 덴마크 코펜하겐. 모든 계절에 자전거 타기.

03.

04.

프랑스 파리. 파리에서의 덴마크인 순간 – 자전거 전용도로가 보도와 상점 바로 옆에 있을 때 자발적인 정지가 가능하며, 이는 매력적입니다.

자전거 사용자는 잘 정비된 도보와 매우 근접하게 연결되어 있기 때문에 거리에서 발생하는 일을 인지하기에 용이하며 자발적인 정지가 쉽습니다. 보도 옆에 자전거 전용도로를 설계하면 덴마크인 순간 the Danish moment이라 불리는 현상이 발생할 수 있습니다. 아침에 자전거를 타고 빵집을 지나며 갓 구운 페스트리 냄새를 맡고 출근길에 자전거에서 내려 자신과 동료를 위한 아침 식사를 픽업할 수 있습니다.

이와 같이 가장자리 접근이 쉬워 자전거를 이용하는 사람들은 이웃 비즈니스에 좋은 고객이 될 수 있습니다. 그들은 자발적으로 멈출 수 있기 때문에 차량 운전자보다 더 자주 쇼핑을 합니다. 상점 외부 주차장 영역 인근에서 자전거 노선 간에 발생할 수 있는 잠재적인 충돌을 해결하는 것이 중요합니다. 상점 앞에서의 멈춤의 용이성은 이웃에 대한 전반적인 이해와 소속감을 갖는 데 도움이 됩니다.

자전거 전용도로는 최소한 두 대 이상의 자전거를 수용할 수 있어야 합니다. 자전거 두 대가 나란히 지나갈 때 또 다른 자전거 한 대가 지나갈 수 있도록 세 대의 자전거 넓이를 허용하는 것이 좋습니다. 특정 자전거 이용자가 다른 자전거 이용자보다 더 빨리 이동한다는 것을 인식하면 충돌을 피할 수 있습니다. 도심 내 자전거 타기는 사회적 기회를 제공하는 데 큰 가치가 있습니다. 대화하며 자전거 타기를 통해 친구 및 가족 구성원과 함께 경험을 공유하고 소중한 시간을 보낼 수 있습니다. 부모가 자녀와 나란히 자전거를 타면 함께 좋은 시간을 보낼 수 있으며, 자녀가 도심 내 환경에서 자전거 타는 법을 배우며 자신감을 키울 수 있습니다.

대화하며 자전거 타기

하이브리드 자전거 타기

도보는 다른 이동 수단과 쉽게 결합되지만 자전거를 다른 이동 수단과 결합하는 것은 분명하지 않아 보입니다. 그러나 자전거를 대중교통과 결합하면 매우 빠르고 효율적인 여행을 할 수 있습니다. 예를 들어 대중교통이 자전거를 수용할 수 있는 경우 기차역까지 자전거로 이동을 합니다. 대중교통이 자전거를 운반할 수 있다면 목적한 도착역에서 하차한 이후 최종 목적지

01.

02.

01. **프랑스 몽펠리에.** 노면전차 시스템 내부에 자전거를 수용하여 효율적인 여행이 가능합니다.

02. **덴마크 코펜하겐.** 모든 택시에는 최소한 두 대의 자전거를 운반할 수 있는 연결 받침 장치가 있어야 합니다.

까지 자전거로 재차 이동할 수 있습니다.

자전거를 운반할 수 있는 버스, 노면전차, 지하철, 기차 등을 이용하면 자전거를 통한 장거리 여행이 가능해집니다. 그렇지 않을 경우 자전거 타기는 짧은 여행이 될 수 있습니다. 택시에 자전거 연결 받침 장치가 달려 있다면 밤 늦게 눈보라가 치거나, 타이어가 터지거나, 너무 피곤할 때 편하게 집으로 돌아갈 수 있습니다. 하이브리드 여행으로 결합될 때 도시에서 사람들은 쉽고 편리하게 이동할 수 있습니다.

하드웨어와 소프트웨어

도심 내에서 자전거를 타기 위해서는 하드웨어와 소프트웨어 모두 필요합니다. 하드웨어에는 잘 설계된 자전거 전용도로, 교통을 통제하고 안전을 유지하기 위한 신호등, 자전거 이용자가 계단을 쉽게 오르내릴 수 있는 경사로, 신호에 더 쉽게 멈추기 위한 바닥판, 자전거를 젖지 않게 만들어 주는 보호막, 지붕, 캐노피가 있는 주차 공간, 자전거 유지 보수에 필요한 에어 펌프와 수리점 등이 있습니다. 추가로 버스, 노면전차, 지하철, 기차와의 연결 받침 장치는 편한 장거리 여행에 큰 도움이 됩니다.

소프트웨어는 활기차고 안전한 자전거 타기 문화를 개발하는 데 중요합니다. 소프트웨어는 데이터 수집 및 연구, 커뮤니케이션 및 교육 캠페인, 어린이를 위한 자전거 능력 테스트, 성인을 위한 자전거 수업, 지역 자전거 규범 인식(예: 특수 신호), 법 집행 및 거리 유지 보수(예: 제설 작업) 등이 포함됩니다. 다양한 자전거 이용자들을 결합시키고 격려하는 행사를 조직할 수 있습니다.

자전거는 매우 효율적이고 편리하며 긍정적인 형태의 능동적 이동 수단이 될 수 있습니다. 사람들이 거리의 일부가 되는 기회를 제공하는 단순하고 유연한 이동 수단입니다. 이웃과의 사회적 만남이 자연스럽게 생깁니다. 자전거 이용자의 밀도와 다양성을 고려하여 자전거가 거리에 통합되면 다른 형태의 교통수단과 효과적으로 공존할 수 있습니다.

거리를 기반으로 하는 대중교통

효율적인 대중교통은 도시 에너지 소비와 오염을 줄일 수 있습니다. 대중교통은 환경적 측면을 넘어 역동적인 공공 생활을 만드는 데 중요한 역할을 할 수 있습니다. 대중교통은 사람들이 비교적 좁은 공간을 공유하면서 다양함에 노출될 수 있는 중요한 기회를 제공합니다. 익숙하지 않은 주제에 대한 대화와 의견을 듣고, 다른 사람들의 행동과 의상을 보며, 낯선 이와 물리적으로 가깝게 되는 것은 분리된 세상에서 중요한 경험입니다.

사람들은 거리에서 이동하면서 주변 환경을 경험하고 연결될 수 있는 많은 기회를 갖습니다. 걷기와 자전거 타기는 가장 노출된 형태의 이동 수단입니다. 버스나 노면전차 안에서도 동일한 눈높이로 실제 거리에서 발생하는 일들을 인지할 수 있습니다. 지하철을 타고 지하로 이동할 때, 교통 체증 속 차량에 있을 때, 모노레일로 공중에 머물 때 당신은 다양한 사람과 장소에 연결됩니다. 거리를 기반으로 하는 대중교통 수단을 이용하면 쉽고 편리하게 연결될 수 있습니다. 본인과 다른 사람 및 행동 간의 관계, 그리고 인지하고 사용하는 물건과 장소를 통해 자신이 있는 곳을 인식할 수 있어 쉽게 길을 찾을 수 있습니다.

거리를 기반으로 하는 교통수단과 함께, 이전 정류장이나 다음 정류장에서 하차하는 이동성은 이웃 자산에 대한 친숙도를 높입니다.

01./02. 스위스 베른. 버스와 노면전차를 통한 눈높이에 맞는 이동은 개인적인 접촉을 가능하게 합니다.

03./04. 콜롬비아 보고타 / 프랑스 스트라스부르. 거리를 따라 눈높이로 여행을 하면 다양한 사람들이 살아가는 방식을 볼 수 있고 이웃 사회에 더 가깝게 연결될 수 있는 기회를 가질 수 있습니다. 여러분 스스로 원하는 장소에 도달할 수 있게 도와줍니다. 나무와 날씨를 보면서 빛과 함께 자연에 연결됩니다.

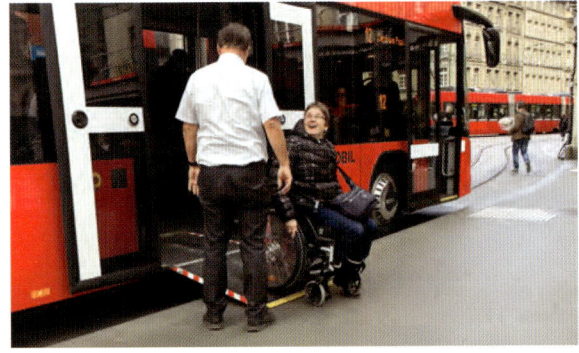
01.

02.

03.

04.

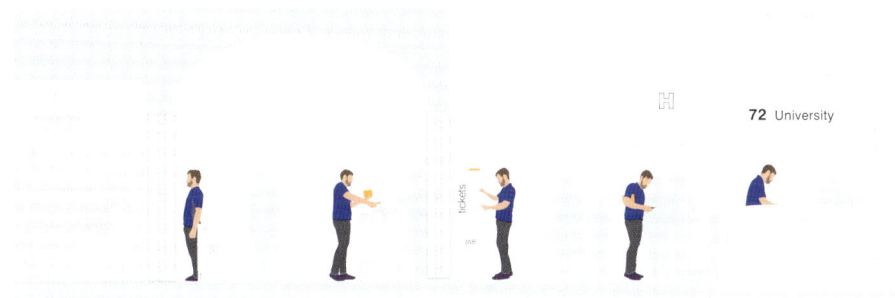

플랫폼 역할을 하는 보도

보도가 플랫폼 역할을 할 경우 버스와 노면전차에 쉽게 접근할 수 있습니다. 오직 한 걸음 거리에 버스와 노면전차가 있으면 승하차가 매우 수월할 수 있습니다. 이러한 단순성으로 인해 다양한 요구를 가진 사람들이 대중교통에 쉽게 접근할 수 있습니다. 저층 이동 수단으로 버스와 노면전차는 유모차, 보행기, 수하물, 쇼핑백과 같은 일상적인 도시 생활용품들을 보다 잘 수용할 수 있습니다.

보도에서 바로 대중교통을 이용할 때 더 큰 자유와 자발적 가능성이 있습니다. 버스가 오는 것을 보고 시간과 에너지를 절약하기 위해서 또는 비를 피하기 위해서 마지막 순간에 버스 탑승을 결정할 수 있습니다. 플랫폼으로서 보도는 다른 사람들의 근접을 허용하며 몇 미터 떨어진 곳에서 햇빛을 즐길 수도 있습니다. 벤치에 앉아서 커피를 마시거나 신문을 보거나 필요한 것을 얻기 위해 상점으로 뛰어가기 쉽게 해 줍니다. 버스와 노면전차는 단 한 걸음 거리에 존재하고 있기 때문에 탑승 마지막 순간까지 시간을 활용할 수 있게 합니다. 이러한 단순함은 다양한 활동 옵션을 제공하고 효율적인 시간 사용의 기회를 제공하여 모든 비즈니스에서 유용합니다.

01. **독일 함부르크.** 버스 정류장은 거리 생활의 일부이며 문자 그대로 레스토랑에서 몇 미터 거리에 떨어져 있습니다. 거리와의 관계를 더욱 소프트하게 만드는 식당에 열려져 있는 커다란 창문에 주목하십시오.

02. **일본 도쿄.** 거리에서 버스를 타고 내릴 때 적은 발걸음 수로 여러 장소에 도달할 수 있음은 이동에 어려움이 있는 사람들에게 편리함을 제공하며, 거리 자체가 기다리기에 안전하고 쾌적한 장소가 되게 합니다.

01.

02.

보도에 위치한 정류장에 대한 단순한 논리가 있습니다. 양쪽 방향의 길을 따라 움직이는 버스를 볼 수 있으며 경로의 작동 방식과 승하차를 위한 위치를 본능적으로 이해할 수 있습니다. 대기 중인 인원 수를 기준으로 탑승 가능 시간을 직관적으로 파악할 수 있으며, 이는 인쇄된 시간표나 앱에서 제공하는 정보보다 때로는 더 정확할 수도 있습니다.

교통의 중심 역할을 별도의 건물이나 지하 역에 두지 않아 보도에서 대중교통을 편리하게 이용할 수 있습니다. 이렇게 하면 다양한 교통수단들이 근접해 있을 수 있으며 서로 간의 유동적인 환승이 가능합니다. 즉 교통수단이 눈에 잘 띄고 이해 가능하며 탐색이 쉽습니다. 추가로 주변 환경에 잘 연결되어 있어 안전하다고 느끼며 시간을 효율적으로 사용할 수 있습니다.

대부분의 거리 기반 대중교통(노면전차, 버스, 미니 버스)은 잠재적으로 동일한 정류장과 노선을 이용할 수 있어 효율적이고 원활하며 적응력이 뛰어난 시스템을 갖출 수 있습니다. 여러 형태의 교통수단은 서로 다른 요구를 지닌 다양한 사람들을 위한 유연한 해결책을 제공할 수 있습니다.

01./02. 프랑스 보르도 / 호주 멜버른. 플랫폼으로서의 보도, 역으로서의 보도. 대중교통에서 바로 접근 가능하며 거리 생활의 일부가 됩니다.

03. 오스트리아 비엔나. 보도에서 직접 버스와 노면전차에 쉽게 승하차할 수 있습니다.

04./05. 프랑스 보르도. 보도에서 버스와 노면전차에 쉽게 승하차할 수 있습니다.

01.

02.

03.

04.

05.

도시의 일부인 대중교통:
스위스 베른, 교통의 중심지

스위스 베른의 대중교통 중심지는 중앙 상업 지구의 대형 백화점 및 교회 근처에 위치하고 있습니다. 이곳은 교통의 중심지이며 공간과 바닥 표면 간의 차이가 없는 공공 영역의 연속입니다.

이러한 환경은 교통 서비스를 매우 쉽고 편리하게 이용하게 합니다. 쇼핑, 종교 활동, 병원 치료, 은행 방문 후 몇 초 만에 대중교통을 이용할 수 있습니다. 큰 유리 지붕 아래에서 다양한 교통수단으로 접근할 수 있으며 채광이나 전망을 차단하지 않고 보호된 날씨를 제공합니다.

중심지의 개방감은 가시성이 높기 때문에 안전감을 제공합니다. 거리 위의 사람들, 인근 상점 내 사람들, 아파트와 사무실 내 사람들은 거리에 안전감을 불어넣습니다. 더불어 접근성이 높기 때문에 불쾌하거나 위험한 상황에 처했을 때 빠져나가기에 유리합니다.

일방통행과 양방향 통행 거리

일방통행 거리는 도시 지역의 차량 통행량과 흐름을 증가시키는 간단한 방법으로 간주되며 1970년대에 대중화되었습니다. 실제적으로는 도심 내 이동성을 복잡하게 만들 수 있습니다. 일방통행 거리는 지나가는 교통을 우선순위로 여기는 경향이 있으며, 인근 지역에서의 비즈니스 형성을 어렵게 합니다.

일방통행의 주행 문화는 빠른 속도로 인해 다른 형태의 이동과 공존할 수 없습니다. 예를 들어 한 방향으로 가는 차량 흐름이 빠르면 보행자가 길을 건너는 것이 더 어려워질 수 있습니다. 자전거 이용자도 어려움을 겪을 수 있으며 역방향의 자전거 동선이 허용되더라도 매우 위험할 수 있습니다. 차량의 경우도 일방통행 시스템에서는 직관적인 길 찾기가 어렵고 상대적으로 더 먼 거리를 이동해야 하므로 더 많은 교통량, 소음, 오염을 발생시킵니다. 2010년 보고서에 따르면 양방향 거리는 더 많은 노선 선택을 제공하고 불필요한 순환을 줄임으로써 총 이동 거리를 8-16% 수준 줄였습니다.[17]

일방통행 시스템에서 버스 노선은 같은 거리에서 다른 방향으로 운행할 수 없으므로 대중교통 시스템에 대한 본능적인 이해가 상실됩니다. 승하차를 위한 버스 정류장이 거리 반대편에 서로 위치해 있지 않고 각기 다른 거리에 있습니다.

양방향 도로는 교통을 안정시킬 수 있으며, 이는 종종 지역 활성화, 도시 재생, 자산 가치 상승 등의 결과로 이어집니다. 또한 운전자가 이웃 내 상업 활동을 발견하고 차량 속도를 늦추면 지역 경제에 긍정적인 영향을 미치는 것으로 관찰되었습니다.

01. 일방통행 도로는 길 찾기를 비논리적으로 만들며 더 빠르게 운전하게 합니다. 보행자가 길을 건너기 어려우며 자전거 이용자에게는 더 힘들 수 있습니다. 대중교통 이용자의 경우 승하차를 위한 버스 정류장이 서로 다른 거리에 있기 때문에 탑승 방법을 이해하기 어렵습니다.

02. 양방향 통행 도로는 길 찾기를 논리적으로 만들어 운전자에게 편의성을 제공하며 다른 거리 사용자들에게 더 나은 균형감을 제공합니다. 양방향 통행 도로는 보행자가 길을 쉽게 건널 수 있게 하며 자전거 이용자(특히 자전거 전용 도로가 없는 경우)들을 더욱 안전하게 합니다. 대중교통 이용자는 버스 정류장의 위치를 쉽게 찾을 수 있습니다.

01.

02.

일방통행에서 양방향 통행 거리로: 호주 퍼스

이전

이후

호주 퍼스는 보행자 친화적인 도시를 만들기 위한 큰 비전의 일환으로 여러 주요 거리를 일방통행에서 양방향 통행으로 전환하고 있습니다. 중앙 상업 지구에 있는 두 개의 주요 도로 중 하나인 윌리엄 스트리트William Street에서 일방통행을 양방향 통행으로 변경하는 시도가 성공적으로 마무리된 이후, 도시 전체에 걸쳐 주요 도로를 양방향 통행으로 변경하고 있습니다.

변경 사항에는 더 넓은 보도, 거리 시설물, 나무를 통한 공공 영역 개선, 횡단보도 개선, 더 엄격한 도로 회전 등이 포함됩니다.

지자체는 대중과의 높은 수준의 소통을 위한 프로그램을 도입했으며 접근성과 소통 방식의 변화를 위한 논의를 하였습니다.

"양방향 통행을 선택하면 서로 다른 방향 간의 운행으로 인해 교통 속도가 느려지는 경향을 보입니다."

퍼스 시장 리사 스카피디Lisa Scaffidi[18]

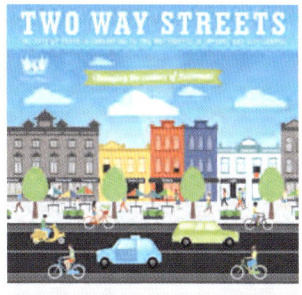

도시의 변화 사항을 알리기 위해 퍼스시에서 발행한 전단지

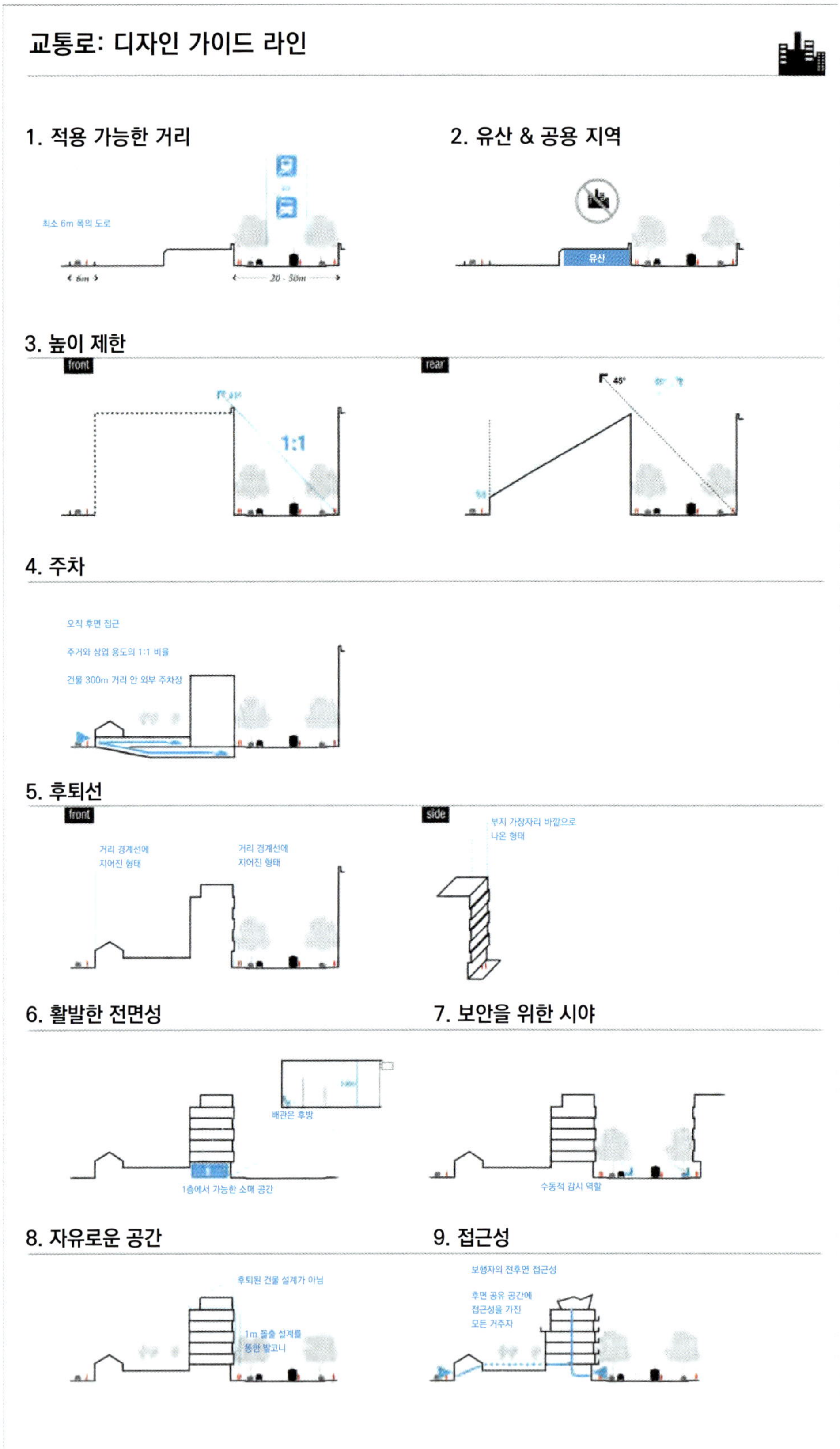

교통로: 디자인 가이드 라인

1. 적용 가능한 거리

최소 6m 폭의 도로
6m / 20-50m

2. 유산 & 공용 지역

유산

3. 높이 제한

front — 1:1
rear — 45°

4. 주차

오직 후면 접근
주거와 상업 용도의 1:1 비율
건물 300m 거리 안 외부 주차장

5. 후퇴선

front
거리 경계선에 지어진 형태
거리 경계선에 지어진 형태

side
부지 가장자리 바깥으로 나온 형태

6. 활발한 전면성

배관은 후방
1층에서 가능한 소매 공간

7. 보안을 위한 시야

수동적 감시 역할

8. 자유로운 공간

후퇴된 건물 설계가 아님
1m 돌출 설계를 통한 발코니

9. 접근성

보행자의 전후면 접근성
후면 공유 공간에 접근성을 가진 모든 거주자

간단한 다이어그램과 한 장의 종이에 설계 계획에서의 요구 사항들이 설명되어 있습니다.
그림: 스티브 톤, 랄프 웹스처, 사이먼 고다드, 멜버른시.

기존 인프라 주변의 고밀도화:
호주 멜버른, "리니어 바르셀로나"

"우리는 지속가능 도시 요소들이 살기 좋은 도시 요소(복합 사용 용도, 연결성, 고품질의 공공 영역, 로컬의 정체성, 순응성)들과 같아질 때 흥미로운 시대에 도달할 수 있습니다. 바르셀로나와 같이 이러한 특성이 도시에 결합되면 지속가능성, 사회적 이익, 경제적 활력이 생깁니다. 이러한 도시는 차량 이동의 필요성을 줄이고, 에너지 소비와 배출을 줄이며, 로컬 내 자재를 사용하게 하고, 로컬의 비즈니스를 지원하며, 정체성 있는 커뮤니티를 만듭니다."

롭 아담스, 〈변화하는 호주 도시〉, 2009[19]

존재하는 것들 위에 만들기

리니어 바르셀로나Linear Barcelona라고도 알려진, 〈변화하는 호주 도시〉Transforming Australian Cities라는 제목의 보고서에는 시의 도시 설계 책임자인 롭 아담스Rob Adams가 이끄는 멜버른시 의회 소속 팀에서 진행한 연구 결과물이 담겨 있습니다. 이 보고서는 기존 인프라를 바탕으로 이웃의 휴먼 스케일을 유지하면서 도시의 밀도를 높이는 전략적 개발 모델을 제시합니다. 이 접근법은 외부 확장 없이 인구 증가를 수용합니다. 멜버른이 현재 인구의 두 배를 수용할 수 있음을 보여주며 개발된 토지의 7.5%만 사용하고 나머지 92.5%는 그대로 두는 방법을 보여줍니다. 7.5% 중 3%는 도로 기반 대중교통 노선 주변이고, 다른 3%는 기차역 근처에 있으며, 마지막 1.5%는 재개발용 현장입니다.[20]

01.

02.

아이디어는 간단합니다. 기존 대중교통을 중심으로 더 조밀하게 다양한 용도로 활용될 수 있도록 적절한 도시 계획을 빠르게 승인하여 적용하는 것입니다. 이것은 멜버른에 있는 세계 최대 규모의 광범위한 노면전차 네트워크와 지역 내 기차 네트워크를 통해 가능합니다.

필요한 사항들은 A4 용지 한 장에 9개의 간단한 도표로 요약됩니다. 기본적으로 리니어 바르셀로나는 활성화된 1층(일반적인 유럽 또는 바르셀로나 형태)을 가진 6-8층 이상의 독립적인 아파트 건물을 주요 거리와 역 주변에 건설할 수 있도록 합니다.

걸어서 올라갈 수 있는 높이에서는 계단이 엘리베이터의 대안이 됩니다. 수동으로 열 수 있는 창문을 통해 환기 및 냉각이 가능하기 때문에 저층 및 중층 건물은 운영을 위한 에너지가 덜 필요합니다. 불쾌한 난기류를 유발하는 고층 건물이 없기 때문에 지상에서 더 나은 미기후를 만들어낼 수 있습니다.

처음부터 높이 제한을 명확히 제시하면 부지 및 건물 가격을 현실적으로 설정하는 것이 용이합니다. 부동산 개발 회사가 높은 층을 통한 수익성을 기대할 수 없기 때문에 지역 사회 중심의 개발이 가능합니다.

명확하지만 간단한 규칙을 통해 건물 밀도를 부지 및 건물별로 지정할 수 있습니다. 이러한 접근 방식은 현재의 토지 소유자, 지역 기업, 건설 회사를 포함한 부동산 개발 회사에게도 도움이 됩니다. 개발 회사는 자신의 고유한 스타일과 취향으로 자산을 독립적으로 개발할 수 있습니다. 이것은 다양한 해석, 경제 모델, 특정 건축 솔루션으로 다원적 접근법을 만듭니다. 다양한 소규모 프로젝트는 더 넓은 경제 기반을 만들고 더 많은 건축가를 고용하며 다양한 그룹의 거주자를 수용할 수 있게 만듭니다.

이웃 지역

걷기로 접근 가능한 높이의 건물은 휴먼 스케일이자 이웃 환경 스케일이기도 합니다. 개발은 주변 교외 주택에 적합한 규모로 이루어집니다. 대부분 1층 구조이므로 그늘에 가리거나 시야를 방해받지 않습니다. 이러한 규모의 건축 밀도는 소규모 이웃 사회에 유리할 수 있습니다. 대중교통, 상점, 서비스로 걸어서 접근할 수 있는 도시적 경험을 제공하며 정원이 있는 단층집에 살 수 있는 기회를 제공합니다.

주변의 저밀도 지역은 주요 도로의 밀도와 균형을 이룹니다. 지역 내 주요 거리가 고밀도화되면 상대적으로 정원이 있는 저층 주택 지역이 무분별한 개발로부터 보호되고 교통량을 줄일 수 있으며 녹지화에 용이합니다. 이렇게 녹지화된 교외는 삶의 안정성을 높이며, 태양 및 풍력으로 자급자족할 수 있는 에너지를 생산하고, 나무 캐노피 및 생물 다양성 지역을 만듦으로 동식물 서식지를 개선합니다.

03.

04.

빗물, 폐수, 지역 하수에 대한 세심한 설계는 기존 인프라의 부담을 줄입니다. 전반적으로 이러한 생태 배후지는 열섬 효과를 줄이고 공기를 깨끗하게 만들며 효과적인 도시 녹화를 위한 중추적인 역할을 합니다.

기존 인프라의 활용

기존 인프라를 활용하면 경제 및 환경 측면에서 절약할 수 있는 여러 이점이 있습니다. 수도, 전기, 통신 등의 거리 기반 시설과 유틸리티가 이미 마련되어 있으며, 상점과 서비스를 위한 상업 인프라도 이미 마련되어 있습니다. 대중교통에 대한 인프라가 이미 마련되어 있습니다. 이처럼 기존 인프라가 잘 갖춰져 있을수록 다른 서비스를 위한 투자가 늘어날 수 있습니다. 예를 들어 고객들이 상점에서 더 신선하고 다양한 종류의 상품을 만나볼 수 있게 합니다. 도심 내에서 세금을 내는 인구가 집중된 지역은 다양한 서비스를 제공받을 수 있음을 의미하기도 합니다. 이러한 방식으로 고밀도화는 많은 사람에게 이익이 될 수 있습니다.

다중 병치

대규모의 새로운 개발 사업과 달리 리니어 바르셀로나는 예전의 방식과 새로운 방식을 공존시켰습니다. 수많은 개별 프로젝트는 여러 개의 병치가 존재함을 의미합니다. 이는 새롭고 오래된 건물이 나란히 있고, 새롭게 개조되며, 낮은 도시가 공존하며, 높은 가격의 건물 옆에 임대료가 낮은 건물이 있어 다양한 신생 기업과 팝업 업체가 기존 비즈니스와 나란히 위치할 수 있음을 의미합니다. 다양한 경험과 사람들에게 노출됨에 따라 사회 경제적 생태계 안에서 다양성을 기반한 상호 이익을 만들어 낼 수 있습니다.

공공장소로서 개선된 거리

새로운 개발 사업은 거리 개선에 필요한 투자 자금 확보를 위한 수익을 창출할 수 있습니다. 보행 조건을 개선하기 위한 고품질의 포장, 거리의 나무와 식물들, 교통 안정화 작업, 자전거 전용도로 개선, 노면전차 정류장 보수 등을 할 수 있습니다. 더 나은 자재, 가구, 조경은 거리를 공공장소로 바꾸어 사람들의 거리 사용량을 증가시킬 수 있습니다.

01. 교외의 주요 거리에 위치한 전형적인 낮은 건물들.
02./03. 새로운 복합 용도 개발, 프라한.
04. 새롭게 공공 좌석으로 개선된 거리, 프라한.

시간

리니어 바르셀로나에 있어서 특히나 흥미로운 측면은 시간에 있습니다. 쉽게 계획하고 구축할 수 있도록 하여 개발 사업 프로세스의 속도를 높이는 데 가치를 두었습니다. 이 모델은 시간에 따라 점진적으로 진행되는 개발 사업이 현지 사람들의 일상의 삶에 맞춰져야 한다는 점도 인지하였습니다.

단기적 관점에서, 리니어 바르셀로나는 시작을 용이하게 합니다. 제한을 명확하게 정의함으로써 그 외의 거래를 할 수 없게 만들었고 토지 소유자나 개발 회사도 본인들이 얻을 수 있는 것들을 명확히 알 수 있습니다. 이러한 제한은 정의된 영역 바깥에서 발생하는 단편적인 혹은 우발적인 개발 사업에서부터 모두가 보호될 수 있음을 보증하므로 계획의 적용에 반대하거나 싸울 필요가 없습니다. 간단하고 직설적인 한 페이지 분량의 규칙들로 개발 회사가 할 수 있는 것을 매우 명확하게 확인할 수 있습니다. 이러한 요구 사항을 충족시키는 프로젝트는 더 빠르게 시작할 수 있습니다.

정확한 타이밍이 필요하고 큰 혼란을 초래하는 새로운 건물들로 구성된 대규모 프로젝트와 다르게 리니어 바르셀로나는 몇 년에 걸쳐 일부에 한정되어 발생하기 때문에 주변 지역 사회는 지속적이고 정상적으로 작동하며 변화를 수용할 수 있습니다. 각 프로젝트마다 고유한 일정표가 있으며, 개발 사업의 완료가 일정보다 빠르게 끝나거나 혹은 느리게 끝나더라도 인근 사회에 특별한 영향을 미치지 않습니다. 이러한 측면은 일정에 대한 관용성을 의미합니다.

리니어 바르셀로나의 최고 장점은 존재하는 것을 기반으로 새로움을 만드는 것이며, 기존 자원을 잘 활용하여 도시가 더 활발히 움직일 수 있게 돕는다는 것입니다. 그것은 기존의 고유한 특성을 파괴하거나 손상시키지 않는 방식으로 개발 사업이 시간이 지남에 따라 점진적으로 발생하도록 합니다. 이곳에서 새로운 건물은 오래된 건물과 공존합니다. 이것은 단순히 여러 미학적 측면과 건축 규모로 인한 시각적 차원에서의 수용 문제가 아닙니다. 다양한 종류의 사람과 활동이 같은 거리에서 공존, 새로움과 오래됨 그리고 개인 및 공공에 관한 것입니다.

〈변화하는 호주 도시〉의 연구는 단순히 인구 밀도를 높이는 데 초점을 맞추기보다는 헥타르 당 사람 수에 대해 이야기하면서 사람 간의 접촉에 대한 내용을 포함합니다. 그것은 휴먼 스케일을 인식하고 더 작고 점진적인 단계로 발전하며 사람들과 접촉할 때 혜택을 얻을 수 있게 합니다. 그것은 휴먼 스케일의 건물과 함께 사람을 위한 속도로 변화할 수 있음을 의미합니다.

바르셀로나로부터 건물의 규모 및 구조에 대한 영향을 일부 받았지만, 멜버른의 교외 중심부에는 기존과는 완전히 독창적이며 그곳의 장소성에 맞는 새로운 건축물이 생겼습니다.

이런 종류의 개발 모델은 세계 여러 도시에 적합할 수 있으며, 고층 건물 없이도 고밀도화를 가능하게 하여 더 많은 사람들에게 더 나은 삶의 질을 제공할 수 있음을 보여줍니다.

멜버른의 새로운 도시 건축 양식

"리니어 바르셀로나" 모델

양질의 대중교통이 있는 낮은 밀도의 거리

단기적으로 거리는 나무, 자전거 전용도로, 벤치 따위의 가구 등으로 개선될 수 있으며, 새로운 건물은 오래된 건물과 나란히 세워질 수 있습니다.
기존 건물에서 새로운 용도를 찾을 수도 있습니다.

중장기적으로 건물은 현지의 거주자 및 비즈니스와 하나로 통합되며 밀도가 높아지고 다양화될 수 있습니다.
인구가 증가하면 대중교통 사용량이 증가할 것입니다.

거리의 다양성

거리가 사람들을 위해 보행자 전용일 필요는 없습니다. 실제로, 다양한 교통수단을 수용하는 거리에서 사람들이 이웃을 만날 때 훨씬 더 활기찰 수 있습니다.

신중한 설계는 여러 교통수단의 공간 내 분포의 균형을 맞춰 거리의 성능을 향상시키는 데 도움이 됩니다. 거리 공간은 시간에 따라 사용자 별 우선순위를 정할 수 있습니다. 추가로 일 단위, 주 단위, 월 단위 별로 다른 시간대에 다른 활동을 허용하도록 설계될 수도 있습니다.

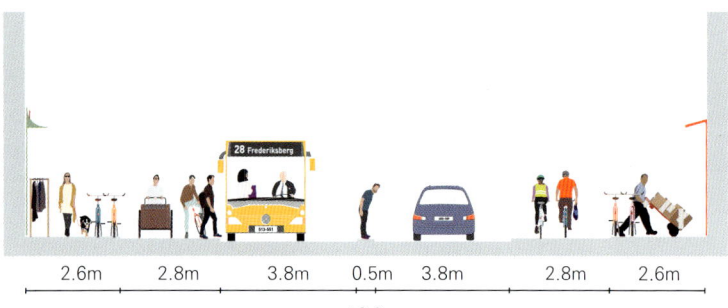 

덴마크 코펜하겐, 베스터브로게이드.
복잡한 도로는 각 방향의 자전거 전용도로와 작은 중앙 길로 다양한 사용자를 수용합니다. 중앙 길은 평평하며 0.5미터 폭에서 이동할 수 있게 해 줍니다.

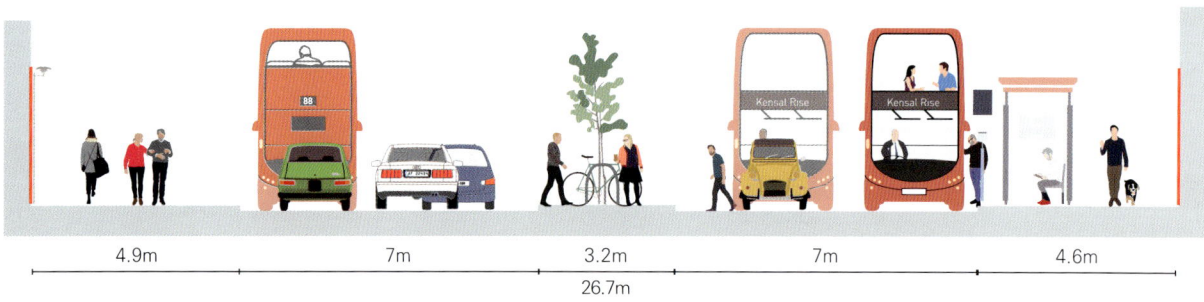

영국 런던, 켄싱턴 하이 스트리트.
자전거 주차를 위해 넓은 중앙 길로 거리가 재설계되었습니다. 길을 건너기가 더 쉬워졌으며 다양한 교통 신호를 감지할 수 있습니다. 기존에 거리는 보도와 도로 사이에 늘 장애물이 있었습니다. 변경 이후 사고가 줄었습니다.[21]

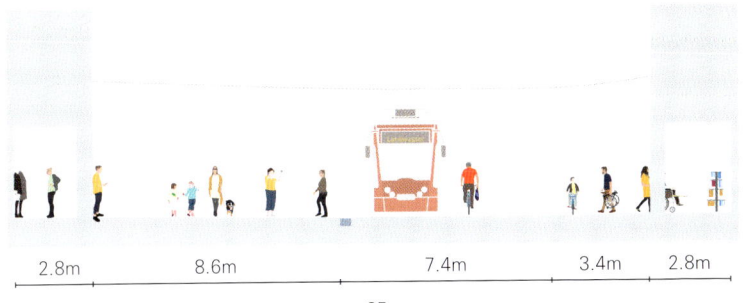 

독일 센트럴 프라이부르크, 카이저 조셉 스트라브.
자전거 전용도로처럼 노면전차도 보행자 거리를 통과합니다. 노면전차, 자전거, 보행자를 병합하려면 서로 다른 사용자 간에 지속적인 협상이 필요합니다.

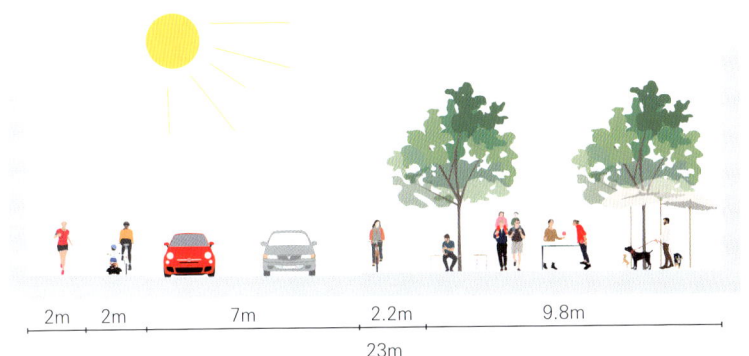 

덴마크 코펜하겐, 베스터 볼드게이드.
햇볕이 잘 드는 길가의 보도는 사람들로 하여금 머무르며 즐길 수 있게 하며 쾌적한 미기후를 즐길 수 있게 합니다.

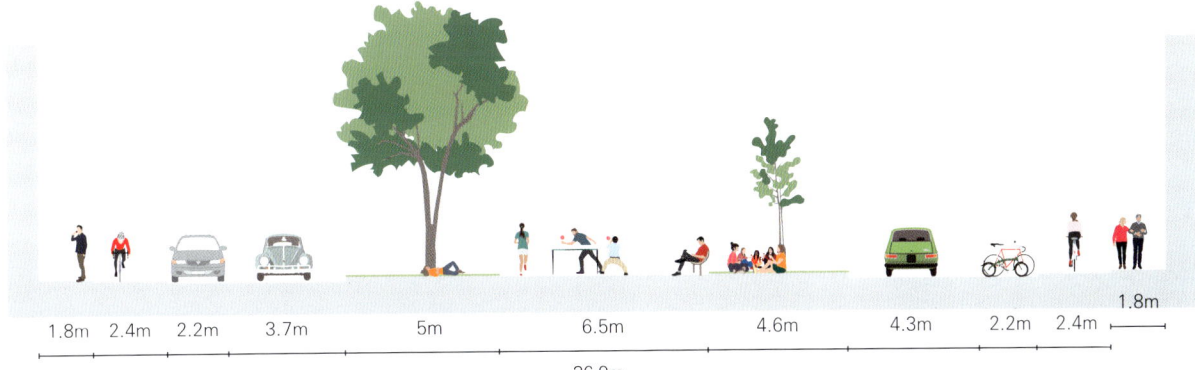

덴마크 코펜하겐, 손더 보울리바드.
가운데에 위치한 공원 길은 녹지와 함께 레크리에이션을 위한 다양한 야외 공간을 갖춘 람블라 스타일rambla-style의 선형 공원으로 바뀌었습니다.

일본 도쿄, 다이칸야마 동네 거리.
보도가 없는 단일 아스팔트 표면(가끔 칠해진 선 제외)은 보행자, 자전거, 차량 간의 직관적인 반응을 위한 트래픽 발렛traffic ballet을 만듭니다.

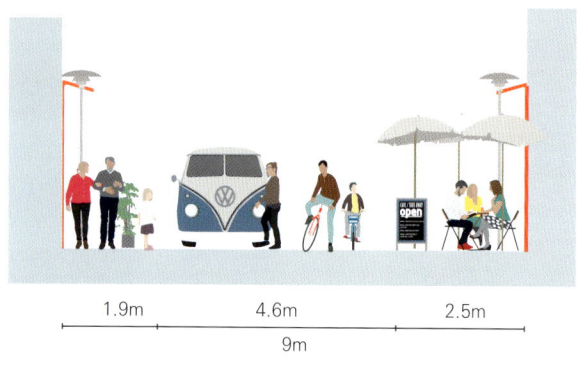

덴마크 코펜하겐, 스트뢰옛.
보행자 우선 거리는 자전거 및 차량 통행을 수용할 수 있습니다.

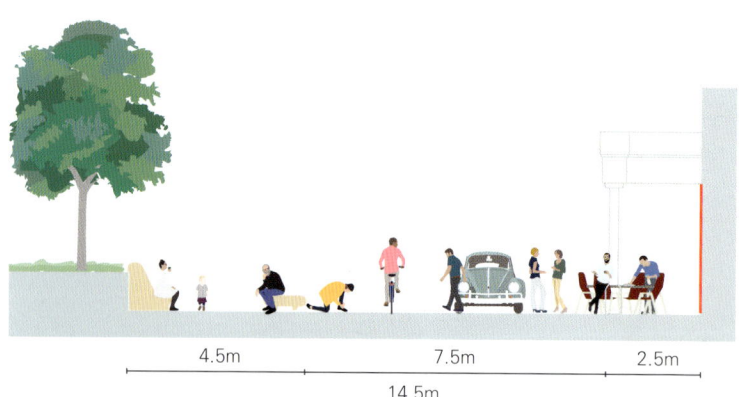

영국 브라이튼, 뉴로드.
보행자에게 우선순위를 부여하지만 주의 깊게 이동한다면 자전거, 자동차, 버스의 접근을 허용할 수 있는 영국 최초의 공유 공간입니다. 사진: 쇼앤쇼.

일본 도쿄, 나카-도리 거리.
나카-도리 거리는 넓은 보도, 거리 나무, 벤치, 예술 작품 등을 통해 금융 지구를 사람을 위한 장소로 공간적 성격을 바꾸었습니다. 점심시간에 거리에서의 자동차의 이동이 차단되고 이 지역에서 일하는 수천 명의 직장인에게 휴식 공간을 제공합니다.

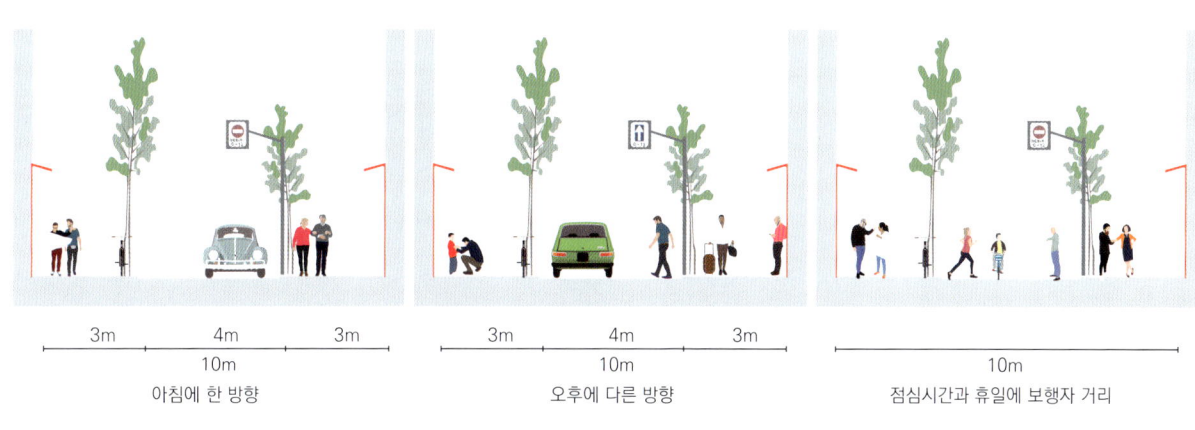

일본 도쿄, 카구라자카 도리.
카구라자카 지역 아침에는 주요 도로에서 한 방향으로만 차량 통행이 가능합니다. 점심시간에는 한 시간 동안 차량의 이동이 차단됩니다. 오후에는 다른 방향으로만 통행이 허용됩니다. 휴일에는 차량이 거리에 진입하지 못합니다.

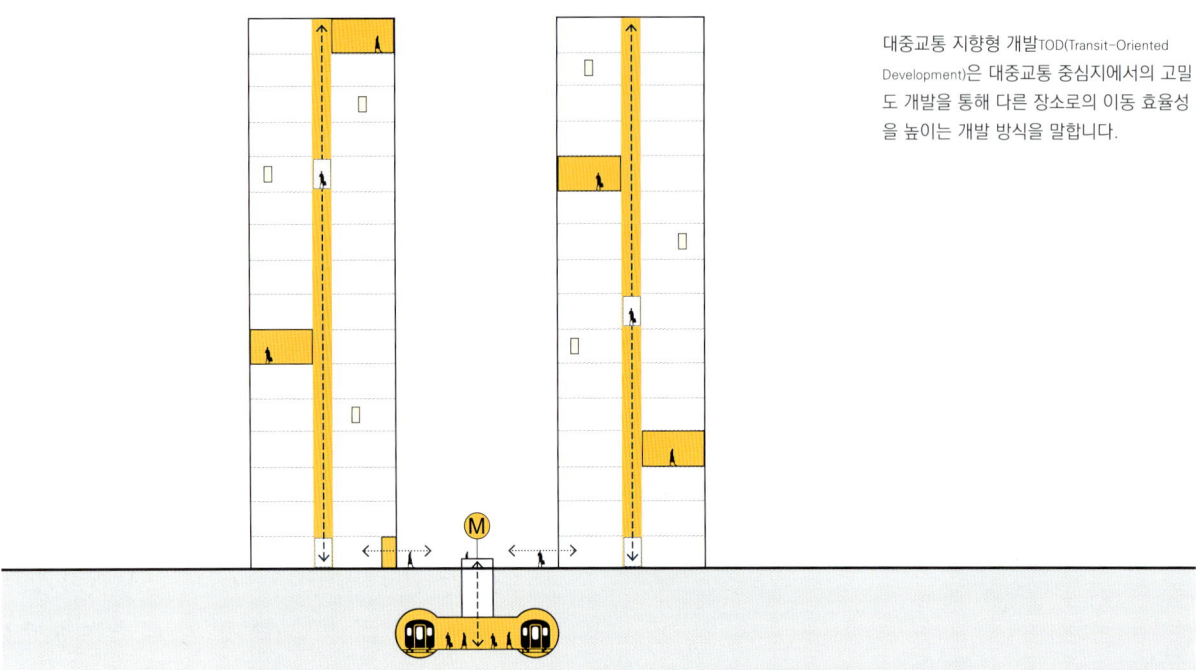

대중교통 지향형 개발TOD(Transit-Oriented Development)은 대중교통 중심지에서의 고밀도 개발을 통해 다른 장소로의 이동 효율성을 높이는 개발 방식을 말합니다.

사람들은 건물 사이를 이동하면서 다른 사람, 장소, 세상과 연결될 수 있는 기회를 갖습니다. 우리는 연속적인 이동 중에 교통수단 간 결합에 있어서 어떤 것이 가장 이상적인지에 대해 고민해야 합니다. 주거 공간에서 어떻게 거리로 나오는지, 길을 걷다 어떻게 상점에 들어가는지, 다른 형태의 교통수단과 어떻게 상호 작용하면서 길을 건너는지, 어디에다 어떻게 자전거를 주차하는지, 인도에서 어떻게 자전거 전용도로에 진입하는지, 어디에서 어떻게 버스를 기다리는지, 노면전차를 어떻게 탑승하는지, 이동 중에 어떻게 이웃 환경을 경험하는지를 고려해야 합니다.

그러므로 도심 내 이동은 동일한 공간에서 광범위한 이동 수단을 수용하는 전체적인 접근 방식을 필요로 합니다. 그것은 짧은 여정이 어떻게 긴 여정으로 연결되는지 고려하는 것입니다. 다양한 이동성을 수용한다는 것은 더 많은 수단을 이용할 수 있게 하며, 다양한 상황에서 쉽게 접근할 수 있음을 의미합니다. 또한 자연스럽게 계획을 변경할 수 있고, 여러 이동 수단을 통한 하이브리드 형태의 여행이 가능하다는 것을 의미합니다.

우리는 서로 다른 요구와 속도를 지닌 사람들의 다양성을 인식해야 합니다. 우리는 이러한 다양성이 수용되고 공존할 수 있는 방법을 찾아야 합니다. 활발한 이동을 통해 일상생활에서 더 많은 것들을 할 수 있게 만들어야 합니다. 건물 사이에서 보내는 시간은 다른 사람과의 일상적인 만남을 가능하게 합니다. 단순히 다른 사람들을 보고, 그들의 행동을 주목하고, 버스에서 낯선 사람 옆에 앉아, 낯선 주제에 대한 대화를 하고, 같은 사람들을 반복해서 보고, 고개를 끄덕이며 인사를 하면서 더 넓은 인간 관계를 만들 수 있습니다. 이러한 수많은 경험과 예기치 않은 사회적 기회, 다름에 대한 빈번한 노출, 평온하고 자발적인 삶은 일상생활을 더욱 흥미롭게 만듭니다.

이웃 지향형 교통NOT(Neighborhood-Oriented Transit)은 걸어서 다닐 수 있고, 자전거를 탈 수 있고, 지상 기반 대중교통을 이용할 수 있는 지역 환경과 걸어서 올라갈 수 있는 규모의 중간 밀도의 건물들이 통합됨을 의미합니다.

더 중요하게, 경험은 다양한 사람들에 대한 이해와 관용을 구축할 수 있게 해 주며 응집력 있는 사회 만들기에 기여할 수 있습니다.

활동적인 이동은 자연의 힘과 변화하는 계절에 사람들을 노출시킵니다. 명백한 건강상의 이점 외에도 야외에서 더 많은 시간을 보내면 사람들은 날씨를 느끼고 다른 사람들로부터 행동하는 방식을 배울 수 있습니다. 우리가 경험하는 날씨와 더 잘 어울릴 수 있는 법을 배울 수 있습니다.

여러 대중교통 중심의 개발 프로젝트는 효율적인 공학 기법을 사용하여 고밀도 지역을 대중교통을 통해 연결합니다. 이런 방식으로 사람들은 다른 장소에 효율적으로 연결됩니다. 그러나 이동성의 진정한 도전은 사람들을 그들이 있는 장소에서 더 잘 연결시키는 것입니다. 대중교통 지향형 개발이 아닌 이웃을 지향하는 개발이 필요합니다.

아마도 궁극적으로 모든 것은 건강과 복지(신선한 공기, 운동, 사람과의 만남) 문제로 이어질 것입니다. 외로움과 비만은 전염병입니다. 최소 매일 만보 이상을 걷는 것이 좋습니다. 일상의 여정에서 더 많은 걷기를 통해 야외에서 머무는 시간을 늘릴 수 있습니다. 다양한 야외 활동을 가능하게 하며 다른 사람들과 함께 보낼 수 있는 시간도 늘어납니다.

이동은 서로에 대해 그리고 우리의 삶에 대해 배우는 것입니다.

> *가장 긴 여행은 당신이 있는 곳에서 시작됩니다.*
> 라오 츠Lao Tzu[22]

층을 이룬 삶

도심 내 환경에서 지속성과 탄력성을 위해 노력할 때 자연에서 영감을 받을 수 있을까요? 자연에는 밀도와 다양성을 지속가능한 방식으로 수용하고 탄력성을 유지하는 증명된 시스템이 있습니다.

숲이란, 큰 나무가 모여 있는 것 그 이상입니다. 숲은 다양한 상황에서 광범위한 종의 생명이 유지되는 복잡한 공생 시스템입니다. 숲은 식물, 미생물, 동물, 조류와 같은 다양한 생명체를 위한 서식지를 제공합니다. 숲은 지구상에서 생물학적으로 가장 풍부한 생태계 중 하나입니다.

숲의 뚜렷한 특징은 층별로 삶이 존재하는 수평 시스템입니다. 바닥 높이에서의 삶은 나뭇가지 높이에서의 삶과 다릅니다. 나뭇가지 높이에서의 삶은 나무 꼭대기 높이에서의 삶과 다릅니다. 지상에는 다양한 물리적 감각이 있습니다. 지구와 연결된 어두운 곳, 하늘과 연결된 밝은 곳, 더 보호된 곳, 더 노출된 곳 그리고 그 사이에 많은 것들이 존재합니다. 이와 같이 층별로 서로 다른 미세한 환경 차이는 다른 형태의 생명이 존재함을 의미하며 심지어 같은 장소에서 함께 번성할 수 있음을 의미합니다.

서로 다른 종의 나무가 나란히 자랄 수 있습니다. 각 나무는 자체 환경과 지역의 기후를 만듭니다. 나무 사이의 공간은 독특한 환경을 만들어 냅니다. 이런 식으로 전체가 부분의 합보다 큽니다.

우리가 숲에서 알 수 있는 것은 다양성이 지속성의 열쇠라는 것입니다. 산림이 불, 폭풍, 해충의 공격을 받으면 각 구성 요소들이 다른 방식으로 반응하기 때문에 복원력이 뛰어납니다. 번개가 치거나, 화재가 나거나, 벌레와 질병이 생기거나, 나무 한두 개가 없어져도 전체로서의 숲은 살아 있습니다. 숲은 서로 다른 요소들이 공존할 수 있는 가능성을 보여주며 상호 관계를 통해 생명을 번성시키는 시스템을 만듭니다.

자연의 숲과 단순히 나무를 심어 놓은 인공 숲은 매우 다릅니다. 인공 숲에는 다른 형태의 층이 없습니다. 일반적으로 단일 종만 존재합니다. 나무들은 차별성이 없으며 전체는 부분의 합과 동일하게 유지됩니다.

우리는 인공 숲이 살충제를 필요로 하는 것을 알고 있으며 동시에 폭풍우, 화재, 홍수 등과 같은 재해에도 인공 숲이 자연의 숲보다 더 취약하다는 것을 알고 있습니다.

건축 환경 측면에서 유사하다고 생각했던 자연의 숲과 인공 숲의 차이를 살펴보았습니다. 지금부터 복원력이 강한 자연의 숲과 복원력이 약한 인공 숲의 성격을 지닌 마을과 도시가 어디인지 살펴보겠습니다.

자연의 숲

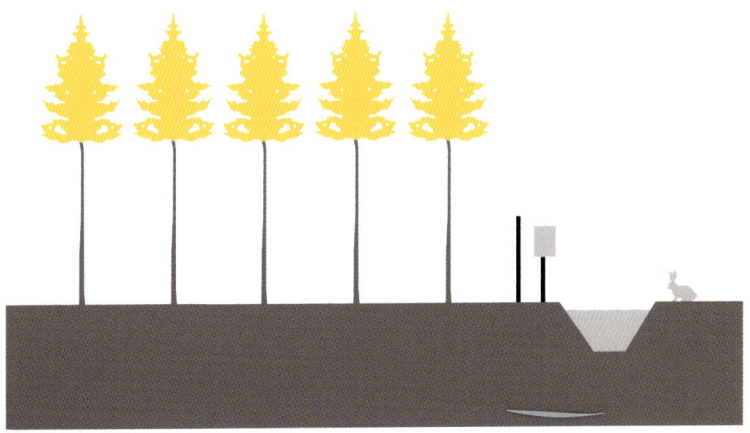

인공 숲

전통적인 프랑스 주택에서 볼 수 있는 층간에 삶의 다름은 자연의 숲과 크게 다르지 않습니다. 이 그림은 한 건물이 수용할 수 있는 기능적, 사회적, 경제적 다양성을 보여줍니다.

그림을 그린 사람은 도시 내부 사람들의 경제적 차이를 드러냄으로써 사회 융합의 실패를 표현하려고 노력했습니다. 그러나 이 그림을 읽는 다른 방법이 있을 수 있습니다. 정말로 중요한 것은 서로 다른 사람들이 같은 장소를 공유한다는 것입니다. 그들은 모두 같은 지붕 아래에 삽니다. 그들은 아파트 문밖에서 이웃이 됩니다. 그들은 건물 밖 거리에서 한 공동체의 일원이며 인근의 건물에 같이 접근할 수 있습니다.

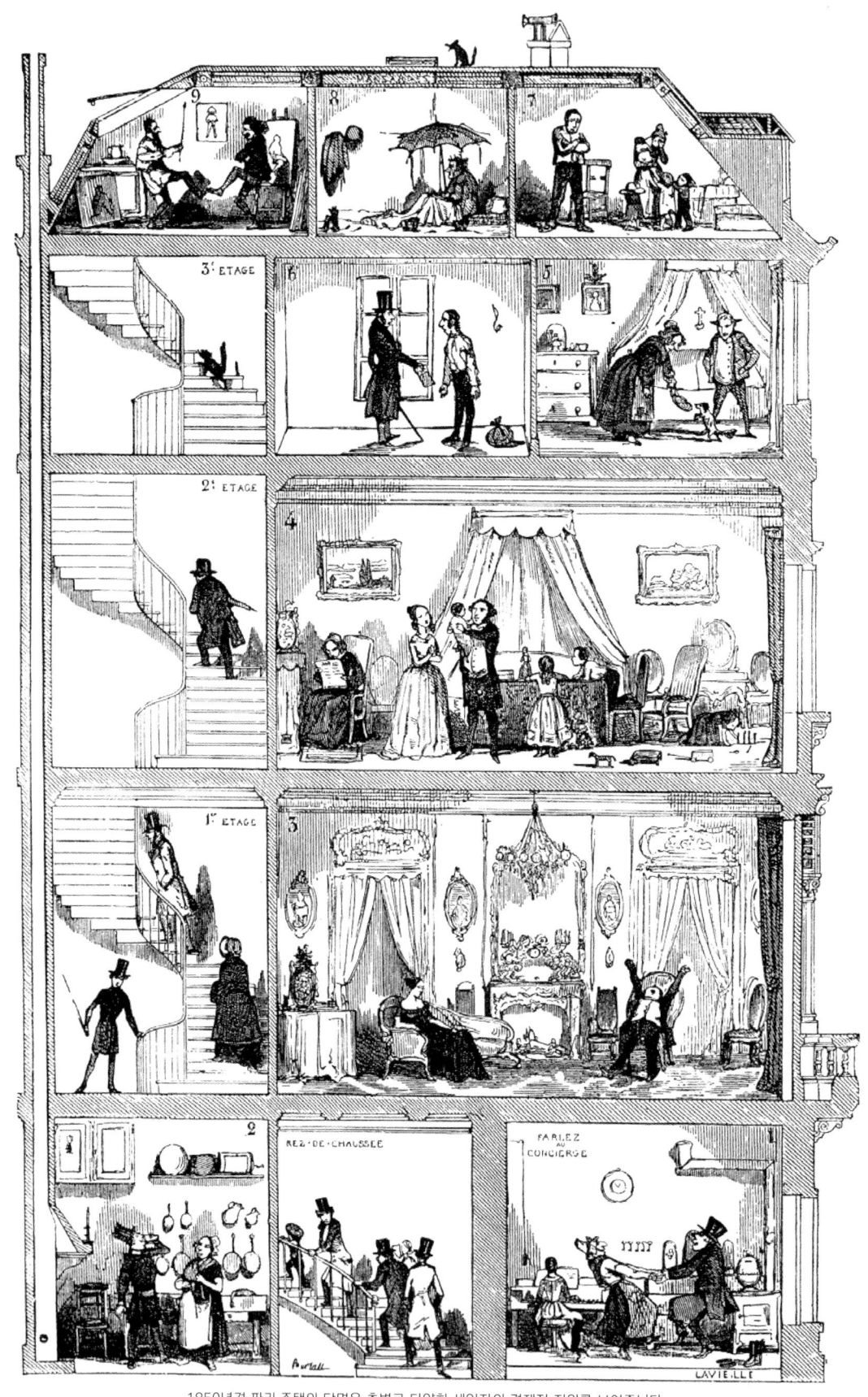

1850년경 파리 주택의 단면은 층별로 다양한 세입자의 경제적 지위를 보여줍니다
(에드먼드 텍시어, 타블로 드 파리, 파리Edmund Texier, Tableau de Paris, Paris, 1852).

이러한 종류의 다양성이 하나의 건물에 수용될 수 있다면 훨씬 더 많은 것이 하나의 블록에 수용될 수 있습니다. 다양한 능력, 요구, 재정, 배경 등을 가진 사람들이 전혀 다른 삶을 사는 사람들과 함께 이웃으로서 살아갈 수 있습니다. 모더니즘이 나타나기 오래전에도 인간의 건축 환경을 단조로운 수준으로 만들려는 시도들이 있었습니다. 그것은 다른 이들과의 용도의 분리와 관련이 있었습니다. 오늘날에는 프랑스 그림 속 사람들과 달리 경제적 차이가 있는 사람들은 일반적으로 몇 킬로미터 떨어져 살고 있습니다.

자연 숲과 전통적인 마을 및 도시 사이에 유사점이 있을까요? 숲이 큰 나무들의 집합이 아니듯이 도시도 큰 건물들의 집합이 아닙니다. 두 경우 모두 총합이 부분의 합보다 큽니다. 다양성이 상호 간에 잘 기능할 때 도시는 다양한 삶을 수용하기 위한 공생적이고 지속가능한 시스템을 갖출 수 있습니다.

나무와 마찬가지로 건물은 뚜렷하게 다른 층계를 가질 수 있습니다. 1층은 가장 붐비고 집중적이며 중간 층은 상대적으로 차분하며 나무 꼭대기와 같은 최상위 층에는 하늘을 만날 수 있는 특별한 장소가 있습니다. 모더니즘 계획에 따라 분리된 구역, 사회 주택 단지, 분리된 커뮤니티, 비즈니스 공원, 쇼핑몰은 마치 인공 숲과 같지 않은가요?

숲의 삶처럼 도시의 삶도 끊임없이 변화하고 있습니다. 층간 공간적 다름과 병치로 인해 제공되는 지역의 복잡성은 마을과 도시가 끊임없이 변화하는 삶을 수용하고 적응해 나가도록 합니다.

기후 변화 시대에 날씨와 함께 살아가기

점점 더 많은 사람들이 밀도가 높은 건축 환경에서 살아갑니다. 야외에서 시간을 보내고 자연 현상을 겪으며 계절의 날씨 변화에 더 가까이 사는 법을 배우는 것이 중요합니다. 자연과 연결되는 일상적인 경험은 장기적 관점에서 건강과 웰빙의 핵심 요소입니다. 또한 야외에서 보내는 시간은 다른 사람들과 만남을 가질 수 있는 기회를 제공합니다.

모든 사람이 반드시 자신의 정원을 가질 필요는 없지만 창가에서 옥상 테라스, 발코니에서 공공 공원, 보도 카페에서 줄지어 심어진 나뭇길에 이르기까지 다양한 야외 공간을 경험할 수 있어야 합니다. 이러한 야외 공간은 자연과 더 가까워지고 날씨와 더 어우러져 살 수 있도록 도와줍니다.

알 프레스코 al Fresco 생활 배우기

열악한 기후에도 불구하고 야외에서 많은 시간을 보내는 북유럽 국가 사람들은 기후 변화를 해결하기 위해 전 세계적인 노력을 주도해 왔습니다.[23] 자연환경에 더 잘 어울릴 수 있는 사람들이 자연을 더 이해하고 더 가치 있게 여길 수 있습니다.

눈에서 자전거를 타는 코펜하겐 사람들의 이미지는 특히 온화한 기후에 사는 외국인들에게 충격을 줍니다. 왜 바이킹들은 자전거를 탈까요? 실제로, 도시는 자전거 전용도로에 쌓인 눈을 먼저 치우는 정책을 시행하고 있는데, 이는 폭설 후 자전거가 첫 번째 이동 수단으로 활용됨을 의미합니다. 시간 절약이 중요한 요소인 복잡한 생활 양식에서 날씨는 중요한 역할을 합니다.

북유럽 국가의 아이들도 일년 내내 야외에서 상당한 시간을 보냅니다. 어릴 때부터 날씨에 관계없이 외부에서 생활하는 문화를 갖고 종종 성인이 되어서도 이러한 생활이 이어집니다. 도시는 계절에 상관없이 야외에서 시간을 보낼 수 있는 문화가 장려될 수 있도록 설계되어야 합니다.

코펜하겐 브리게 섬의 하버 베스 Harbour Bath는 도시의 시민들을 위해 해수욕을 가능하게 했습니다. 공공 시설물은 휴식을 위한 여러 행동을 확립하는 데 도움이 되었습니다. 수영, 게임, 피크닉, 아이스크림 먹기, 일광욕은 이제 도시 생활의 일부입니다. 오염된 강바닥을 포함하여 항구의 오염된 물을 청소하기로 한 결정이 실질적인 변화를 가져왔습니다.

오슬로에서는 도심 내 중심에서 스키장까지 스키 거치대가 장착된 지하철을 이용하여 이동할 수 있습니다. 여름에는 하이킹을 위해 지하철을 이용할 수 있습니다. 일상적인 도시 생활에서 야외 레크리에이션 활동에 이르기까지 대중교통을 이용하여 이 모든 것을 편리하게 영위할 수 있습니다.

날씨와 함께 사는 법을 배우려면 변화에 민감하게 대응할 줄 알고 자연을 존중해야 합니다. 소프트한 도시의 공간, 형태, 세부 사항은 일상생활 속에서 사람들이 간단한 방법으로 자연에 더 가까이 갈 수 있도록 도움을 줍니다.

덴마크 코펜하겐, 여름과 겨울.

01. 코펜하겐 하버 베스는 2002년에 항구의 물을 청소한 후 임시 구조물 형태로 처음 만들어졌습니다. 이곳은 매우 인기 있는 만남의 장소가 되었고, 업그레이드되어 영구적인 구조물로 재탄생하였습니다. 나중에는 일년 내내 사용이 가능하도록 사우나가 추가되었습니다.

02. 코펜하겐 주민의 70%는 바람, 비, 눈이 내리는 겨울에도 자전거를 탑니다.[24]

01.

02.

기후 변화 시대에 날씨와 함께 살아가기

01.

02.

03.

04.

05.

06.

07.

01./02. 덴마크 보겐스. 입욕장에는 입욕을 위한 부두, 모래사장, 휠체어 진입로, 목재 산책로, 계단이 있습니다. 목조 건물에는 탈의실, 화장실, 사우나가 있습니다. 건물의 뒤쪽에는 차가운 북풍으로부터 방문객을 소프트하게 보호하는 벤치가 있습니다.

03./04. 덴마크 코펜하겐, 아마게르 해변 공원 Amager Beach Park. 일년 내내 방문객의 활동을 수용하도록 설계된 인공 해변이 있습니다.

05./06. 스위스 베른. 활용 기간을 연장하는 가벼운 지붕 구조. 개방된 공간에 위치한 오래된 공장 건물은 계절에 상관없이 만남의 장소로 사용됩니다. 강변에 걸쳐 있는 가벼운 파빌리온 구조의 레스토랑은 자연과의 연결을 강조합니다.

07. 프랑스 파리. 도시의 해변 파리 플라주 Paris Plage의 일환으로 센강 기슭에 편안한 가구들이 있습니다.

여름 연장하기: 코펜하겐 카페 문화

테이블과 의자가 코펜하겐의 보도에 처음 도입되었을 때 적절한 야외 활동 가능 기간은 몇 달 미만으로 짧을 것으로 예상되었습니다. 덴마크는 거리에 카페가 흔하게 있는 남부 유럽 도시에 비해 여름이 짧습니다. 그러나 코펜하겐의 카페 주인과 고객은 날씨가 완벽하지 않더라도 그곳에 앉아 있는 것이 여전히 즐겁다는 것을 발견했습니다. 많은 카페들이 담요와 우산을 추가했습니다. 일부는 열 램프를 추가했습니다 (오래 있기는 힘들지라도).

야외 노천카페 허가에 대한 지자체의 기록에 따르면 테이블과 의자 수는 점차 늘어나고 있습니다. 아울러, 야외에 앉아 보내는 시간이 점차 늘어나고 있습니다.

코펜하겐의 야외 노천카페는 늘어난 야외 여가 시간과 날씨를 최대한 활용하는 방법을 도입하려는 행동양식의 변화를 보입니다.

덴마크 코펜하겐의
카페 의자 개수[25]

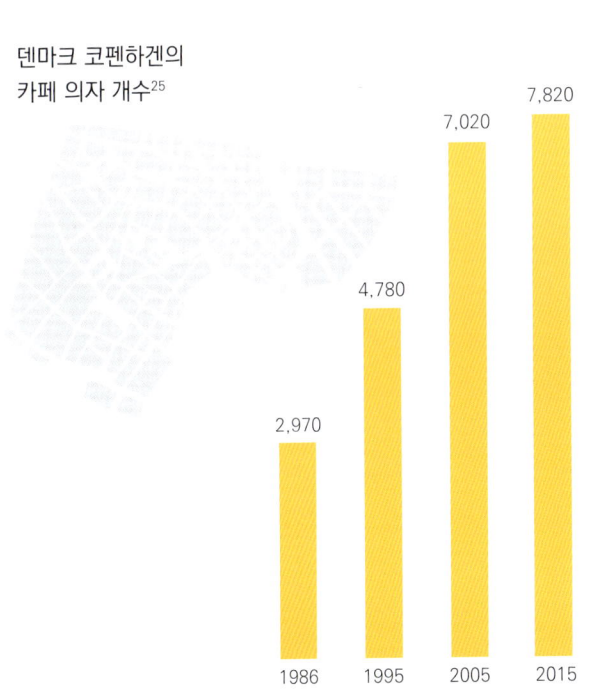

기후 변화 시대에 날씨와 함께 살아가기

야외를 내부로 가져오기: 자연 채광 및 환기

우리가 대부분의 시간을 보내는 건물 내에서 자연과 야외와의 연결이 시작됩니다. 적절한 자연 채광과 신선한 공기가 실내에 있으면 건강과 복지에 극적인 영향을 미칩니다. 자연 채광을 대체할 수 있는 것은 없습니다. 자연 채광의 역학적 특성은 눈과 뇌 기능을 자극합니다. 자연 채광은 직장에서의 업무 생산성, 교육 성과, 건강의 치유와 회복을 위해서도 좋습니다.[26]

자연 채광과 환기는 건물을 설계할 때 고려해야 할 가장 확실한 에너지 절약 방법 중 하나입니다. 미국 내 전체 전기 사용량의 3분의 1은 조명, 냉방, 난방, 환기에 사용됩니다.

모더니스트 건축의 특징은 건물에 직사광선을 비추는 것인데 종종 그것의 설계가 1차원적 수준에서 머무릅니다. 빛의 측정 방법은 하루 중 특정 시간(일반적으로 거주지의 정오)에 직사광선이 침투한 것을 기준으로 정량화합니다. 보통 사람들은 정오에 집에 없기 때문에 정오 시간의 빛을 기준으로 하는 건축 설계에 대해 의문의 여지가 있습니다. 또한 일부 기후에서는 흐린 하늘이 맑은 하늘보다 더 일반적이며 구름을 통해 여과된 빛은 직사광선과 완전히 다르게 작동합니다. 빛에 대한 요구 사항은 복잡하며 시간대와 내부 활동에 따라 다릅니다. 다양한 빛과 환기 조건은 밀집된 다기능 환경에서 여러 활동을 할 수 있게 합니다.

공간에서의 빛은 그것의 양적 측면뿐만 아니라 질적 측면도 고려되어야 합니다. 예를 들어 한 방향 이상의 자연 채광은 건물 내부에 있는 사람의 경험에 매우 중요합니다. 크리스토퍼 알렉산더Christopher Alexander는 그가 저술한 〈패턴 언어〉A Pattern Language에서 패턴 번호 159번으로 "모든 방에서의 양면 채광"을 강조합니다. 다양한 빛들이 존재할 때 빛의 질과 사람의 경험은 매우 달라지며 사람들의 감정 및 표정을 읽는 방법에도 커다란 영향을 미칩니다.[27]

낮은 층의 폭이 좁은 건물들이 더 작은 규모를 가질수록 양면에서 자연 채광을 받거나 위로부터 빛을 받을 가능성이 높습니다. 작은 공간 규모는 건축 디자이너에게 풍부한 빛을 수용할 수 있는 더 많은 옵션을 제공합니다. 작은 건물은 계단, 현관, 복도와 같은 공간에서 자연 채광과 환기가 가능하다는 것을 의미합니다. 자연 채광과 환기 기능이 있는 계단은 사용하기에 더욱 매력적이고 에너지를 절약하며 사람들이 내외부를 통해 더 잘 연결되도록 도와줍니다. 낮은 건물일수록 최상층이 차지하는 비중이 높으므로 더 많은 공간에서 천장의 채광창을 통해 위에서부터 빛을 받을 수 있습니다. 천장의 채광창은 같은 크기의 일반 창문보다 훨씬 더 많은 빛을 허용합니다.

01. 스위스 베른. 단순한 여닫이창은 외부를 내부로 들여오기 위해 안쪽으로 접힙니다.
02. 스위스 베른. 이 아파트 건물의 계단에 있는 넓은 창문은 외부 생활과 연결되어 있으며 계단을 엘리베이터보다 더 쾌적한 옵션으로 만듭니다. 여름에는 창문이 계단과 결합되어 효과적인 자연 냉각 효과를 제공합니다.
03. 일본 도쿄. 접이식 창문은 카페를 하이브리드 성격의 내외부 공간으로 연결합니다.

01.　　　　　　　02.　　　　　　　03.

수직 유리창은 건물 내부로 최대 6미터(약 20피트)까지만 빛을 들이는 데 유효합니다. 따라서 12미터(약 39피트) 이상의 건물 폭에서는 자연 채광이 제한되어 도달합니다. 건물의 폭이 좁은 건물에서는 화장실, 옷장, 작은방과 같은 부수적인 공간에도 자연 채광과 환기가 가능합니다. 이것은 에너지 절약과 함께 이러한 공간에서 경험할 수 있는 삶의 질을 향상시켜 줍니다. 우리는 종종 창문이 없는 크고 넓게 설계된 주방과 침실을 보곤 합니다.

자연 환기는 에어컨과 같은 인공적 방식의 환기보다 저렴(궁극적으로 무료)하고 불필요한 에너지의 방출과 사용을 없애 에너지를 절약합니다. 미국 내 가정의 에어컨에서 발생되는 이산화탄소의 양은 연간 2톤 수준입니다.[28] 미국 전체 전력의 5퍼센트가 에어컨에 사용됩니다. 기계적 환기에는 설치, 유지 보수, 운영 비용이 많이 듭니다. 천식과 알레르기를 악화시키고 불쾌한 소음을 유발합니다. 또한 많은 사람들이 냉방된 공간의 냉랭한 느낌을 불쾌하게 여깁니다.

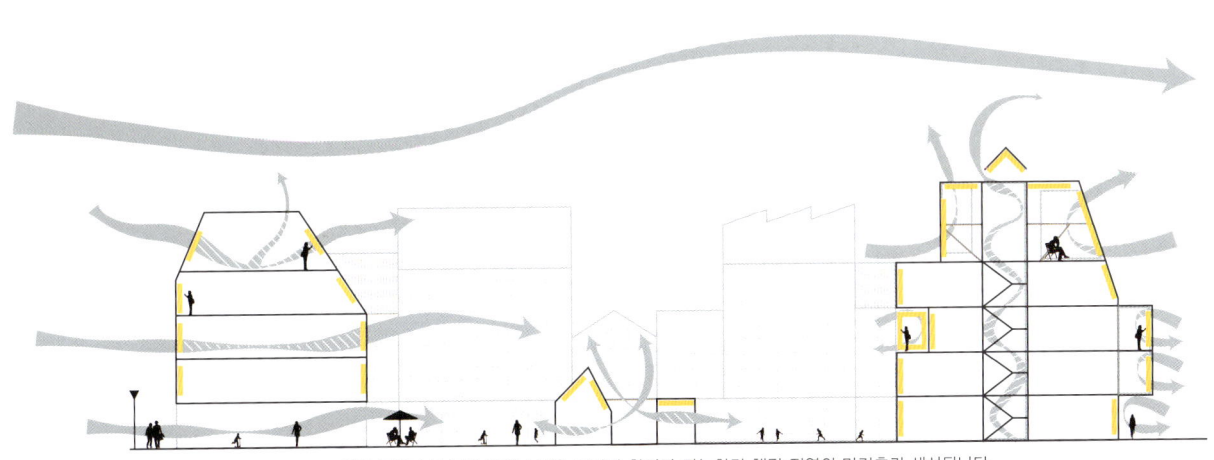

크기가 작을수록 더욱 자연스러운 채광과 환기가 가능하며 해당 지역의 미기후가 생성됩니다.

기후 변화 시대에 날씨와 함께 살아가기

자연 환기를 위한 몇 가지 간단한 방법이 있습니다. 대부분 작은 건물에서 쉽게 이룰 수 있습니다. 가장 좋은 방법은 공기가 한쪽으로 들어가고 반대쪽으로 나가는 교차 환기입니다. 집 반대편의 온도 차이로 인해 공기가 이동합니다. 로지아, 돌출 창, 발코니와 같은 외관의 후퇴부와 돌출부는 그림자를 만들고 상당한 온도 차이를 만들어 공기 이동을 자극합니다.

안뜰, 파티오, 작은 우물은 주변 거리로부터 구별되는 공간의 기후를 생성하며, 결과적으로 온도의 차이는 자연 환기를 활성화합니다. 문의 위치, 문의 개수와 같은 아파트에서의 공간 계획은 공기 순환을 활성화합니다.

01./02./03. 스웨덴 말뫼 / 일본 도쿄 / 호주 시드니. 한 면 이상 또는 천장으로부터 받는 자연 채광은 가정, 직장, 상업 공간의 실내 생활의 질을 크게 향상시킵니다.

01.

02.

03.

창문을 열 수 있는 오피스 건물: 호주 멜버른, CH2

사진: 다이애나 스네이프 Diana Snape

멜버른의 CH2는 9층 높이로 유럽의 4-5층 건물보다 높습니다. 그러나 주변 오피스 타워보다는 훨씬 낮습니다. CH2는 2020년까지 계획된 멜버른시의 탄소 배출 제로 Zero Net Emissions의 파일럿 프로젝트로 풍력 발전부터 재사용 가능한 물에 이르기까지 광범위한 범위에서 지속가능한 기능성으로 설계되었습니다. 아마도 가장 인상적인 것은 셔터, 열리는 창문, 모든 층에서 접근 가능한 발코니와 같은 단순하고 작은 부분들입니다.

중요한 점은 중앙 비즈니스 지구에 이러한 형태의 대규모 업무 공간을 성공적으로 안착시켰다는 점입니다. 활성화된 1층 레벨에 상점, 레스토랑, 조그마한 로비가 있어 연속된 거리 풍경을 조성하였습니다.

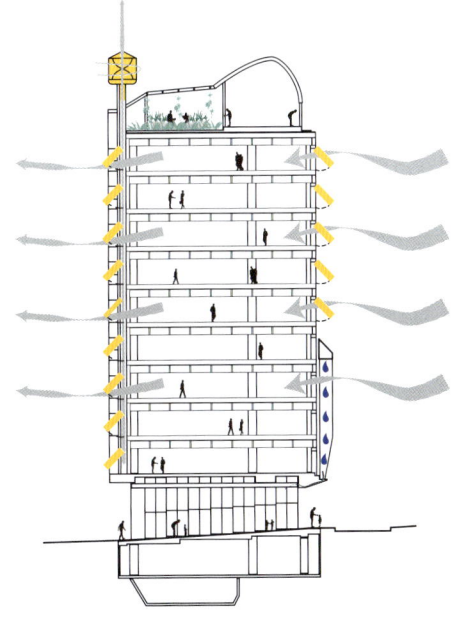

CH2는 자연 냉각 및 환기를 위해 자연의 힘을 사용합니다.

창문과 문

프랑스식 창문 – 하늘, 주변 나무 및 건물, 지면에 있는 사람들을 볼 수 있는 수직 개구부 방식입니다.

창문과 문은 가장 중요한 건축 요소일 수 있습니다. 건물 외관에 미치는 효과 외에도, 창문과 문은 내외부를 연결하여 공기와 자연 빛이 잘 통과할 수 있게 해 줍니다. 창문과 문을 통해 외부와의 관계를 개선할 수 있으며 건물 가장자리에서 시간을 보낼 수 있게 해 줍니다. 따라서 개구부의 가장 중요한 점은 그것의 모양과 실제적인 기능입니다.

건물 내외부 연결을 향상시키는 특성을 가진 전통적이고 현대적인 창문의 여러 예가 있습니다. 건물의 외관으로 돌출된 형태의 베이 창문bay windows, 오리엘스oriels, 미라도스miradors는 여러 면을 통해 복잡한 빛을 흡수합니다. 이러한 돌출 창을 통해 더 나은 조망권을 확보하고 외부 세계와 연결될 수 있습니다.

문과 창문이 바람막이 문, 셔터, 블라인드, 금속 케이지로 계층을 이룰 때, 인근의 환경적, 사회적 요구 사항에 자연스럽게 적응하며 더 많은 기능을 할 수 있습니다.

프랑스식 창문과 같이 긴 수직 개구부는 세 가지 주요 구성 요소를 포함하는 전경을 제공합니다. 세 가지 구성 요소는 하늘, 건물과 나무가 있는 도시 풍경의 중간 부분, 사람들이 있는 지면입니다. 하늘과 구름은 날씨를 알려주고 끊임없이 변화하는 빛은 시간을 알려줍니다. 밤에는 주변 건물의 창문이 밝아져 인간의 존재 여부를 알려주며 날씨와 계절에 따라 나뭇잎이 바람에 따라 움직이는 것을 보여줍니다. 도시의 지면에서 사람들이 움직이는 것을 보는 것은 일상생활과 연결되어 있음을 의미합니다.

01. 스페인 바르셀로나. 레스토랑 창문 턱에 위치한 바에서 손님들은 길가 바로 앞에 앉을 수 있습니다.
02. 영국 런던. 작은 돌출 창은 식당 내에 거리의 풍경을 하루 종일 제공합니다.
03. 스페인 코르도바. 창문을 덮는 케이지는 창문을 열고 내부의 소리와 냄새가 거리로 나갈 수 있게 해 주는 소프트한 인터페이스를 제공합니다. 롤러 블라인드와 화초는 추가적인 층을 만듭니다.
04. 스위스 루체른. 넉넉한 창턱이 있는 식당의 넓은 개구부는 사람들이 자리에 앉도록 초대하여 거리 생활을 실내로 가져옵니다.
05. 멕시코 멕시코 시티. 큰 창문으로 인해 카페가 길거리와 통합되며 작은 테이블 주위에는 작은 공간이 남습니다. 옆집에 재단사의 작업 공간 또한 그곳의 전체 전면이 거리를 향해 열려 있습니다.
06. 일본 도쿄. 나무 꼭대기 높이의 창문은 계단 사용을 즐겁게 합니다.
07. 스웨덴 말뫼. 주변 사람들과 대화를 가능하게 하는 눈높이의 창문입니다.

01.

02.

03.

04.

05.

06.

07.

기후 변화 시대에 날씨와 함께 살아가기 159

내부와 외부 사이에 존재하는 직관적이고 즉각적으로 반응하는 필터: 바르셀로나의 셔터가 있는 창문

01.

02.

고전적인 바르셀로나 창에는 좁은 발코니가 있으며 바닥에서 천장까지 이르는 긴 수직 개구부가 있습니다. 이 창은 두 가지 기본 요소로 구성되어 있습니다. 안쪽으로 열리거나 측면으로 미끄러져 들어가는 내부 창문과 외부 셔터가 있습니다. 내부 유리 창문이 열려도 실내 공간을 차지하지 않습니다. 유리 창문이 열리면 방 전체가 가상 발코니로 바뀌어 외부 생활의 느낌이 내부로 확장됩니다.

바르셀로나 창의 매력은 내부와 외부의 관계를 간직하고, 보호하고, 필터링하는 일련의 과정을 끊임없이 제공한다는 것입니다.

외부에는 두 개의 셔터가 반으로 접혀 더 작은 판이 만들어지며, 각각의 작은 판에는 두세 개의 독립적인 루버가 있습니다. 루버는 견고한 셔터를 만들기 위해 완전히 닫힐 수 있으며 이것들은 수직과 수평으로 기울어집니다. 이런 식으로, 루버 셔터는 내부와 외부 사이에 매우 복잡하고 적응 가능한 필터를 만들어 거리에서 나오는 음향, 조명, 공기, 시각적 관계 등을 조정할 수 있게 해 줍니다.

유리창과 셔터의 무한한 조합으로 인해 빛과 환기를 유지하면서 사생활을 보호할 수 있습니다. 이러한 방식으로, 창문은 에너지 절약 장치로 사용되며, 에너지를 사용하지 않고도 조절 가능한 단열 및 냉각을 제공합니다.

바르셀로나 창은 직관적이며 사용이 쉽습니다. 이것은 사용자마다의 개별화된 상황과 요구에 즉시 응답합니다.

03.

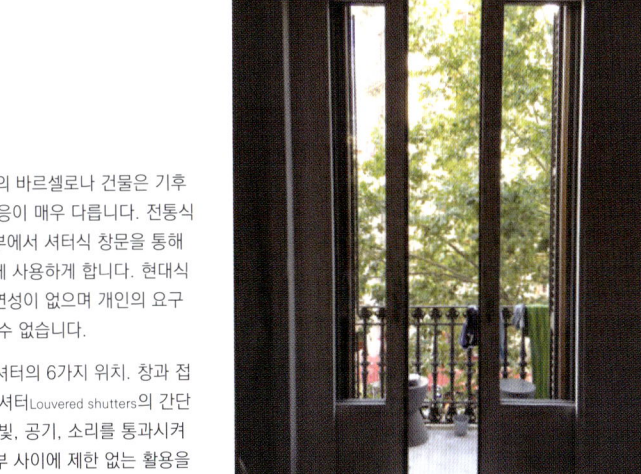 

01./02. 두 개의 바르셀로나 건물은 기후에 대한 반응이 매우 다릅니다. 전통식 건물은 내부에서 셔터식 창문을 통해 지속성 있게 사용하게 합니다. 현대식 건물은 유연성이 없으며 개인의 요구에 부응할 수 없습니다.

03. 유리창과 셔터의 6가지 위치. 창과 접이식 루버 셔터Louvered shutters의 간단한 조합은 빛, 공기, 소리를 통과시켜 내부와 외부 사이에 제한 없는 활용을 가능하게 합니다.

기후 변화 시대에 날씨와 함께 살아가기 161

01.

02.

03.

04.

05.

셔터에 대한 현대적 해석은 그것의 반응이 상당히 즉각적이며, 단순한 기술을 통해 도시 환경으로부터의 빛, 공기, 소음을 차단한다는 것입니다.

01. 스페인 바르셀로나.
02. 프랑스 리옹.
03. 스위스 바젤.
04. 독일 프라이부르크.
05. 호주 멜버른.

실용적이고 유연한 필터: 에든버러 정문

스코틀랜드 에든버러의 전통적인 출입문은 무거운 외부 바람막이 문과 가벼운 내부 유리문의 조합으로 이뤄집니다. 그 사이엔 복잡한 기후를 차단하는 역할을 하는 베스티블vestibule 혹은 머드룸mudroom 공간이 있으며, 사용자의 다양한 일상의 요구에 부응할 수 있습니다. 2개의 문은 열 완충 장치로서 추운 날씨에 단열 효과가 우수하고 열 손실이 적습니다.

현관에는 비가 오는 지역에서 일반적으로 사용되는 우비, 고무장화, 우산과 같은 야외 의류 및 장비를 둘 수 있습니다.

외부 덧문 위쪽의 작은 창문은 덧문이 닫혔을 때 자연 채광이 복도로 들어오게 해 줍니다. 내부 유리문에는 사생활 보호를 위해 무늬가 있는 유리, 불투명한 유리, 커튼이 있을 수 있습니다. 두 개의 문, 조명, 커튼은 거리에 다른 수준의 연결성을 제공합니다. 문과 커튼에 의한 다양한 개구부의 조합과 조명의 점등 여부는 거리에서의 행동에 중요한 역할을 합니다. 외부 덧문과 내부 유리문은 완전히 열리거나 완전히 닫히거나, 약간 열려 있거나 약간 닫혀 있거나, 잠겨 있거나 잠금 해제되어 있거나 하는 여러 조합을 만들 수 있습니다. 이러한 조합을 통한 개방성 수준은 외부와의 상호작용에 중요한 작용을 합니다.

밤에 조명이 켜져 있고 문이 열려 있으면 거리에서는 안전함을 느낄 수 있습니다. 이러한 개방성의 표현을 통해 보안에 대한 인식을 높일 수 있습니다. 현관 조명은 사람들이 집에 있다는 암시를 줄 수 있으며 범죄 가능성을 잠재적으로 줄여 줍니다.

바로 앞의 외부 공간

건물 바로 앞에서 시간을 보낼 수 있게 하는 문과 창문 다음 단계의 공간들이 있습니다. 1층 높이에서 현관 주변 공간, 베란다, 아케이드와 같은 외부 가장자리를 따라 사용 가능한 하이브리드 공간이 있습니다. 상층부 높이에서는 발코니, 로지아, 데크, 옥상 테라스가 있습니다.

건물 가장자리 영역에서 생명력을 부여하는 가장 간단한 사항 중 하나는 돌출된 지붕을 설치하는 것입니다. 전형적인 예는 돌출된 처마가 있는 전통적인 일본 가옥입니다. 이것은 내부와 외부 사이에서 머무를 수 있게 해 줍니다. 특정 종류의 지붕이나 돌출부가 있으면 비가 올 때나 예측할 수 없는 날씨에도 외부에서 시간을 보낼 수 있습니다. 서두를 필요가 없습니다. 날씨와 더욱 편안한 관계를 유지할 수 있습니다. 또한 가구, 장비, 옷과 같은 물건을 젖지 않고 외부에 둘 수 있습니다. 이것은 지극히 단순한 것처럼 들리지만, 이러한 종류의 편리함은 날씨를 조정하여 내부와 외부의 생활을 용이하게 합니다.

건물 1층 외부 입구 근처의 가장자리는 개인 공간을 위한 편안함을 제공합니다. 이곳은 개인 및 공공 생활을 매우 가깝게 만들며, 공동체 생활을 가능하게 해 주는 만남을 장려합니다. 때로는 개인 용도를 위한 공간이 전혀 없을 수 있으나, 화초 등을 내어 놓거나 밖으로 의자를 들고 나가 잠시 앉아 있는 행동 등을 통해서도 만남이 이루어질 수 있습니다.

01. 일본 도쿄. 가장자리 구역의 15-30cm(약 6-12인치) 공간에 3차원 정원을 만들 수 있습니다. 대나무의 롤러 차광 막과 매달린 식물 외에도 미닫이문과 대나무 차광막을 결합하면 내부와 외부 사이에서 고도로 개별화되고 반응성이 뛰어난 여과 장치를 만들 수 있습니다.

02. 덴마크 코펜하겐, 슬루스홀믄 Sluseholmen. 90-150cm(35-60인치) 공간은 유모차, 테이블과 의자, 화초 심기 등을 위한 공간을 제공합니다. 보호벽을 만들어 표면의 차이를 통해 사적 영역과 공공 영역의 차이를 알려줍니다.

01.

02.

10-15cm(4-6인치)

건물 가장자리 한켠의 10-15cm(약 4-6인치) 공간에 작은 화분과 재떨이를 놓기에 충분하며, 고양이가 방해를 받지 않고 쉴 수 있습니다.

15-50cm(6-20인치)

15-50cm(약 6-20인치) 공간에 큰 화분, 자전거, 좁은 벤치 등을 배치할 수 있습니다.

50-90cm(20-35인치)

50-90cm(20-35인치) 공간에는 차양이나 작은 돌출부를 마련할 수 있습니다. 이곳은 외부 요소로부터 보호되며 들어오고 나갈 때 완충 효과가 있습니다. 이 가장자리 구역은 문을 열어 두기에 충분할 수 있으며 외부에 작은 의자를 둘 수 있습니다.

90-150cm(35-60인치)

90-150cm(35-60인치) 공간에는 화단, 작은 테이블, 의자를 둘 수 있으며, 유모차나 자전거를 끌거나 옆쪽에 둘 수 있습니다.

150-180cm(60-70인치)

150-180cm(60-70인치) 공간에는 여러 사람이 앉을 수 있는 테이블이나 의자 라운지를 배치할 수 있습니다. 편안하게 지내기 위한 요소가 많을수록 야외에서 더 긴 시간을 보내며 이웃과 만날 기회를 가질 수 있습니다.

간단한 녹화

건물 가장자리는 자연이 번성할 수 있는 곳이기도 합니다. 지역의 미기후가 동식물의 성장성을 지지하고 보호할 때 도시 내 맥락에서 자연이 번성할 수 있습니다. 복잡한 수직 녹화 시스템을 도입하지 않고도 화분, 철사, 격자, 금속, 목재 프레임과 같은 간단한 도구를 통해 기존 건물에 많은 양의 녹지를 조성할 수 있습니다.

발코니 및 외부 계단과 같은 공간은 녹지에 이상적인 장소가 될 수 있습니다. 이것은 도시의 녹지 공간에 추가되어 감각적인 경험을 향상시킵니다. 회색 콘크리트를 보며 사람과 교통 소음을 듣는 대신에 계절에 따라 변화하는 나뭇잎을 보며 바람에 흔들리는 나뭇잎 소리를 들을 수 있습니다. 자연 요소는 지역 내 사람들의 웰빙에 매우 중요합니다. 이러한 녹색 레이어는 곤충과 조류를 위한 서식지로 활용되며 지역 생태계를 지원합니다. 살아 있는 녹색 레이어는 건물에 자연의 아름다움을 더할 뿐만 아니라 단열 및 냉각 효과를 향상시킵니다. 추가로, 도시 공기를 정화하고, 소음을 차단하며, 사생활을 보호하고, 열섬 효과를 낮추는 데 도움이 됩니다.

이러한 녹화 과정은 건물 1층의 외부 가장자리를 따라 심는 나무에서부터 시작할 수 있습니다. 스웨덴 룬드 지역에서는 건물 가장자리를 따라 여유있게 놓은 코블스톤cobblestone 영역에 주민들이 나무를 심어 자연환경과 직접 연결될 기회를 갖습니다. 이곳은 건물과 보도 사이에서 완충 역할을 합니다. 건물 가장자리에 심은 나무는 작은 금속 보호 프레임으로 보호되며 건물 외관으로부터 쉽게 확장될 수 있습니다. 느슨한 자갈의 투과성 표면은 빗물을 천천히 걸러내는 데 도움이 되므로, 식물에 물을 줄 필요가 없기도 합니다. 거리의 가장자리 부근에 자발적이고 소박한 나무 심기는 사람들이 걷는 보도 아래에 비옥한 지구 생태계가 있음을 상기시킵니다.

간단한 방법으로 도심 내 환경에서 초목이 번성할 수 있습니다.

01./02. 스웨덴 룬드. 느슨하게 놓인 코블스톤을 제거하면 주민들이 쉽게 길가에서 녹화 활동을 할 수 있습니다.

03. 독일 프라이부르크. 콘크리트 외관에서 간단한 전선을 사용하면 식생의 두 번째 성장을 도울 수 있습니다.

04./05. 프랑스 파리. 발코니를 따라 늘어선 거대한 화분.

06. 스웨덴 스톡홀름. 건물 전면 전체를 덮고 있는 담쟁이 덩굴.

07. 독일 프라이부르크. 로지아의 금속 틀에 있는 녹지.

01.

02.

03.

04.

05.

06.   07.

기후 변화 시대에 날씨와 함께 살아가기 167

현관, 베란다 그리고 아케이드

현관과 베란다는 매우 유용한 공간으로 문 바로 바깥에 편리하게 위치하고 있으며 해당 지역의 미기후가 있는 장소입니다. 현관은 사교 활동을 위한 야외 공간으로 적합합니다. 이곳은 집안의 사적 영역과 거리의 공공 영역 사이에 중요한 완충 역할을 하는 공간입니다. 현관과 베란다는 상대적으로 낮은 비용의 추가 공간을 제공하며, 이것은 특히 작은 집에서 중요합니다. 이를 통해 거리에서 사람들과 소통할 수 있는 사회적 상황과 기회가 생깁니다. 영역 간의 명료한 구분을 만들고 현관에 있는 거주자와 통행인이 서로 매우 편안하게 어울릴 수 있습니다. 북미의 고전적인 현관은 이웃과의 교류를 위한 매우 중요한 문화적 역할을 합니다.

현관과 베란다의 확장된 공공 버전은 아케이드와 콜로네이드Collonade입니다. 고밀도 도시 환경에서 추가 보행 공간을 제공하는 것 외에도 이동 및 체류를 위해 보호된 야외 공간을 만듭니다. 아케이드는 공식 및 비공식 활동이 가능한 보호 공간을 제공합니다. 아케이드는 햇볕이 드는 더운 날에는 그늘을 제공하며, 폭풍우가 치는 날에는 안전한 보호 장소를 제공합니다. 무엇보다 아케이드는 모든 종류의 사교 활동을 촉진하며 사적인 안락함이 있는 장소를 제공합니다. 자유롭게 출입하며 가끔은 기둥에 기대어 쉬기에 유용합니다.

01. 뉴질랜드 아카로아. 주요 거리 가게 앞에 설치된 단순한 형태의 지붕은 햇빛으로부터 그늘을 만들고 비로부터 대피할 장소가 됩니다. 상품을 외부에 전시할 수 있으며 지나가는 사람이 잠시 머물 수 있습니다.

02./03. 호주 시드니와 멜버른. 슈퍼마켓이 개방되어 있어 출입이 자유롭습니다. 상점 앞쪽에 카페/바 기능을 설치하면 쇼핑할 때 사람들이 서두르지 않고 더 오래 머무를 수 있게 됩니다(일반적으로 식료품 쇼핑의 경우).

04./05. 브라질 상 파울로. 카페 "현관" 공간에 대한 두 가지 관점 – 내부 및 외부. 테라스의 유리는 거리의 나무 및 보도와 함께 하나로 통합됩니다. 이동식 벤치는 보도 방향으로 벽을 만들지만 동시에 작은 테이블과 고객들이 머무는 소프트한 가장자리를 만듭니다.

01.

02.

03.

04.

05.

발코니, 로지아 그리고 테라스

현관과 베란다와 같은 1층 하이브리드 공간의 편리함은 사람을 내외부로 출입 가능하게 허용하는 실내 공간과의 관계에 관한 것입니다. 이 편의성은 테라스, 발코니, 데크, 로지아, 옥상 정원이 있는 상부 층에서도 가능합니다. 사용 빈도를 높이려면 즉각적이고 접근하기 쉬워야 합니다. 상부 층에서는 높은 보안성이 형성되기 때문에 외부에 물건을 놓아두고 문과 창문을 열어 두며 잠금장치를 해제할 수도 있습니다. 이곳은 채광, 환기, 애완동물, 아이들을 위해 유용하며 내외부를 자유롭게 이동할 수 있는 자발성과 자유를 느끼게 합니다. 상층부의 야외 공간은 개인 정보에 대한 보호 수준이 높으며 일광욕 및 빨래 건조와 같은 친밀한 행동을 가능하게 합니다.

발코니와 같은 유형의 공간의 또 다른 중요한 특징은 사생활을 존중하며 바람으로부터 피난처를 제공하는 에워싸는 형태의 구조라는 점입니다. 건물의 일부가 오목한 구조로 들어가거나 차양막과 함께 돌출됨으로써 공간적 복잡성이 도입됩니다. 이러한 종류의 외부 공간은 더 오랜 시간 동안 계절을 유용하게 즐길 수 있게 해 주며 더 넓은 범위의 사용성을 제공합니다. 셔터, 루버, 슬라이딩 도어, 스크린은 다양한 시간에 다양한 사용자의 요구를 정확하게 충족시킬 수 있도록 도와줍니다.

그러나 상부층 야외 공간이 사적 영역과 공공 영역 사이의 완충 부족과 그 공간에 속한 사람들의 모호성으로 인해 종종 덜 유용하다는 점은 주목할 만합니다.

01. **독일 프라이부르크**. 슬라이딩 목재 셔터가 있는 로지아.
02. **프랑스 리옹**. 루버와 슬라이딩 창문으로 계층화 구조를 가진 유리 건물.
03. **스웨덴 말뫼**. 프레임이 없는 접이식 유리창을 가진 발코니는 겨울 정원에서 개방형 발코니에 이르기까지 다양한 변화를 허용합니다.
04. **스웨덴 말뫼**. 돌출된 창과 발코니의 조합은 건물 가장자리에 여러 옵션을 제공합니다.
05./06. **프랑스 리옹**. 접히는 루버형 셔터가 있는 로지아는 열리고 닫히는 여러 방식이 있습니다.

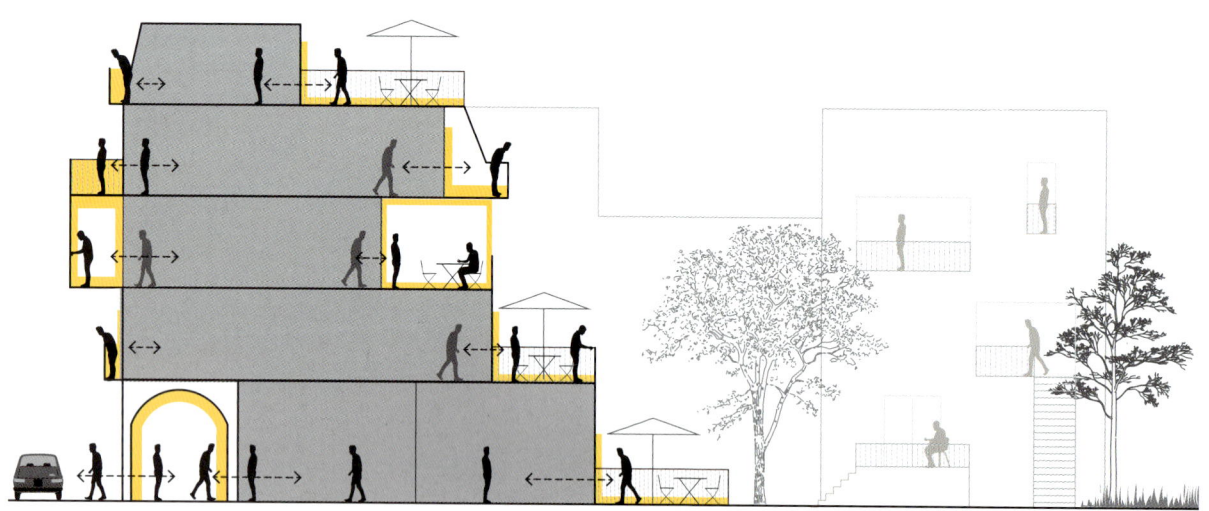

하이브리드 공간 - 모든 내부 외부 공간에서 "직접 걸어서 접근"하는 것이 가능합니다.

01.

02.

03.

04.

05.

06.

기후 변화 시대에 날씨와 함께 살아가기 171

내부-외부 가장자리 용도 극대화하기:
일본 도쿄, 다이칸야마 T-사이트

T-사이트는 도쿄의 세련된 다이칸야마 지역에 있는 츠타야 Tsutaya 서점의 대표적인 플래그십 지점입니다. "숲속의 도서관"으로 불리는 이 혁신적인 장소는 조경이 된 정원에 저층 파빌리온 건물들로 구성되어 있어 마치 작은 마을처럼 보입니다.

하나의 내부 공간에 모든 것을 집중시키는 대신 9개의 파빌리온 건물로 분산되어 있습니다. 서점은 3개의 파빌리온 건물로 구성되어 있으며 내부와 외부 간의 지속적인 움직임을 권장하기 위해 여러 개의 출입구가 있습니다. 전시나 선반 등으로 가로막히지 않는 커다란 창문 덕분에 자연 채광이 풍부하여 계절의 변화를 느낄 수 있습니다. 서점에는 카페와 칵테일 바가 있으며 새벽 2시까지 영업합니다.

나머지 6개의 파빌리온 건물은 서로 다른 활동으로 구성되어 있습니다. 전문가를 위한 카메라 상점, 교육용 장난감 상점, 전기 자전거 쇼룸, 애완동물 서비스 업체, 유연한 팝업 행사를 위한 갤러리/쇼룸 공간 그리고 바/레스토랑 등이 있습니다. 바/레스토랑 파빌리온은 더 작은 부분으로 나뉘어져 있으며 외부 공간에 덮개가 있어 실외에서 더 많은 시간을 보낼 수 있습니다. 공간들 사이에는 식물이 풍부하게 있습니다. 돌과 나무가 있는 정원에선 사람들이 여유로운 시간을 보내며, 강아지 공원의 인기가 높습니다. 이러한 여러 용도로 인해 서점 고객 이외에 다양한 사람들이 방문합니다.

다이칸야마 T-사이트는 서점 이상의 의미를 갖습니다. 그것은 야외 활동의 궁극적 목적지와 같습니다. 사람들은 날씨와 관계없이 야외에서 더 많은 시간을 보내고 차이를 경험하며, 다른 사람, 장소, 세상에 더욱 잘 연결될 수 있습니다.

3D 녹화의 극대화:
스웨덴 말뫼, 어바나 빌러

어바나 빌러는 건축 협동 프로젝트입니다. 아파트 건물은 발코니 화분을 통해 변형되었습니다. 이곳은 흙으로 채워진 부분 위로 이동식 콘크리트 바닥을 설치하여 유연한 표면을 제공합니다. 이를 통해 깊은 뿌리 시스템을 필요로 하는 나무를 조밀하게 심을 수 있습니다. 발코니 난간과 외부 계단이 결합되어서 건물이 화초를 위한 지지벽 역할을 하게 만들었습니다.

3D 수직 정원을 통한 식생 활용의 극대화

당신만의 날씨 만들기

세계의 각 지역마다 기후와 날씨 패턴이 다릅니다. 이는 각기 다른 문화와 행동으로 외부 세계와 서로 다른 관계를 맺게 합니다. 북부 유럽에서는 햇빛을 끌어들이고 강한 바람으로부터 보호하는 것이 가장 중요한 고려 사항일 것입니다. 남부 유럽에서는 그늘을 찾는 것일 수 있습니다. 계절 변화가 큰 지역에서는 공간적 특성을 조합하는 것이 바람직할 수 있습니다. 소프트 시티는 기후를 원만하게 하고 극한의 날씨를 완화하여 야외에서 더 많은 시간을 편안하게 보낼 수 있게 합니다.

바람과 태양으로부터 보호되는 빌딩 사이의 공간에는 지역의 미기후가 있으며, 이는 주변 기후와 현저히 다릅니다. 에워싸인 공간은 살기 쉬운 장소로 만들기 용이하며, 더 많은 야외 활동을 오랜 기간동안 할 수 있습니다. 이것은 바위로 둘러싸인 웅덩이에서 더 많은 생명이 보호받고 살 수 있는 원리, 즉 자갈 사이 공간에서 작은 식물이 번성하는 원리와 유사합니다. 열린 평지보다 벽으로 둘러싸인 정원에서 더 많은 것들이 자랍니다. 이러한 보호 개념은 도시로 확장될 수 있으며 도시 블록을 바위로 둘러싸인 웅덩이나 벽으로 둘러싸인 정원으로 볼 수 있습니다.

도심 블록 내 안뜰 공간은 주거용 타워 건물들 사이의 광대한 개방 공간보다 면적은 작을 수 있으나, 전통적인 블록 내에 위치한 야외 안뜰 공간이 더 큰 가치를 지닌다고 주장할 수 있습니다. 이 밀집된 공간은 역학적으로 풍부하고 다양성이 있습니다. 에워싸는 블록 내의 온화한 미기후는 외부 안뜰의 사용량을 증가시킬 수 있으며, 더 많은 시간을 야외에서 보내게끔 하여 공간에 대한 소유권과 통제권을 제공합니다. 추가로, 다른 사람과의 만남의 기회를 증가시켜 공동체 의식을 향상시킵니다. 에워싸는 구조의 공간적 선명도는 더 명확한 정체성과 소유권 감각을 제공하여 더 잦은 사용을 유도할 수 있습니다. 많은 고층 건물로 둘러싸인 개방된 녹지 공간은 바람이 많이 불며 추울 수 있습니다. 이는 시간을 보내기에 바람직한 장소가 아님을 의미합니다.

더 큰 규모에서도 블록의 레이아웃과 그룹화를 통해 날씨를 개선할 수 있습니다. 안뜰 공간처럼 거리와 광장 사이의 공공 공간에서 편안하고 쾌적한 미기후를 느낄 수 있도록 하는 것이 중요합니다. 오래된 마을, 동네, 도시, 특히 중세 도시로부터 교훈을 얻을 수 있습니다. 계획에 의한 깔끔한 패턴보다 인간의 편안함을 위한 비대칭 레이아웃이 효율적임을 알 수 있습니다.

일상의 여러 측면은 야외에서 일어났으며 외부 공간의 미기후는 매우 중요했습니다. 덥거나 추운 기후에서 전통적인 건물들은 좁은 공간과 거리를 선호했습니다. 스톡홀름의 구시가지

01. 스웨덴 말뫼. 중간 높이 건물 사이의 햇볕이 잘 드는 개인 발코니 및 공공장소는 시간을 보내기에 매력적인 야외 장소가 됩니다.

02. 스코틀랜드 핀드호른. 경사진 지붕을 지닌 해안의 저층 고밀도 오두막 집들은 공간 사이에서 쾌적한 미기후를 만듭니다.

03. 덴마크 코펜하겐. 안뜰 모서리 부분에 있는 양지 바른 곳.

04. 스위스 루체른. 전통적인 비대칭의 좁은 거리의 레이아웃은 야외에서 걷고 시간을 보내는 데 더 나은 미기후를 제공합니다.

05. 스위스 베른, 브레이덴레인. 안뜰의 쾌적한 미기후는 1층과 함께 상층부 발코니 및 로지아에서도 시간을 보낼 수 있게 합니다. 동시에 식물이 번성할 수 있는 여러 옵션을 제공합니다.

01.

02.

03.

04.

05.

기후 변화 시대에 날씨와 함께 살아가기 175

거리와 같은 북유럽 거리는 이탈리아 남부 나폴리에 있는 거리와 비슷한 비율로 좁습니다. 한 걸음에 햇빛에 다다를 수 있으며, 또 다른 한 걸음에 그늘 속으로 들어갈 수 있습니다. 비슷한 방식으로, 더운 나라와 추운 나라 모두 안뜰 유형을 선호했습니다. 일반적으로 소규모의 에워싸는 구조 내 공간들이 더 넓은 범위의 사용성을 제공합니다.

북유럽에서는 기울어진 거리가 넓은 공간과 만나 더 많은 태양빛에 노출됩니다. 좁은 공간은 강한 바람으로부터 사용자를 보호합니다. 측면 거리는 바람이 부딪히는 소리를 막기 위해 의도적으로 서로 나란하지 않을 수 있습니다. 오래된 도시 계획, 특히 우리가 "유기적"이라고 묘사하는 계획을 볼 때 가장 흥미로운 점은 기후와 지형 그리고 생성된 장소의 다양성입니다. 혼란스럽고 무질서한 계획이 실제로는 더 많은 사회적 요구와 날씨에 반응하여 더 풍부하고 미묘한 질서를 만들어 사람들의 야외 생활을 즐겁게 합니다.

저층 및 중층 건물은 바람과 태양(지역 기후에 따라)으로부터 야외 공간을 보호하여 거주성을 높이고 연속적인 건물 가장자리를 형성하여 보행자 도로에 안정성을 줍니다. 또한 낮은 건물은 자연스런 통풍이 가능해 사람들에게 건강한 삶, 에너지 절약, 지구 생태계를 위한 환경적 혜택 등을 제공합니다.

더 나은 미기후를 만드는 데 경사지거나 기울어진 지붕이 중요할 수 있습니다. 경사진 지붕은 공기 역학 측면에서 건물 사이 공간의 난기류를 줄이거나 없애 줍니다. 이것은 강하고 거칠며 차가운 바람을 제거하기 때문에 외부 공간을 더 즐겁게 만들어 줍니다. 또한 자연 환기를 위해 창문을 더 쉽게 열 수 있습니다. 경사진 지붕은 태양이 거리와 안뜰 공간을 따뜻하고 자연스럽게 비추도록 합니다. 또한 경사진 지붕은 지상에서 하늘을 더 넓게 볼 수 있게 하며, 건축 환경에서 공간의 개방성을 통해 생동감 있는 감각을 제공합니다. 명백한 점은 경사진 지붕이 평평한 지붕보다 좋은 성능을 보여주며, 중력을 사용하여 강수를 잘 처리합니다.

별채 및 소규모 확장과 같은 작은 규모의 건물들은 더 작은 기후 공간을 만드는 데 도움이 됩니다. 작은 규모로 작업하면 유연성이 향상되어 기후 요구 사항에 수월하게 적응할 수 있습니다.

에워싸는 구조, 비대칭 레이아웃, 공기 역학적 지붕 모양, 작은 규모의 건물 크기와 같은 단순한 방법들은 건물 사이 공간의 미기후를 크게 향상시켜 더 많은 일상생활을 야외에서 할 수 있게 합니다.

건축 환경 속에서 도시 형태가 어떻게 편안한 미기후를 만들어 내는지에 대한 많은 예가 있습니다. 스웨덴 룬드에 있는 룬드 대성당의 남향은 미기후 공간을 만들기에 용이합니다. 햇빛이 잘 비치며 강풍으로부터 보호하기 위한 지지벽이 있는데 이는 무거운 돌담으로 따뜻하고 건조한 상태를 유지합니다. 사람들은 일년 내내 긴 벤치에 몸을 뒤로 기대고 앉아서 즐길 수 있습니다.

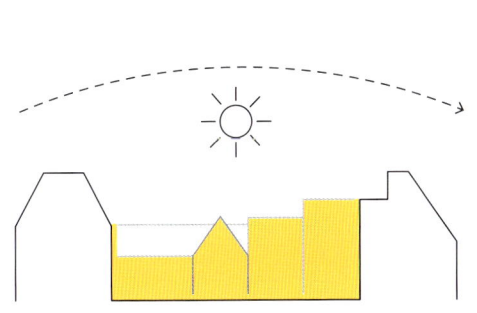

에워싸는 형태 구조

안뜰의 에워싸는 공간과 일관되게 낮은 건물 높이를 통해 바람으로부터 사람들을 보호하며, 햇빛이 쉽게 들어오도록 합니다.

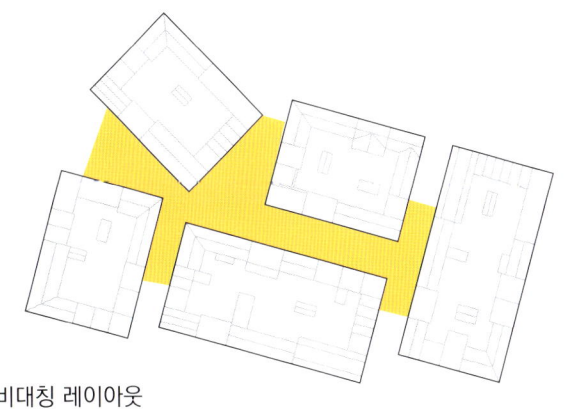

비대칭 레이아웃

비대칭 레이아웃은 바람을 막고, 온화한 미기후 공간을 만듭니다. 동시에 이러한 변형은 흥미로운 공간 경험을 제공합니다.

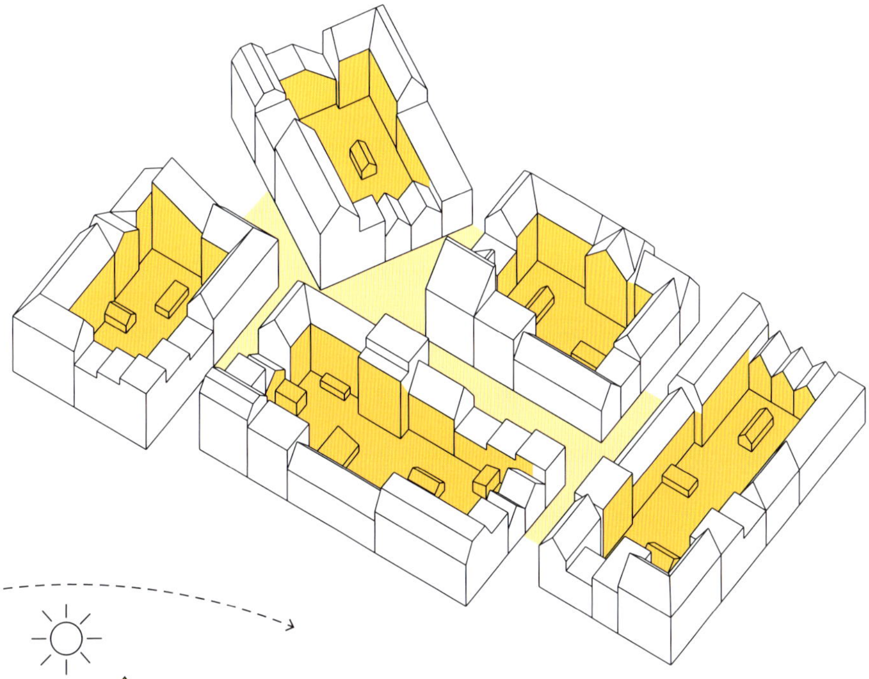

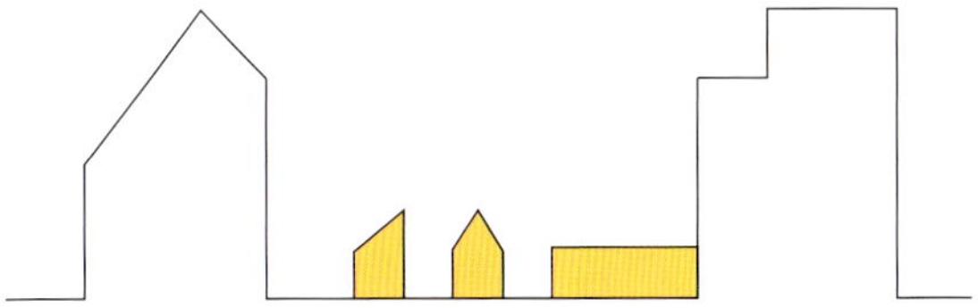

경사진 지붕

경사진 지붕의 공기 역학적 형태는 햇빛이 거리와 안뜰에 접근할 수 있게 하며, 바람의 방향을 바꾸거나 느리게 하거나 멈추게 할 수 있습니다.

작은 규모

부속 건물과 같은 작은 규모의 건물들은 로컬의 좋은 미기후를 만드는 데 도움이 됩니다.

기후 변화 시대에 날씨와 함께 살아가기

룬드의 주요 광장, 스토르토르젯Stortorget의 북동쪽 모서리에서 사람들은 바람으로부터 보호를 받으며 오후 내내 자연 채광을 받기 때문에 눈이 오는 날씨에도 외부에 앉아 있을 수 있습니다. 이 장소는 매우 인기가 높아 시 의회가 기존 벤치를 편안한 의자로 교체하였고, 도심 속 일상의 개선으로 이어졌습니다. 사람들이 공공장소에서 편안함을 느끼고 긴 시간을 보내면서 낯선 사람들과 교류할 수 있는 기회가 많아졌습니다.

코펜하겐의 항구 거리인 뉘하운Nyhavn에 남서쪽 해안을 향하는 바람으로부터 보호된 공간을 조성하여 가장 인기 있는 야외 장소를 만들었습니다. 사려 깊은 구성은 상업적 기회와 공공의 생활이 공존할 수 있게 하였습니다. 거리에는 걷고 머무를 수 있는 다양한 장소들이 있습니다. 예를 들어 큰 우산 아래 테이블과 의자가 있는 상업 구역, 야외 히터, 물가의 공공장소 등이 있습니다. 다양한 활동이 가능하여 여러 사람들과 함께 일몰과 같은 자연 요소를 즐기면서 시간을 보낼 수 있습니다.

01. 덴마크 코펜하겐, 니하운. 니하운에서 햇볕이 잘 드는 양지 지역은 최고의 미기후 조건을 가지고 있으며 파라솔 아래 상업용 공간과 물가를 따라 자유롭게 앉을 수 있는 공간으로 이용되고 있습니다.

02. 스웨덴, 룬드 성당. 겨울에도(긴 그림자에 주의) 대성당의 남쪽 가장자리는 야외에서 편안하게 앉을 수 있는 장소입니다.

03./04. 스웨덴, 룬드 성당. 작은 이동식 의자/테이블을 추가하면 사용자의 안락함이 향상되고 더 다양한 행동을 하며 시간을 보낼 수 있습니다.

05./06. 스웨덴 스토르토리에트 룬드. 룬드에 있는 광장의 북동쪽 모서리는 햇볕을 쬐며 여름과 겨울 가리지 않고 항상 앉을 수 있는 인기 있는 장소입니다(땅에 쌓여 있는 눈을 주목하세요).

01.

02.

03.

04.

05.

06.

새로운 개발 사업을 통해 편안한 미기후 만들기: 스웨덴 말뫼, Bo01

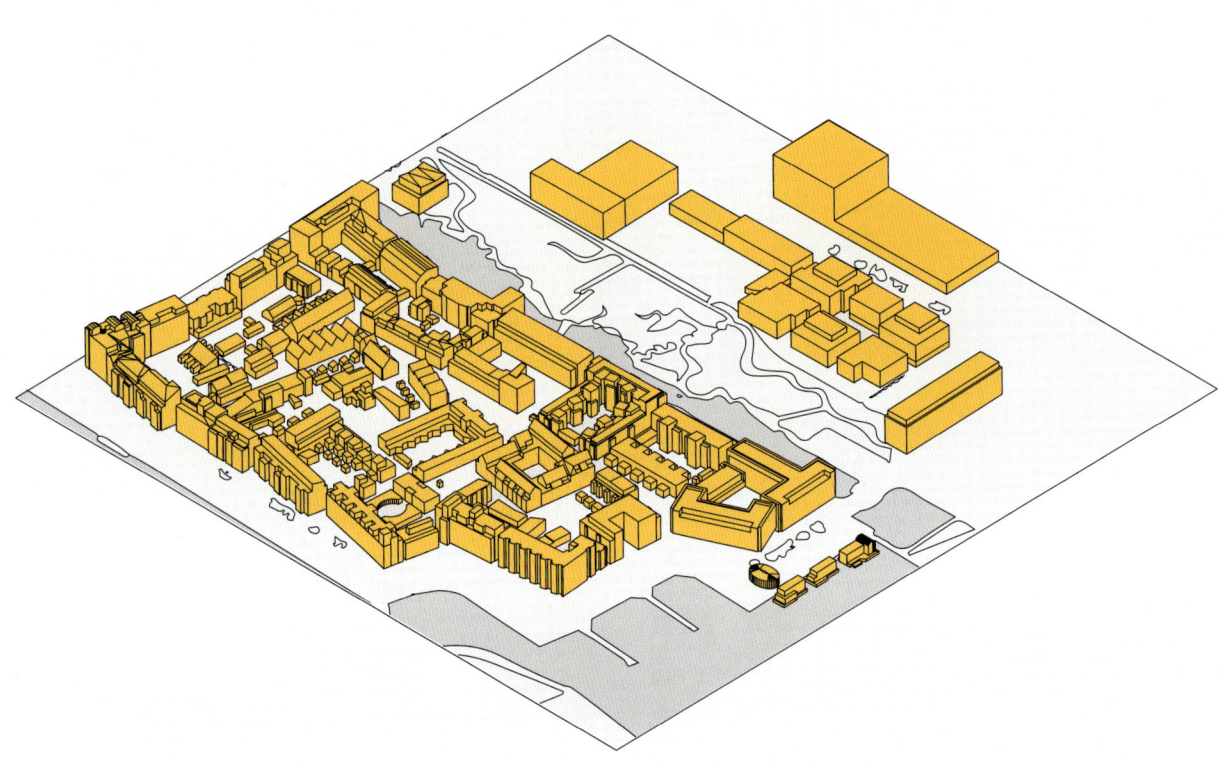

건물 밀도

전체 면적:	400×400m / 1,300×1,300feet
연면적:	150,000m² / 1,615,000sq. ft
주거 면적:	37,000m² / 398,000sq. ft
용적률:	0.9
건폐율:	0.23

1층 접근

1층 접근 통로를 가진 건물 면적:	39%
1층 도보 이동 가능한 거리 건물 면적(4층 이하):	83%

Bo01

이름에서 알 수 있듯이 Bo01은 2001년 주택 전시회의 일부로 시작되었습니다. 스웨덴은 새로운 기술 개발, 실험, 라이프 스타일 트렌드, 미래 비전 등을 보여주기 위해 오랫동안 주택 전시회를 진행해 왔습니다.

Bo01은 말뫼 서부 항구Malmo's Western Harbour에 위치한 외부 지역과 분리되어 있는 재개발 부지에서 진행된 주거용 개발 사업입니다. 마스터 플랜 설계자인 클라스 탐Klas Tham은 교외 생활에 대한 대안을 제공하면서 도시 안에서 건물 밀도와 다양성을 모두 수용할 수 있는 마을을 만들었습니다.

Bo01은 휴먼 스케일과 다양하고 놀랍고 매력적인 요소를 지녔으며, 중세 도시에서 발견되는 공간적 특성을 보입니다. 그러나 이 마을은 결코 과거의 모방 작품이 아닙니다. 현대적인 건축 스타일, 시공 방법, 재료, 기술을 사용했습니다.

클라스 탐은 흐트러진 격자로 묘사될 수 있는 것을 설계했습니다. 탐은 정사각형 또는 직사각형 블록의 전형적인 도시 격자 무늬를 왜곡하여 더 복잡한 공간을 만들었습니다. 왜곡은 기후에 대해 반응하며, 바람을 차단하고, 햇빛을 받을 수 있는 친근하고 다양한 공공장소를 만듭니다.

블록의 합리적인 직사각형 모양은 건축에 사용된 자재 및 구성 요소와 함께 완성된 건물 내부에 있을 전시 및 가구들까지 반영합니다. 흐트러진 격자는 건축 형태로서 직사각형 모양을 유지하고 건축에 대한 경제적 타당성을 보장합니다. 건축 산업은 90도 직각과 직사각형을 기본으로 하는 표준화를 기반으로 합니다. 건물에서 불규칙한 모양을 만드는 것은 큰 비용과 시간을 요구합니다. 따라서 표준화된 접근 방식을 사용하면 경제적이며 빠르게 건물을 짓습니다.

공간 사이를 기하학적 구조로 이용하는 것은 생각보다 비교적 쉽고 저렴합니다. 화단, 잔디, 자갈, 아스팔트, 포장도로 등에 불규칙한 모양을 쉽게 적용할 수 있습니다. 건물과 달리 화단, 잔디, 포장도로에서의 조경 각도를 완벽하게 마무리할 필요는 없습니다. 탐은 사람들이 무질서로 생각하고 무시할 수 있는 것들이 더 풍부한 질서라고 묘사합니다.

플롯 기반의 어바니즘

작은 블록들은 각각 2-3개의 플롯plot으로 세분화될 수 있습니다. 각 플롯은 서로 다른 건축 양식으로 서로 다른 부동산 개발 회사에 의해 개발되므로 동일한 블록 내에는 다양한 주택 유형이 존재합니다. 부동산 개발 회사들은 건물을 비슷하게 짓는 방식을 선호합니다. 하지만 나란히 건물을 개발하게 되었고 서로 간에 경쟁이 발생하며 서로 간에 다른 형태가 나타났습니다.

건물 1층 모서리 주변에는 비주거 용도의 상점들이 혼합되어 있습니다. 추가로, 건물 1층의 야외와 접하는 공간은 향후 비주거 용도로 사용될 수 있도록 높은 천장(최소 3.5m/12피트)으로 되어 있습니다. 주택과 아파트를 포함하여 다른 크기와 건축 스타일의 다양한 주택 유형이 존재합니다. 정문과 후문의 순서가 명확하며 모든 건물에 정문과 후문이 있고

젠의 시야. 건물 외부 벽체와 작은 실내 공간은 바다에 대한 시야를 확보하며 기후로부터 보호되는 내부 세계를 제공합니다.

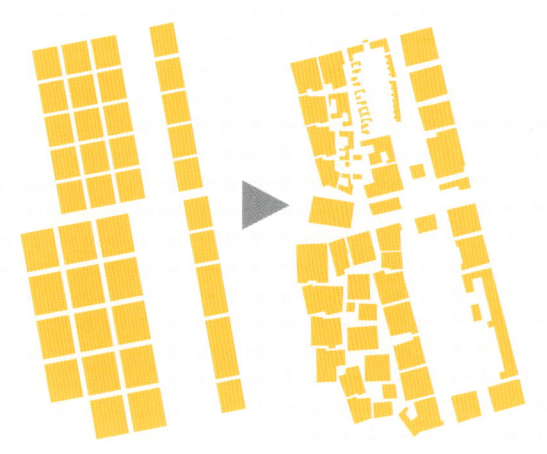

흔들리는 격자 모양
Bo01의 계획은 변형된 격자이며 다양성과 지역 내 미기후를 만듭니다.

두 곳 이상으로 접근할 수 있는 옵션이 만들어집니다. 블록은 모두 건물로 완전히 둘러싸여 있지는 않지만 건물이 없는 경우 거주자의 사생활을 보호하기 위해 벽이나 문이 있습니다.

대부분의 주택과 아파트 1층에는 공용 정원 외에 개인 정원이 있습니다. 최상층에는 펜트하우스와 옥상 테라스가 있으며 내부 공간과 연결되는 녹지, 천막, 작은 탑 모양의 돌출부가 있습니다. 블록은 개인 야외 공간 외에도 다양한 공용 공간과의 연결을 가능하게 합니다. 서쪽으로 이어지는 큰 해안 산책로, 물놀이를 할 수 있는 작은 광장, 로컬 내 거리와 작은 골목길 등의 공간을 포함합니다. 이렇게 작은 지역에서도 공간적 다양성이 존재하므로 매우 다른 환경에서 서로 다른 활동이 함께 공존할 수 있습니다.

움직임과 행동

Bo01의 레이아웃은 공간의 명확한 수직 구조를 가지고 있습니다. 외부 가장자리의 넓은 공용 공간과 내부 중심에 소규모의 친밀성 있는 공간을 동시에 만들어 냅니다. 약 50×50미터(164×164피트)의 상대적으로 작은 블록들은 그리드를 형성하여 수많은 교차로를 형성하였고 이를 통해 걷기가 권장됩니다. 끊임없이 다양한 거리 풍경은 호기심을 불러일으켜 다음 장소에 무엇이 있을지 궁금하게 만듭니다. 또한 블록의 레이아웃은 움직임에 대한 제어를 가능하게 합니다. 모든 개구부는 자동차가 통과하기에 충분히 넓지 않아 보행자를 위한 지름길이 종종 만들어지곤 합니다.

이동하는 차량이 없다는 안정감 때문에 보행자의 행동은 크게 달라집니다. 건물의 측면을 따라 걷는 대신 거리의 한가운데로 걷는 사람들을 관찰하는 것은 흥미롭습니다. 거리가 사람들에게 종속되며 더 많은 공간을 사람들이 즐긴다는 느낌을 줍니다.

Bo01의 대부분에서 자동차 운전이 가능하지만 보다 많은 옵션이 있습니다. 주민의 40퍼센트가 도보나 자전거로 출근하거나 학교를 갑니다. 전체 이동의 30퍼센트가 자전거로 이뤄집니다. 누구도 버스 정류장에 가기 위해 500미터를 넘게

보행자 친화적 거리인 Bo01은 유치원이 개원하기 위한 인기 있는 장소가 되었습니다.

01.

걷지 않습니다. 주민들은 도심에서 운전을 하기보다는 걷거나 자전거를 탑니다.

매력적이고 유용한 야외 공간

지역의 미기후는 야외 공간을 매력적이고 유용하게 만들어 줍니다. 마스터 플랜은 개인에서 공공까지 뚜렷한 특징의 야외 공간들을 만들어 광범위한 경험을 보장합니다.

큰 공원에서 작은 이웃 광장에 이르기까지 공공장소는 Bo01 성공에 큰 부분을 차지합니다. Bo01은 공공장소에 있어 효과적인 구성을 가지고 있습니다. 서쪽에는 바다, 해안 산책로, 선드스프로메나든Sundspromenaden, 녹화 레크리에이션 공원 다니아파큰Daniaparken이 있으며, 동쪽에는 해수 운하가 있는 안카르파큰Ankarparken 공원이 있습니다. 두 지역 내 미기후는 상당히 다릅니다. 해안가에는 멋진 전망이 있어 저녁 노을을 보기 위해 사람들이 몰려듭니다. 또한 바다의 강한 바람이 있어 날씨에 따라 활동이 제한됩니다. 운하 공원은 더 조용하고 예측 가능한 기후를 가지고 있으며 더 안락하고 편안한 공간을 제공합니다. 이 두 공간은 서로를 보완하며, 고유한 차이를 통해 거주자들이 시간과 장소에 따라 원하는 곳을 선택할 수 있는 옵션을 제공합니다.

01. 다양한 건물들의 병치를 통해 거리를 구성한 선드스프로메나든. 콜라주: 소타로 미야타케Sotaro Miyatake.
02.-04. 주민들은 문을 열어 두고 개인의 특성을 거리에 투영하며 야외에서 더 많은 시간을 보내는 문화가 권장됩니다. 새로운 마을이 아닌 비교적 오래된 시골 마을에 대한 신뢰 수준을 높여 줍니다.
05. 작은 공공장소의 퍼걸러Pergola.

02.

03.

녹색의 이웃 마을

Bo01의 계획에는 생물적 다양성을 지원하는 녹색 공간 요소가 포함되어 있습니다. 각각의 부지를 설계하는 서로 다른 건축가가 있는 것처럼 각기 다른 조경 건축가를 통해 다양한 솔루션을 제공합니다. 개발 회사와 건축가는 각 부지에 "포인트 기반 시스템"을 사용하여 주변 지역의 녹화에 대한 요구를 계량화하기 위한 다양한 솔루션을 사용할 수 있습니다. 큰 나무와 숲, 표면 녹화와 바닥 화단, 덩굴 식물과 같은 벽체 녹화, 녹화 지붕, 연못과 같은 수면 녹화에 대한 포인트가 부여됩니다. 환경을 위한 35개의 광범위한 규정이 있으며 이 중 최소 10개는 각 주거 안뜰에 적용해야만 합니다.

아파트와 부지 내에 새 둥지를 두면 녹색 포인트를 받습니다. 이는 안뜰 정원의 일부를 야생으로 남겨두거나, 50종의 야생화가 있는 정원을 만들거나, 녹화 지붕과 빗물을 재사용하는 시스템 등을 사용하고 있음을 의미합니다. 말뫼시는 녹색 공간 요소를 적절한 시기에 사용하였습니다. 미국의 시애틀, 독일의 베를린에서도 비슷한 녹지 공간 요소가 사용되었습니다. 점점 더 많은 도시들이 녹지와 생물의 다양성에 대한 요구를 보다 역동적으로 충족시키기 위해 녹색 공간 요소를 고려하고 있습니다.

04.

05.

쾌적한 미기후

Bo01은 오레선드 스트레이트Öresund Straight에 대한 조망권이 매우 높은 부지에 위치해 있습니다. 이 장소는 장엄한 전망과 물에 대한 접근성을 제공하지만 주민들이 많은 시간을 야외에서 보낼 수 있도록 쾌적하고 편안한 미기후를 보장하는 데 어려움을 겪었습니다.

이에 대응하여, 중간 층(4-6층) 건물의 외부 면을 효과적으로 개발하여 바람으로부터 보호할 수 있도록 벽을 만들었습니다. 내부 건물은 1-3층으로 낮습니다. 건물의 지붕을 경사지게 하거나 최상층을 뒤로 후퇴시켜 바람의 방향을 바꾸고 햇빛이 더 깊숙이 비추도록 합니다. 블록은 자체적으로 보호된 미기후를 지닌 안뜰을 만듭니다. 에워싸는 형태 블록에는 때때로 햇빛이 들어갈 수 있는 작은 틈이 존재합니다.

01.

블록을 비뚤어지게 배치하는 계획은 빈 공간을 줄여 바람을 막고 공공장소의 햇빛 침투를 유지하게 합니다. 블록은 작은 직사각형 구성 요소로 분해되어 비틀거리는 차선과 지그재그 형상의 개구부를 통해 바람이 침투하지 않도록 합니다. 이러한 미기후에 대한 관심은 도보와 야외 활동을 장려하는 데 필수적이었습니다.

헨닝 라센Henning Larsen은 Bo01 레이아웃의 실제적인 미기후 효과를 조사하기 위한 연구를 수행하였습니다. 이 연구는 강한 서풍이 차단되고 인근 지역 내부에 온화한 장소가 만들어지고 있음을 분명하게 보여줍니다. 3월에 평균 기온이 섭씨 9도(화씨 48도)인 경우 건물 사이의 거리와 공간에서는 섭씨 16-18도(화씨 60-64도)의 안락한 온도를 경험하게 합니다. 어떤 곳에서는 섭씨 21도(화씨 70도)의 온도를 경험하게 합니다. 서-남서쪽에서 많은 바람이 불고 바다를 향하고 있음에도 불구하고 계획 지역 내 대부분에서 경험하는 온도는 실제보다 높습니다.[29]

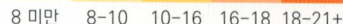

8 미만　8-10　10-16　16-18　18-21+

헨닝 라센의 〈미기후 분석, Bo01〉Microclimate Analysis, Bo01. 이 연구는 Bo01 레이아웃이 강력한 서풍으로부터 도시를 보호하여 3월 하루 중 섭씨 8도에서 21도(화씨 46도에서 70도) 사이의 온도를 갖게 함을 보여줍니다.[30]

빌트인된 복잡성

계획은 복잡성 내에서 또 다른 복잡성을 만듭니다. 예를 들어 모서리 블록 중 하나는 네 개의 개별 부지로 나뉘며, 각각 고유한 프로젝트로 서로 다른 개발 회사, 건축가, 조경사가 있습니다. 모서리 건물 1층에는 카페와 레스토랑이 있습니다. 중간 건물 1층에는 사무실이 있습니다. 서쪽과 북쪽(바깥 표면의 건물)에는 바다가 보이는 아파트가 있으며, 동쪽과 남쪽에는 테라스가 있는 세미 디테치드 하우스semi-detached house(역자 설명, 두 개의 단독주택이 맞벽 형태로 나란히 위치한 주택 형태)가 나란히 위치해 있습니다. 높이는 1.5-6.5층 규모이며 평균적으로 3.5-4층입니다.

놀랍게도 세미 디테치드 하우스는 도심 내 카페 테라스로서 같은 블록 내에 위치할 수 있습니다. 이 계획은 매우 다른 공간 조건이 동일한 위치에 공존할 수 있음을 의미합니다. 또 다른 주목할 점은 작은 집 하나가 가질 수 있는 야외 공간의 범위입니다. 세미 디테치드 하우스에는 자체 벽으로 둘러싸인 개인 정원과 자체 옥상 테라스가 있으며 다른 이웃과 공유할 수 있는 넓은 잔디밭을 갖춘 공용 정원이 있습니다. 이러한 개인 및 공용 공간 외에도 야외 물놀이를 할 수 있는 작은 광장이 있으며 도보로 불과 몇 분 거리에 다양한 공용 공간과 바다가 있습니다.

게임 체인저 Bo01

Bo01은 근린 환경 계획에 있어서 혁신적인 아이디어였고, 현지인과 방문자가 다양한 공용 공간을 공유함으로써 활기찬 주거 지역을 만들었습니다. 교외에 위치한 상대적으로 저렴한 주거지에 살며 운전에 대한 의존도가 높은 문화를 가지고 있던, 지역 내 빌라 거주자와 자녀가 있는 가족들을 도시적 맥락으로 끌어들이는 데 주요한 역할을 하였습니다. Bo01은 이웃들과 가까이 살며 운전할 필요가 없는 높은 삶의 질을 가질 수 있다고 설득했습니다.

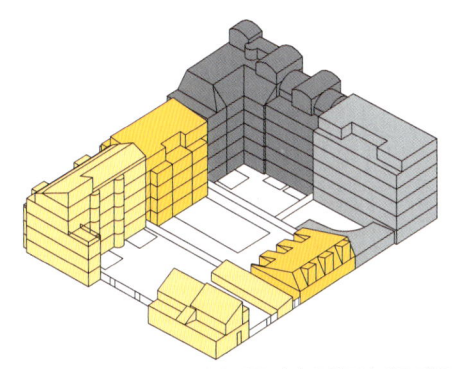

블록은 4개의 개별 부지로 나뉘며, 각각 다른 법적 주체로서 서로 다른 개발 회사, 건축가, 조경사에 의해 진행되었습니다.

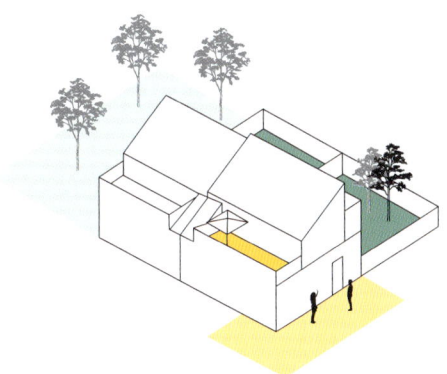

세미 디테치드 하우스는 소규모 주택이 합쳐진 것으로서 연립주택 형태입니다. 주민들은 전면에서 개인 옥상 테라스를 갖고 후면에서 개인 정원을 갖습니다. 추가로 공용 잔디와 정문 바로 앞에 위치한 작은 광장에서 야외 경험을 할 수 있는 선택권을 가집니다.

02.

01. 햇볕이 잘 드는 가장자리는 사람들이 야외에서 더 많은 시간을 보내도록 권장합니다.
02. 해수욕은 인근에서 인기가 많으며, 주민들이 드레싱 가운을 입고 걸어다니는 것이 일반적입니다.

자연을 도시에 가져오기

바이오필리아Biophilia는 인간과 자연의 친화력에 관한 것입니다. 자연과의 만남을 통해 많은 건강상의 이점이 있습니다. 국제 연구에 따르면 병원 환자들에게 나무를 보게 했을 때 치유 효과가 있었으며, 그 예로 일본의 산림욕이 잘 알려져 있습니다.

자연환경이 항상 가까이에 있는 것은 아니므로 자연의 경험 또는 자연의 요소를 도시로 가져와야 합니다. 녹지와 물을 도시 환경으로 가져오는 방법에는 여러 가지가 있습니다.

도시의 환경을 개선하기 위한 자연 요소로 초목이 매우 중요한 역할을 하지만 물의 존재 또한 특별합니다. 가장 강한 감각 경험은 소리, 움직임, 반사 현상을 가지고 있는 흐르는 물과 관련이 있습니다.

01.

02.

01. **스웨덴 스톡홀름, 마리아토르겟.** 인기 있는 공원 광장인 마리아토르겟에서는 자연의 소리가 강조됩니다. 작은 스피커를 통해 나뭇잎이 바스락거리고 분수에서 물이 쏟아지는 소리가 증폭되어 교통 소음을 사라지게 하였습니다.

02. **스위스 바젤.** 오늘날 시민들은 도심 속 공공장소를 편안하게 생각하면서 오래된 인프라 및 시설물 등을 새로운 방식으로 사용하게 되었습니다. 바젤의 아이들은 교회 밖 역사적인 분수대를 미니 수영장으로 사용합니다.

사용 용도 및 이용자의 밀도와 다양성: 뉴욕 브라이언트 공원

도심 속 자연 공간의 예로 특별히 살펴볼 가치가 있는 곳은 뉴욕시의 브라이언트 공원입니다.

윌리엄 화이트에 의해 얻은 중요한 영감 중 하나는 이동식 의자를 활용하면 사용자가 원하는 위치에 아무 때나 앉을 수 있다는 것입니다. 브라이언트 공원은 미국 최초의 공공 공원 중 하나로, 무언가를 사야 할 필요 없이 카페용 의자와 테이블을 공용으로 사용할 수 있습니다. 이것은 당신이 피크닉을 즐기며 주변 비즈니스와 함께 시너지 효과를 내게 합니다. 또 다른 주요 영감 중 하나는 공원의 지면을 낮추어 주변 보도와 평평하게 만들고, 시각 및 물리적으로 완전히 공원에 접근할 수 있도록 울타리를 허무는 것이었습니다.

개인, 커플, 그룹을 위한 다양한 크기의 공간이 있습니다. 분주하거나 조용한 코너 공간들이 있으며, 야외 영화관, 라이브 스포츠 방송, 쇼핑, 겨울 아이스 스케이트장, 야외 독서 공간(1935년으로 거슬러 올라가는 전통), 페탕크petanque, 탁구, 보드 게임, 예술 등의 다양한 행사를 위한 공간도 있습니다.

브라이언트 공원은 밀도와 다양성이 특징이며, 노트북을 가지고 일하는 것부터 독서, 요가, 라인 댄싱에 이르기까지 광범위한 활동을 하며 시간을 보내도록 다양한 사람들을 초대합니다. 이 공원은 음료, 음식, 깨끗한 공중 화장실, 무료 인터넷을 포함한 높은 수준의 서비스를 제공합니다.

작은 수로가 만들어 내는 커다란 효과: 독일 프라이부르크, 배클레

프라이부르크에서 작고 얕은 수로는 도시 중심부 거리를 통과하며 사람들을 위한 중요한 역할을 담당합니다. 배클레 Bächle의 너비는 20-50cm(8-20인치), 깊이는 5-10cm(2-4인치)입니다. 수로는 냉각 및 청소, 보행자와 노면전차 사이의 분리대, 앉아서 머무르는 구역을 정의하는 등 여러 기능을 갖습니다. 수로는 좁고 어두운 거리에서 춤추는 빛을 반사합니다. 가장 좋은 점은 거리를 거대한 놀이터로 바꾸어 모든 연령대의 어린이에게 물놀이 기회를 제공한다는 것입니다.

이러한 작은 기능은 커다란 차이를 만들어 내며 거리의 사용 빈도를 높여 더 많은 기능을 할 수 있게 합니다. 배클레는 레크리에이션(머물기, 앉기, 놀이)과 기능(복합 교통 통행로) 간의 균형을 유지하도록 도와줍니다.

의회 앞 놀이 장소:
스위스 베른, 분데스플라츠

분데스플라츠는 1년 내내 정기 시장, 전시, 문화 행사가 있는 베른에서 가장 많이 이용되는 공간 중 하나입니다. 이곳에는 공간에 생명을 더하는 놀이용 분수대가 있어 광장의 사용을 증가시켜 활용도를 높였습니다.

국회의사당 바로 앞에 놀이터를 만들면서 나라의 가장 중요한 정부 건물 앞에서 아이들이 옷을 입지 않고 노는 것이 적절한지에 대한 여러 논쟁이 있었습니다. 결국, 도시 한가운데에서 순진한 아이들이 안전하게 노는 것이 의회가 나타내는 핵심 가치를 잘 보여주는 것이라고 판단되었습니다. 베른에는 강과 많은 수변 요소가 있습니다. 수변 시설의 단순함과 높은 접근성은 답답하고 형식적인 공간을 사회 및 감각적 경험을 위한 놀이 공간으로 바꿉니다.

가로수

거리에 나무 심기는 도시 환경을 개선하는 가장 중요한 일 중 하나입니다. 가로수는 본연의 아름다움 외에도 도시 공간의 외관, 느낌, 성능을 개선하는 데 유용한 여러 작업을 수행합니다.

나무는 햇빛으로부터 그늘을 만들고, 바람으로부터 보호막을 제공함으로써 거리(도시 전체)의 기후를 변화시킵니다. 야외 활동 시간을 보내는 것이 더 즐거워지며 도보, 자전거 타기, 대중교통 환승을 위한 기다림 등이 더 쉬워집니다. 이런 식으로 나무는 적극적인 이동성을 지원하는 데 중요한 역할을 합니다.

나무는 단순한 녹색 표면 이상의 역할을 하며 그늘, 반사, 증발 냉각, 증발산을 통해 여러 도시 지역에 피해를 주고 있는 열섬 효과를 줄이는 데 도움이 됩니다. 나무는 건물들이 밀집된 지역에서 사생활 보호 역할을 합니다. 나무는 강한 햇빛을 걸러내어 눈부심을 줄여주고 빛 반사기 역할을 하여 역동적으로 "춤추는" 빛을 건물로 전달합니다. 나무는 거리에 있는 사람들에게 소리, 냄새, 움직임을 통해 매우 중요한 감각 경험을 제공합니다. 끊임없이 변화하는 모습은 사람들이 계절과 시간의 흐름을 인식하게 하고 일상의 거리를 선형 공원으로 바꿉니다.

나무는 이산화탄소를 흡수합니다. 도시는 대부분의 이산화탄소를 생산하기 때문에 문제의 근원지이자 사람들의 건강이 가장 취약한 장소에 나무를 배치하는 것이 합리적입니다. 나무는 자연 공기 필터로 잎과 나무껍질이 먼지와 기타 입자를 포획하고 불쾌한 냄새와 암모니아, 황, 질소 산화물과 같은 오염 물질 가스를 흡수합니다. 이것은 차량으로부터 발생되는 배출과 관련하여 특히 중요합니다.

01. **호주 시드니.** 주거 지역에서의 친밀한 규모의 가로수는 보행 조건을 개선하며 사람들을 변화하는 계절과 연결합니다.

02. **쿠바 아바나.** 가로수는 캐노피를 형성하여 야외 공간에서 걷고 머무르기에 좋은 소프트한 날씨를 만들어 줍니다.

01.

02.

기후 변화 해결하기:
호주 멜버른, 어반 포레스트 전략

사진: 데이비드 한나

멜버른시는 보도에 그늘을 드리우는 것과 더불어 건강을 개선하고, 오염을 제거하며, 열섬 효과를 줄이는 데 있어서 나무의 중요한 역할을 인식했습니다. 도시 내 숲을 만드는 것은 기후 변화, 인구 증가, 도시 온난화가 도시의 형태, 서비스 그리고 그곳의 사람들에게 끼치는 악영향을 해결하기 위한 전략의 일부입니다. "건강한 도시 내 숲은 멜버른의 건강과 생활을 유지하는 데 중요한 역할을 합니다."[31]

멜버른의 도시 숲 전략의 구체적인 목표에는 2040년까지 나무 캐노피 덮개가 22퍼센트에서 40퍼센트로 증가하고 숲의 다양성이 증가하는 것이 포함되었습니다. 또한 나무가 이웃 사회에 더욱 관련성을 가질 수 있도록 알리고 상담하는 것이 주된 목표입니다.

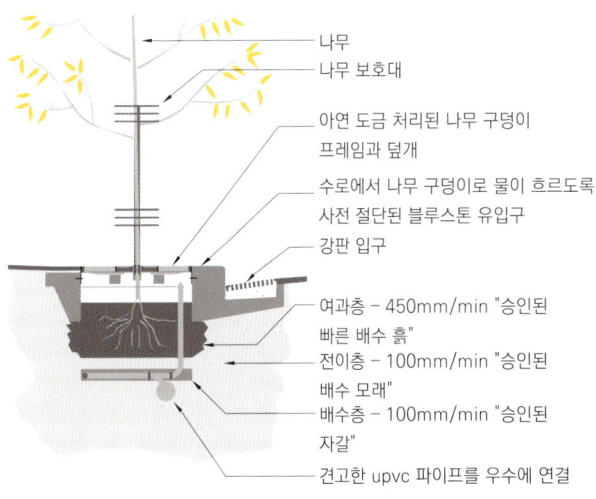

특별하게 설계된 보도 녹화 시스템은 나무에 물을 주기 위해 빗물을 포집하고 걸러냅니다.

기존 자연과의 연결

모든 마을과 도시에는 물, 지형, 전망과 같은 자연환경이 있습니다. 도시 공간이 자연의 편의 시설과 잘 연결되어 있다면 사람들이 야외에서 보내는 시간에 상당한 영향을 줄 수 있습니다. 야외에서 자연과 함께 시간을 보낼 수 있도록 지원하면 안락함을 즐길 수 있는 공간적 영역을 확장할 수 있습니다. 자연에 대한 경험을 쉽고, 바람직하며, 즐겁게 만들 수 있습니다. 이러한 지원은 자연을 위한 건물의 방향 설정, 시냇가와 강가로의 노출, 미생물 등의 서식 장소를 위한 녹화, 카페 밖에 가구 배치를 통해 사람들이 햇볕에 앉을 수 있도록 하는 것 등이 포함될 수 있습니다.

산처럼 웅장한 전경을 보는 것부터 미묘한 새소리를 듣는 것에 이르기까지, 자연과의 만남은 모두 중요하며 생명에 대한 강한 인식을 제공합니다. 자연을 아는 것은 자연을 이해하는 법을 배우고 자연에 적응하는 방법을 배우며 자연과 함께 사는 법을 배우는 것입니다.

사람을 자연과 연결하는 가장 간단한 방법은 이미 존재하는 것들에 쉽게 접근할 수 있게 만드는 것입니다. 독일 프라이부르크의 드레이삼강 Dreisam River은 도시 중심부 외곽에 위치해 있습니다. 여름철에 사람들은 강가 바위 위에 앉아 나무에서 나오는 냉각 효과와 그늘을 즐깁니다. 바위는 자연스럽게 의자 역할을 하며 새로운 풍경을 만들며 사람들이 자연과 만날 수 있는 기회를 제공합니다. 일본 교토 중심부를 흐르는 물줄기와 같이 몇 센티미터/인치 깊이의 작은 물가조차도 강한 존재감을 가질 수 있습니다.

덴마크 아르후스Arhus와 대한민국 서울과 같은 도시에서 물의 중요성과 가치가 인정받았으며, 이 두 도시는 이전에 도로 인프라 아래 숨겨져 있던 강을 다시 개방하기 위해 상당한 노력을 하였습니다. 이러한 노력의 결과로 사람들의 행동이 근본적으로 바뀌었고 외부에서 보내는 시간이 크게 증가했습니다.

01. 독일 프라이부르크. 드레이삼강은 도심 바로 바깥쪽에 위치하여 앉아 있을 수 있는 자연적인 요소들이 있습니다.

02. 일본 교토. 몇 센티미터/몇 인치의 물만으로도 강력한 감각 경험을 체험할 수 있습니다.

03. 덴마크 아르후스. 아르후스에서 강이 재생되면서 도심 안에 새롭고 유용한 레크리에이션 공간이 생겼습니다.

04. 대한민국 서울. 상징적인 프로젝트로 재발견된 강은 도심 중앙에서 탁월한 감각 경험을 사람들에게 제공합니다.

01.

02.

03.

04.

기후 변화 시대에 날씨와 함께 살아가기

도시 전체의 야외 거실:
스웨덴 말뫼, 베스트라 함넨

01.

스웨덴 말뫼는 역사적으로 바다의 특징을 가지고 있으며, 서부 항구가 산업 지역에서 주거 지역으로 재개발되면서 해안가의 가치를 재발견하게 되었습니다. Bo01 주택가에서는 보행자 해안도로인 선드스프로메나든Sundspromenad을 도입하여 리조트와 같은 느낌을 주었습니다. 아마도 보행자 해안도로는 도시에서 가장 중요한 공공장소일 것입니다.

주요 특징은 다기능의 계단형 벽입니다. 폭풍 차단, 바람막이, 좌석 조경, 놀이터, 무대, 일광욕 데크 등의 기능을 갖고 있으며, 외레순드 대교Öresund Bridge와 코펜하겐을 향해 물위로 펼쳐지는 전경을 볼 수 있는 플랫폼이 되어 줍니다.

바람이 차단되는 에워싸는 곳에 위치한 다니아파큰Daniaparken에서는 여러 계절에 걸쳐 야외에 앉거나 일광욕을 즐길 수 있습니다. 바닷속으로 이어지는 플랫폼, 계단, 사다리가 해수욕을 더 쉽게 만들어 줍니다. 해저에 있는 위험한 암석을 제거하여 다이빙을 할 수 있게 되었으며 산책로에 위치한 전망대 끝부분은 다이빙 보드로 사용되었습니다.

선드스프로메나든과 다니아파큰은 대도시를 포함하여 여러 인근 지역으로부터 방문객을 끌어들입니다. 말뫼에는 긴 해변가가 있으며, 모든 연령, 인종, 사회 경제적 배경을 지닌 사람들이 매일 방문하여 도시 생활이 자연에서의 경험만큼 매력적일 수 있음을 증명합니다.

02.

03.

04.

05.

06.

07.

더 많은 시간을 보내고 더 많은 야외 활동을 할 수 있는 기회를 가지며, 같은 장소에서 다양한 종류의 활동과 사람들을 동시에 수용합니다. 중요한 것은 사람들이 자연에서 햇빛을 쬐거나 해수욕을 위해 물속으로 들어가고 나오는 것을 편안하게 해 주는 여러 세부 사항들이 있다는 것입니다.

01. 계단식 판자는 봄 저녁에 탱고 춤을 출 수 있는 작은 무대가 됩니다.
02. 수영과 일광욕 – 방풍 벽에 주목하세요.
03. 전망대 다이빙 플랫폼.
04. 분수대는 부모들이 휴식을 취하는 동안 어린이들에게 재미있는 놀이 기회를 제공합니다.
05. 현지 어린이들이 방문자에게 수제 주스를 판매합니다.
06. 모든 연령대를 위한 수영과 일광욕 장소.
07. 현지인들의 저녁 "외식".
08. 일년 내내 햇빛을 즐기기 위한 방풍 야외 공간.

08.

기후 변화 시대에 날씨와 함께 살아가기 197

최대로 활용되는 인프라:
덴마크 코펜하겐, 기후 중심 근린 구역, 타신지 광장

최근 몇 년 동안 코펜하겐은 잦고 심한 비바람이 극심한 홍수를 일으켜 광범위한 피해를 입었습니다. 시 지자체는 이러한 새로운 위험에 대응하여 기후 적응 계획을 개발하였고 홍수에 대비하기 위한 소프트한 조경을 공공장소에 새롭게 만들 것을 권장하고 있습니다.32

기존에 단단하고 침투 불가능한 바닥 표면의 공간이 이제는 빗물을 수용하고 폭우 시 느린 유출이 가능한 조경으로 바뀌었습니다. 시민들에게 보이지 않고 장시간 사용하지 않는 높은 비용의 지하 인프라에 투자하는 대신, 시 지자체는 더 큰 가치를 창출하기 위해 우수 관리에 투자하였습니다. 2011년 계획에는 향후 수십 년 동안 300개 이상의 공원, 거리, 광장을 만들 수 있는 크라우드 버스트 프로젝트Cloud Burst Projects가 포함되었습니다. 새로운 경관은 코펜하겐 주민의 일상생활을 향상시키면서 재산 가치를 높이고 생물 다양성을 통해 열섬 효과를 줄일 것입니다.

도시 기후 계획의 일부인 코펜하겐 최초의 기후 중심 근린구역은 타신지 광장입니다. 기존에 아스팔트와 주차 차량으로 덮여 있던 광장은 녹화를 통해 지속가능한 랜드마크로 변모하였습니다. 공원의 우수 관리 시스템은 지상에 위치하여 모든 사람이 볼 수 있습니다. 이 공간은 활발한 사회적 맥락 내에서 기후 변화에 대한 이해를 촉진합니다. 홍수가 발생하지 않으면 누구나 즐길 수 있는 훌륭한 레크리에이션 환경이 됩니다.

공공장소로서 인프라 재구성:
일본 오사카, 기주 리버 프로젝트

일본인들은 기후 재난에 익숙합니다. 쓰나미, 지진, 산사태, 홍수, 화산 폭발이 정기적으로 발생합니다. 일본은 국민의 안전을 보장하기 위해 하드웨어(인프라) 및 소프트웨어(교육)에 투자했습니다. 높은 홍수 방어벽은 홍수의 위험에서 오사카와 같은 도시를 보호하지만, 동시에 시민들을 물가에서 분리시킵니다. 벽의 규모는 물가를 향한 의사소통을 차단시키고 시민들이 바다에 대한 두려움과 기쁨을 동시에 잊으며 바다에 대한 인식도 잃게 만듭니다.

2013년부터 2017년까지 료코 이와세Ryoko Iwase 프로젝트는 홍수 방어벽의 용도를 견고하고 기계화된 인프라에서 공공장소로 변경하였습니다. 이곳은 테라스를 갖춘 조경과 다양한 용도를 위한 공간이 되었습니다. 사람들이 통과할 수 있도록 물가를 따라 연속된 보도를 설치하였습니다. 사람들이 앉아서 물가를 바라볼 수 있게 하는 큰 계단이 있습니다. 화단을 갖추어 콘크리트 구조물을 소프트하게 만들어 주는 시스템도 있습니다. 시민들은 녹지를 즐길 수 있게 됩니다. 공공장소로 인프라를 재구성함으로써 사람들은 야외에서 더 많은 시간을 보내며 수동적으로 혹은 능동적으로 자연의 힘에 연결될 수 있습니다.

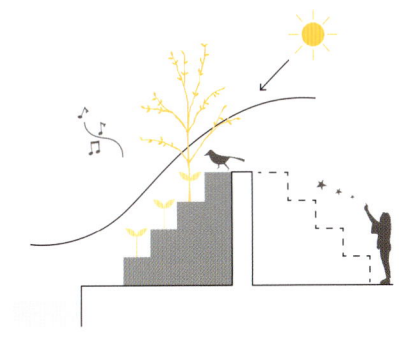

자연을 최대로 활용하기:
스위스 베른에서 강 수영

01.

무덥고 땀이 나는 여름 날씨에 붐비는 사무실이나 도심 내 비좁은 아파트에서 벗어나 몇백 미터 거리에 있는 시원한 강물에 뛰어드는 것을 상상해 보면 어떤가요. 베른의 아레강 Aare River에서의 수영은 밀도 높은 도시 생활을 보다 즐겁게 만들어 주는 예입니다. 도시 한가운데에서 육체적으로 정신적으로 자연환경과 연결될 수 있는 기회입니다. 이 경험은 인간의 감각을 참여시킵니다. 피부가 물에 잠기는 것을 느끼며, 강바닥에서 돌이 부딪히는 소리를 듣기 위해 머리를 강물 속으로 넣으며 새로운 감각을 불러일으킵니다. 또한 강가에서 물장난하는 사람들의 소리, 그리고 새와 나무 소리를 들을 수 있습니다.

이러한 상황에서 이웃과 동료들을 만나고 교류할 수 있는 기회를 갖습니다. 강의 흐름은 사람들을 하류로 이동시키고, 콘크리트 계단을 통해 강으로 내려가거나 인도교에서 뛰어내려 강의 흐름을 따라 수영할 수 있습니다. 산책로를 따라 상류로 되돌아가 이러한 즐거움을 반복할 수도 있습니다.

스위스 수도에 사는 시민들에게는 불가능한 일처럼 보이지만 자연의 놀라움은 다양한 배경을 가진 사람들을 매우 편안한 환경에서 함께 모이게 합니다. 은행가와 정치인들은 자신의 복장을 벗고 수영복을 입은 이웃과 만나는 경험을 즐깁니다. 강 수영은 도시의 일상생활에서 일종의 휴가를 온 듯한 느낌을 갖게 합니다.

무료로 강에서 수영할 수 있으며 젊은이와 노인, 다른 국적과 인종, 현지인과 관광객 등 다양한 그룹의 사람들이 사교적으로 동참할 수 있게 합니다. 애완동물이 함께 하기도 합니다.

이러한 활동은 매일 방과 후나 퇴근 후에 쉽게 할 수 있기 때문에 자연과 연결될 수 있는 기회가 많으며 동시에 새로운 친구와 지인을 만들 수 있습니다.

아레강에서의 경험은 매일의 즐거움을 넘어 날씨와 환경에 대한 사람들의 폭넓은 이해를 제공합니다. 예를 들어 사람들은 강의 수온이 산의 날씨에 어떻게 영향을 받는지 잘 이해할 수 있으며 해마다 수영 시즌의 시작과 끝, 그 기간 등을 잘 인지하고 있습니다. 이 중요한 연례 활동은 날씨의 영향을 직접적으로 받습니다. 그것은 날씨의 패턴과 주기가 우리의 경험과 삶에 어떻게 연결되어 있는지에 대한 심층적인 이해를 제공합니다. 기차와 노면전차에서 수영하는 이들을 지켜보는 사람들 또한 해당 장소와 기후에 연결됩니다.

강에서 수영을 지원하는 인프라는 사용하기에 매우 기본적이고 직관적입니다. 강변에는 밝게 페인트칠된 난간과 함께 콘크리트 계단이 있으며, 물속에 띄우는 부표와 나가야 할 때를 알려주는 간단한 경고 표시가 있습니다.

02.

03.

01. 인도교에서 뛰어내림.
02./03. 간단한 콘크리트 계단과 밝게 페인트 칠해진 손잡이 난간은 사람들이 강 안팎에서 수영하는 데 도움이 됩니다.
04. 수영복을 입고 강변을 걷는 사람들.

04.

> *"악천후라는 날씨는 존재하지 않는다. 오직 옷을 잘못 입었을 뿐이다."*
>
> 스칸디나비아 속담

날씨와 함께 살기는 건축 환경 설계가 어떻게 사람들의 행동에 영향을 미치고, 들어오고 나가는 것을 쉽게 하고, 외부에서 더 긴 시간 편하게 보내게 하는지를 인지하는 것입니다. 동시에, 기후 변화의 시기에 자연과 조화를 이루며 살기 위해 적은 걸음으로 이동할 수 있어야 합니다. 야외에 있다는 것은 감각적인 경험, 실제 피부로 날씨를 느끼는 것을 의미합니다. 실내에서 생활하는 사람들이 야외 환경과 더 나은 관계성을 맺고 날씨와 함께 사는 법을 배우고 자연과 더 나은 이웃이 되려면 한번에 자연에 가깝게 다다를 수 있는 선택과 기회가 주어져야 합니다.

새로 지어진 집과 직장 등의 환경들은 실내에 머무르는 것을 지향하는 것처럼 보이며, 주변으로의 이동은 차량을 기반으로 이루어집니다. 인터넷 시대에서, 특히 아이패드 시대에 아이들의 양육에 있어서, 외부에서 자연과 지내는 것의 가치에 대한 토론과 연구가 크게 증가하였습니다.[33] 또한 야외에서 시간을 보내는 것은 자연 현상에 대한 경험을 맞이하는 기회이며, 날씨와 함께 발생하는 일들에 대한 공통된 이해와 합의를 구축하는 데 도움이 될 수 있습니다.

모든 도시에는 각기 고유한 날씨 문제가 있습니다. 그러나 날씨가 사람들이 견뎌내야만 하는 어떤 것일 필요는 없습니다. 건축 설계를 통해 외부 조건이 더 편안하고 미세한 기후를 형성할 수 있도록 할 수 있습니다. 건축물의 모양과 질량 그리고 사이 공간의 설계가 도움이 될 수 있습니다. 바람과 비로부터 보호하며 햇빛을 비추고 때로는 햇빛을 차단함으로써 우리는 우리 자신의 날씨를 만들 수 있습니다. 적어도 야외에서 보낼 수 있는 시간을 연장할 수 있는 잠재력을 가지고 있습니다. 셔터, 계단, 발코니, 아케이드와 같은 낮은 비용의 기술을 사용하여 사람들은 평범한 실내 지대를 벗어나 외부의 자연 및 사회 환경과 더 밀접한 관계를 맺을 수 있습니다.

스칸디나비아에 잘 알려진 속담이 있습니다. "악천후라는 날씨는 존재하지 않는다. 오직 옷을 잘못 입었을 뿐이다."

---

01. **일본 도쿄.** 아이들은 아이들입니다. 궁금해 하고 주위에 반응합니다. 우리는 누구에게도 어떠한 것을 하라고 강요할 수는 없지만 최소한 자연과의 만남의 기회를 만들어 줄 수는 있습니다.

02. **스위스 베른.** 체스는 둘만의 게임이 아닙니다. 야외 활동은 적은 수지만 충실한 군중을 끌어들이고 야외에서 더 오래 머무를 이유가 됩니다.

01.

02.

기후 변화 시대에 날씨와 함께 살아가기 203

견고한 부드러움

01.

02.

03.

04.

05.

06.

07.

무엇이 인간 정착을 지속하게 할까요? 로마는 어떻게 제국의 몰락에서 살아남았으며 수천 년 후에 현대 이탈리아의 수도가 될 수 있었을까요? 드레스덴Dresden과 히로시마Hiroshima의 대지는 폭격을 당했지만 먼지와 기억으로 다시 태어났습니다. 한편, 새롭게 계획된 도시들은 왜 번성하지 못할까요? 브라질리아Brasilia가 리오Rio가 되거나 캔버라Canberra가 시드니Sydney가 될 수 있을까요?

보조금이 많이 지급되고 계획된 주택 프로젝트보다 탄력성이 뛰어나고 더 살기 좋은 빈민 지역이 있습니다. 건축가, 디자이너, 보조금 등의 부재 속에 가치가 낮은 부지에 지어진 비공식적인 정착촌은 주민들의 변화하는 요구에 부응하며 놀랍도록 지속가능하고 포괄적이며 긴밀한 커뮤니티를 만들기도 합니다.

우리 자신을 위해 더 나은 주거지를 만들려면 주변의 문제를 해결해야 합니다. 이러한 문제에 대처하기 위해 우리는 그러한 도전을 수용해야 합니다. 우리는 주변의 세상과 더 잘 연결되어야 합니다. 건물 장벽은 도전을 해결하지 못합니다. 여러 가지 측면에서 문제를 대두시킬 뿐입니다. 대신에 관계를 구축해야 합니다. 기후 변화, 분리, 혼잡, 빠른 도시화에 직면함에 따라 사람, 장소, 세상과 더 나은 관계를 구축해야 합니다. 에어컨 시설을 갖춘 독립형 건물을 짓고 많은 도로를 건설하고 자율주행차를 갖추더라도 이것들은 우리를 전 세계의 도전과 교류를 위해 연결시켜 주지 않습니다.

마을과 도시는 관계된 시스템으로 이루어져 있으며, 서로 다른 관계의 여러 중복된 시스템이 공적 및 사적, 공공 및 개인, 공식 및 비공식으로 위치해 있는 장소입니다. 숲의 자연적인 계층 구조와 마찬가지로, 여러 개의 상호 연결된 관계는 서로 다른 현상을 연결하여 전체의 탄력성을 증가시킵니다.

우리는 인생에서 강한 관계가 엄격한 관계가 아니라는 것을 알고 있습니다. 민감성과 반응성은 좋은 관계를 위한 필수적인 구성 요소입니다.

통제를 한다는 것은 절대 당신의 위치를 바꾸지 않는다는 것이 아닙니다. 실제로는 정반대입니다. 통제한다는 것은 특정 순간과 상황에서 적절하게 대응할 수 있다는 것을 의미하며, 그 대응이 항상 같은 것은 아닙니다. 그곳에는 주고받기가 있습니다. 시작과 종료 시간이 있습니다. 사려깊음과 섬세한 반응으로 인해 소프트한 관계는 딱딱한 관계보다 훨씬 오래 지속될 수 있습니다. 그렇기 때문에 부드러움은 깨지기 어렵다고 말할 수 있습니다.

01. **덴마크 코펜하겐**. 학교 내에는 울타리와 담이 없는 개방된 공공 광장이 있습니다.
02. **프랑스 파리**. 중고책 가판대는 센강Seine을 따라 있는 보호벽과 함께 생성되어, 고용, 문화, 엔터테인먼트를 만듭니다.
03. **스페인 바르셀로나**. 공공장소에서 더 나은 행동을 장려하는 홍보 캠페인.
04. **미국 뉴욕**. 카페에 있는 커다란 공유 테이블은 자발적인 사회적 상호 작용을 가능하게 합니다.
05. **프랑스 파리**. 투과성 자갈 표면과 나무 캐노피 아래 위치한 이동식 의자는 휴식의 무한한 기회를 허용합니다.
06. **덴마크 코펜하겐**. 하이브리드 이동-교외 열차에서 메신저 자전거 타기.
07. **일본 도쿄**. 보행자 거리를 이용하는 조부모와 손자.

01.

02.

03.

04.
05.

06.
07.

08.

208 소프트 시티

삶이 끊임없이 변한다는 것을 알기 때문에 사람과 함께 적응하고 변해 가는 물리적인 환경이 필요합니다. 이러한 환경은 생명력 있고, 유기적이고, 소프트합니다.

소프드 시디는 단순한 형태가 아닙니다. 모든 마을과 도시는 하드웨어와 소프트웨어의 복잡한 조합입니다. 하드웨어는 물리적 형태, 구조, 거리와 건물, 설계되고 구축된 모든 것을 뜻합니다. 소프트웨어는 법과 금융, 계획과 교육, 민주주의와 관습과 문화, 행동과 신뢰의 모든 보이지 않는 구조로 구성됩니다. 이 책은 주로 마을과 도시가 건축되는 방식의 하드웨어에 관한 것이지만 소프트웨어에도 많은 관심을 기울일 가치가 있습니다.

당신은 어디에서나 소프트 시티의 모습을 볼 수 있습니다. 낮은 비용, 낮은 기술력, 크고 작은 현상, 분명하고 미묘한 용인성과 경향성, 이것들 모두는 단기적으로 일상생활을 더 즐겁게 만듭니다. 소프트 시티는 장기적으로 지구상에서 인간이 직면한 커다란 도전에 대처하는 데 도움이 될 수 있습니다. 그것의 공통점은 일상생활의 밀도와 다양성을 수용하여 더 나은 삶을 더 가까이에서 경험할 수 있는 기회를 제공하는 것입니다.

사람들과 자연을 연결하고 사람들과 장소를 연결하는 것이 중요하지만, 사람들이 다른 사람들과 연결되는 것이 가장 중요합니다. 사람들이 함께 모일 때만 공통점이 무엇인지 진정으로 이해할 수 있고, 실제로 무엇을 얼마나 가능하게 할 수 있는지 함께 탐구할 수 있습니다.

윈스턴 처칠Winston Churchill은 "우리는 건물을 만들고, 건물은 다시 우리를 만든다"라는 유명한 말을 했습니다. 얀 겔, 제인 제이콥스 등의 작품을 통해 물리적 환경이 사람들의 행동에 영향을 미친다는 것을 알고 있습니다. 그러나 무엇을 지을 것인지 결정하기 전에 우리는 어떻게 살고 싶은지, 어떤 종류의 세상에서 살고 싶은지 결정해야 합니다. 얀 겔은 다음과 같이 말했습니다. "삶이 가장 중요하고, 그 다음은 공간이며, 건물은 마지막이다."

---

01. **스위스 루체른.** 안뜰의 작은 발코니는 햇빛, 나무, 다른 이웃과의 연결에 큰 도움이 됩니다.

02. **스웨덴 말뫼.** 출발 시간을 나타내는 버스 정류장 표시는 당신이 버스를 타기 위해 뛰어야 하는지를 알려 줍니다.

03. **미국 뉴욕.** 거리에 적합한 조경.

04. **스웨덴 말뫼.** 경사로는 자전거를 타는 사람이 지하 철도역에 접근할 수 있게 해 줍니다.

05. **멕시코 멕시코 시티.** "벽의 구멍" 창문은 보도를 상점으로 만듭니다.

06. **스위스 루체른.** 보편적 접근, 상업 활동, 공공장소, 공공 생활이 동시에 가능합니다.

07. **일본 교토.** 거대한 디딤돌은 사람들을 강의 커다란 수면과 연결합니다.

08. **덴마크 코펜하겐.** 덴마크에서는 아주 어린 아이들도 밖에 자주 나온다.

살기 좋은 도시 밀도를 위한 9가지 기준

동일한 밀도의 건물을 다양한 방식으로 제공할 수 있는 가능성에 대한 여러 연구와 저술이 있습니다. 이러한 결과물들은 중층 및 저층 건물들이 놀라울 정도로 우수한 성능을 보이며 고밀도를 위해서 고층 건물이 필수적인 것이 아님을 보여줍니다. 그러나 서로 다른 건축 형태가 지닌 사회적 또는 환경적 영향에 의문을 제기하거나 판단하려는 사람들은 거의 없습니다.

용적률을 포함한 여러 측정 방식들은 크기나 수량만을 측정하기 때문에 항상 적절한 지표로 보기 어렵습니다. 고밀도 도시 형태의 성과는 보다 복잡하고 완전한 방식으로 측정되어야 합니다. 질적 기준이 필요합니다. 우리는 건축 양식이 일상생활에 어떻게 도움되는지 스스로에게 물어볼 필요가 있습니다. 도시 형태의 성공 여부는 사람들에게 더 나은 삶의 질을 제공하는지 측정되는 것에 달려 있습니다. 사회, 환경, 경제의 지속적인 변화에 대한 탄력성과 적응성 측면에서도 측정되어야 합니다.

특정 건축 형태가 만드는 환경과의 관계에도 중점을 두어야 합니다. 건축 양식이 사람들을 도시의 물리적 자원과 얼마나 잘 연결시켜서 유용한 편의 시설, 사물, 장소와의 접근을 가능하게 하나요? 건축 양식은 사람들을 자연의 힘과 얼마나 잘 연결시켜 날씨에 더 잘 적응하게 하나요? 건축 형태는 사람들을 다른 사람들과 얼마나 잘 연결시켜 주나요?

9가지 기준

고밀도 건축 환경의 거주 적합성과 지속성을 고려할 때 그것의 품질을 평가하기 위한 9가지 기준이 있습니다.

살기 좋고, 탄력적이며, 밀도가 높은 지역은 다양한 건축 형태와 야외 공간, 유연성, 휴먼 스케일, 보행성, 통제감, 정체성, 쾌적한 미기후, 저탄소 발자국, 생물 다양성을 지녀야 합니다.

살기 좋은 도시 밀도를 위한 9가지 기준

1. 건축 형태의 다양성
2. 야외 공간의 다양성
3. 유연성
4. 휴먼 스케일
5. 보행성
6. 통제감과 정체성
7. 쾌적한 미기후
8. 저탄소 발자국
9. 생물 다양성

1. 건축 형태의 다양성

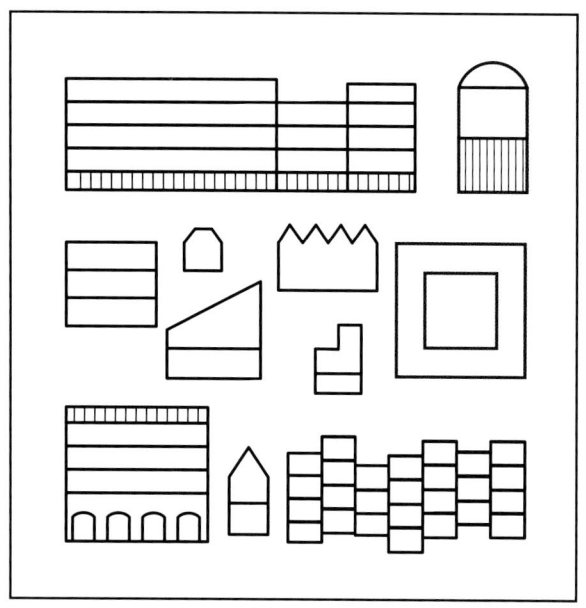

다양한 활동이 공존하는 것은 유용하며 지속성이 뛰어남을 의미합니다. 가까운 곳에 살면서, 일하고, 배우고, 만들면 더욱 로컬화된 삶을 살 수 있습니다. 이웃 사회에서 다양하고 유용한 활동을 하기 위해서는 다양한 종류의 건물들을 수용해야 합니다. 일상생활에서의 유용성은 서로 다른 활동이 근접해 있기 때문에 가능합니다. 우리는 건물의 크기와 모양이 각기 다르게 존재하는 도시 형태를 필요로 합니다. 서로 다른 유형의 조합에서 하나의 건물은 그 이웃을 압도하지 않고 전체에 자연스럽게 연결되어야 합니다.

지속가능하고 탄력적인 사회를 위해서는 다양한 종류의 사람들을 수용하고 공공 및 민간 부문 활동 간의 균형을 유지해야 합니다. 우리는 다양한 종류의 점유 형태 및 관리를 수용할 수 있는 도시 형태가 필요합니다. 토지를 더 작게 세분화하면 더 넓은 범위의 소유권과 통제가 가능합니다.

도시 형태는 건물의 유형과 활동의 다양성을 높이기 위해 대형 규모 건물에 제한을 두어 다양한 크기의 건물을 수용해야 합니다. 더 작은 규모의 구성 요소가 있어야 합니다. 작은 집, 아파트 건물, 사무실 건물, 산업 창고, 생산 공간 그리고 스포츠 홀, 예배당과 같은 특수 목적 건물을 포함하여 다른 유형의 건물들이 있어야 합니다.

이상적으로, 서로 다른 규모의 작은 집과 큰 집이 인접해 있을 수 있습니다. 건물은 밀도를 변화시키기 위해 다른 방식으로 세분화될 수도 있습니다. 예를 들어 큰 아파트 건물에는 여러 개의 작은 유닛이 있을 수 있으며 작은 아파트 건물에는 몇 개의 큰 유닛만 있을 수 있습니다. 사무실 건물은 큰 단일 바닥판으로 구성되어 있거나 작은 규모의 여러 공간으로 이루어져 있을 수 있습니다. 민간 주택과 공공 주택, 벤처 기업과 공공 기관, 협동조합과 민간 기업 등을 함께 수용할 수 있는 도시 형태여야 합니다. 노인용 공간 및 재택 사무실과 같은 작지만 중요한 구성 요소도 수용해야 합니다.

서로 다른 건물들은 정면, 후면, 측면의 전체적인 패턴과 공용 인프라에 대한 접근을 고려하여 서로를 간과하거나 가리지 않아야 합니다. 건물 내 공간의 다양성이 높을수록 다양한 이웃을 수용할 가능성이 커집니다. 독립적인 구성 요소는 더 큰 기능을 수행해야 합니다.

각 개별 건물은 그 자체 안에서 공간적 차이를 만들 가능성이 있습니다. 특히, 건축 형태는 건물의 일부가 야외 지면에 직접 연결되어 용이한 접근성을 제공해야 한다는 것을 인지해야 합니다. 건물의 특정 부분은 하늘에 연결되어 있으며 더 많은 빛이 들어옵니다. 그리고 건물 중간 부분은 또 다른 형태를 취할 수 있습니다. 커다란 단층 창고와 같은 건물에는 앞에서 언급한 세 가지 측면이 모두 있을 수 있습니다. 추가로, 지하실이 있을 수도 있습니다. 지하실은 지면 가까이 위치하여 접근성이 뛰어나지만 자연 채광은 적습니다.

건물의 다양성과 조합은 시각적 변화를 만들어야 합니다. 다양한 외관 건물들의 병치는 장소 감각에 기여하여 개인 및 이웃 사회 모두에게 흥미로운 경험과 정체성을 심어줄 수 있습니다. 이러한 시각적 차이로 인해 거리와 이웃이 더 명확하게 인식 가능해지므로 방향성에 도움이 되고 거리는 즐거워집니다.

고밀도 도시 형태는 근접해 있는 다양한 건물들(유형, 형태, 치수, 공간 조건)의 차이를 수용해야 합니다. 건물은 물리적 측면에서 독립적이고 조직적으로 서로를 존중해야 합니다.

필요한 사항들

- 다른 종류의 건물
- 다른 치수
- 다른 유형
- 작은 대지
- 더 작은 세분화
- 더 작고 더 다양한 소유권
- 건물 구성 요소의 균형: 1층, 중간층, 최상층
- 시각적 변화

2. 야외 공간의 다양성

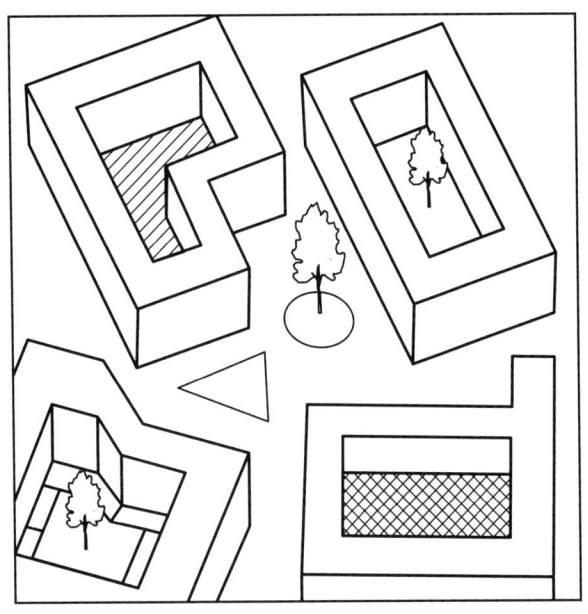

야외에서 더 많은 시간을 보내는 것은 간단하며 즐겁습니다. 야외에서 보내는 시간은 사람들을 그들의 주변 환경과 연결시킵니다. 더 많은 종류의 야외 생활을 수용하기 위해서는 더 많은 종류의 야외 공간을 갖추는 것이 필요합니다.

마을과 도시의 야외 공간은 압축적이고 한정된 도시 환경에서 활기차고 유용한 생활 공간을 제공하기 때문에 중요합니다. 공간의 다양성이 커질수록 활동의 가능성과 다양성이 커집니다. 야외 공간을 사용하는 것이 일상생활의 일부가 되어야 합니다. 현관 바로 바깥 공간에 큰 가치를 두어야 합니다. 원예의 즐거움이나 공원에서의 산책과 같이 매일 이뤄져야 할 일이 있습니다. 버스를 기다리거나 쓰레기를 버리는 일에서도 즐거운 만남의 기회가 있어야 합니다.

야외에서 시간을 보내는 것은 신선한 공기, 신체 활동, 다른 사람과의 만남을 의미하며, 이 모든 것은 더 나은 신체적, 정신적 건강에 기여할 수 있습니다.

도시의 야외 공간은 결합되거나 나란히 나열되어 다양한 공공 및 사적인 장소 시스템으로 구성되어야 합니다. 다른 유형의 공간 조합과 상호 연결은 복잡한 시스템을 만들어 냅니다.

거리, 광장, 공원과 같은 공공 공간은 정원 및 안뜰과 같은 사적 공간과는 차별화된 장소를 제공합니다. 사적 및 공공장소, 두 유형의 공간이 공존하며 서로를 보완할 수 있다면 더 많은 선택과 기회가 일상의 더 많은 사람들에게 전달될 수 있습니다. 도시의 다양성을 통한 전체적인 효과는 부분을 합친 것보다 커집니다.

도시 형태는 야외의 사적 및 공공장소를 동시에 수용할 뿐만 아니라, 서로 다른 종류의 사적 장소와 서로 다른 종류의 공공장소를 가까운 접근성에서 수용할 수 있어야 합니다. 다양한 치수의 건물, 즉 작은 공간과 큰 공간, 친근한 공간과 웅장한 공간을 모두 수용할 수 있어야 합니다. 추가적으로 눈에 잘 띄는 공간부터 완전히 숨겨진 공간까지 사생활 보호와 접근성 수준에도 다양성이 존재해야 합니다.

공공과 사적 영역 사이에는 "준 공공 공간" 및 "준 사적 공간"과 같은 하위 범주가 존재하며, 그것의 정의는 상세하게 논의될 수 있습니다. 중요한 것은 이러한 다양한 유형의 공간이 필요하다는 것입니다.

또한 서로 다른 시간대에 다른 일이 일어날 수 있는 유연성을 갖춘 다목적 공간이 필요합니다. 스포츠, 게임, 공연과 같은 특정 활동을 위한 공간도 필요합니다.

건물을 야외와 연결하는 다양한 종류의 하이브리드 "내부-외부" 공간도 있습니다. 이것은 콜로네이드, 아케이드, 데크, 발코니, 현관, 베란다, 로지아, 테라스, 옥상 정원 등을 포함할 수 있습니다.

마지막으로, 거리는 공공장소입니다. 대로, 도로, 주요 거리부터, 옆길, 뒷길, 좁은 길, 골목길, 선형 길에 이르기까지 다양한 종류의 거리가 있으며, 이들 거리는 모두 다양한 방식으로 야외 생활을 지원할 수 있습니다. 교통 순환을 위해 계획된 거리는 실제로 사람들이 서 있는 곳, 머무는 곳, 앉는 곳, 움직이는 곳만큼 중요할 수 있습니다. 일부 야외 공간은 이동 장소로 이용될 수도 있습니다. 예를 들어 도시 공원이나 광장은 누군가의 출근길의 일부이거나 공동 안뜰 정원은 누군가의 지름길일 수 있습니다.

밀도가 높은 도시 형태는 개인 및 공공 생활에 대한 광범위한 요구에 부응하여 다양한 종류의 인접한 야외 공간들을 수용해야 합니다.

필요한 사항들

- 다양한 종류의 공공 야외 공간
- 다양한 종류의 사적 야외 공간
- 다양한 종류의 공유/공통 야외 공간
- 가장 일반적인 것부터 가장 구체적인 것까지 다양한 요구와 활동에 반응하는 다른 공간 유형
- 내부와 외부를 연결하는 하이브리드 공간
- 공공장소로서의 거리
- 이동을 위한 공공장소

3. 유연성

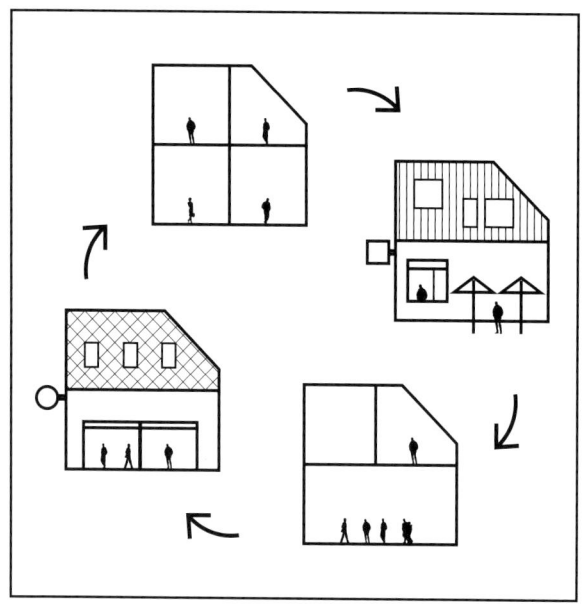

인생은 끊임없이 변화하며 이웃, 마을, 도시는 결코 변화를 멈추지 않습니다. 공간이 진정으로 회복력을 갖추려면 도시 형태가 변화에 반응하며 움직일 수 있어야 합니다. 변화하는 인구 통계, 경제 주기, 고밀도화, 새로운 활동과 기능, 새로운 사람들, 새롭고 변화하는 요구를 가진 기존 주민들에 적응해야 합니다. 이웃 사회는 단기, 중기, 장기적 변화에 대응할 수 있어야 합니다.

단기 변화는 요일(주중 또는 주말), 시간, 계절, 날씨에 따라 달라질 수 있습니다. 유연성이 있는 공간은 다양한 목적을 수용할 수 있어야 합니다. 주말에는 공공 공원이 되는 학교 운동장, 주차장으로도 사용될 수 있는 시장 광장, 주중에 스카우트가 사용하는 교회 광장, 팝업 스토어가 되는 호텔 또는 사무실 로비 등이 있습니다.

1층이 외부에 직접 노출될 가능성이 있을 때 작지만 가장 빠른 변화가 일어날 수 있습니다. 이곳은 의자와 테이블을 갖춘 카페나 레스토랑이 보도나 안뜰에 노출되는 경우, 외부에 물건을 전시하는 상점 용도인 경우, 화분, 실외 가구, 주차된 자전거 등을 가진 거주자들이 사용할 경우에 매우 유용한 공간이 될 수 있습니다.

안뜰은 매우 유연한 공간입니다. 단순한 에워싸는 블록 구조에서는 변화를 보다 쉽게 수용할 수 있는 무엇인가가 있습니다. 시각적으로 숨겨져 있고 소음을 줄여 주기 때문에 안뜰과 같은 에워싸는 공간은 주변 환경에 방해받지 않으며 쉽게 변경 가능합니다.

중기적으로 변화는 성장에 대한 필요와 개별적 요구에 반응하여 건물의 용도를 변경하고, 리노베이션하고, 작은 규모의 확장을 하는 것을 말합니다. 지역 내 소규모의 밀도 증가는 동일한 장소에서 가족의 수가 증가하고 사업을 확장하는 것이 가능함을 의미합니다.

공공 영역에서 여러 공간으로 직접 접근이 가능하면 용도 변경 가능성이 높아집니다. 거리에서 건물 내로 직접 걸어들어갈 수 있거나, 해당 건물에만 제공되는 독립적인 사적 용도의 계단이 있거나, 안뜰 내부 건물에 대한 통로를 통한 출입이 가능하면 용도 변경이 용이합니다. 이상적으로, 새로운 용도 및 사용자는 기존 용도 및 사용자를 방해하지 않을 것입니다(도보 접근성에 대해 기준 5. "보행성" 참조). 1층 공간은 공공 영역으로 직접 접근할 수 있으므로 용도 변경 가능성이 가장 높습니다. 중요한 것은 이러한 직접적인 접근성으로 인해 1층의 용도를 건물의 나머지 부분을 방해하지 않고 변경할 수 있습니다. 일반적으로 1층에 직접 접근할 수 있는 면적의 비율이 높을수록 건물의 유연성과 사용 변경 가능성이 높아집니다.

1층 공간이 독립적인 부분으로 세분화되면 더 큰 유연성을 갖게 됩니다. 독립된 공간이 많을수록 자발적인 변화에 대한 기회가 커집니다.

부속 건물을 통해 새로운 공간을 더하는 것에 대해서는 이견이 없기 때문에 고밀도화를 포함한 변화를 수용하는 데 특히 유용합니다. 사소한 물리적 변화와 업그레이드로 기존 건물이나 공간을 재분류하는 것에 대해 의문이 있을 수도 있습니다. 지하실, 다락방, 별채는 모두 내부에서 고밀도화를 수용하는 데 유용한 공간입니다. 별채는 거리가 아닌 안뜰 공간에서 고밀도화 가능성이 높으며 도보로 1층에 대한 출입이 직접 가능하다는 장점이 있습니다. 다락방은 지붕 공간으로서 채광 및 레이아웃 측면에서 유연하므로 다양한 공간 활용을 가능하게 합니다. 지하층은 다른 층만큼 매력적이진 않습니다. 그러나 1층과의 거리가 가깝다면 상업적인 사용이 가능합니다. 다락방이 많을수록, 지하실이 많을수록, 별채가 많을수록 용도 변경 가능성이 커질 수 있습니다.

공간이 확장할 여지가 있다고 인식되기 때문에 전면과 후면이 있는 명확한 구조는 시간이 지나면서 발생하는 변화를 수용할 수 있습니다. 이미 지어진 건물의 변화는 사람들에게 시각적 영향이 크지 않기 때문에 후면 확장이 더 쉬울 수 있습니다.

장기적으로 유연성은 전체적인 건축 형태를 방해하지 않으면서 건물과 같은 큰 구성 요소를 제거하고 교체할 수 있어야 합니다. 그러므로 여러 개의 독립적인 구조 또는 부분 요소로 구성된 도시 형태는 철거 및 교체가 가능하며 더 크고 중요한 변화를 수용할 수 있습니다.

다양하고 밀집된 건물과 공간의 도시 형태는 단기, 중기, 장기 변화(고밀도화 포함)에 유연하게 대응할 수 있어야 합니다.

필요한 사항들

- 다목적 공간, 실내 및 실외
- 건물 연면적의 상당 비율을 1층이 차지
- 건물의 다양한 부분에 대한 독립적인 접근(특히 공공 영역에서 직접 접근)
- 별채, 지하실, 다락방과 같은 보조 공간
- 공간 확장의 여지가 있는 후면 공간
- 활동성을 포함할 수 있는 에워싸는 형태의 공간
- 일시적 확장이 가능한 건물 가장자리의 공간
- 독립적인 부분 요소

4. 휴먼 스케일

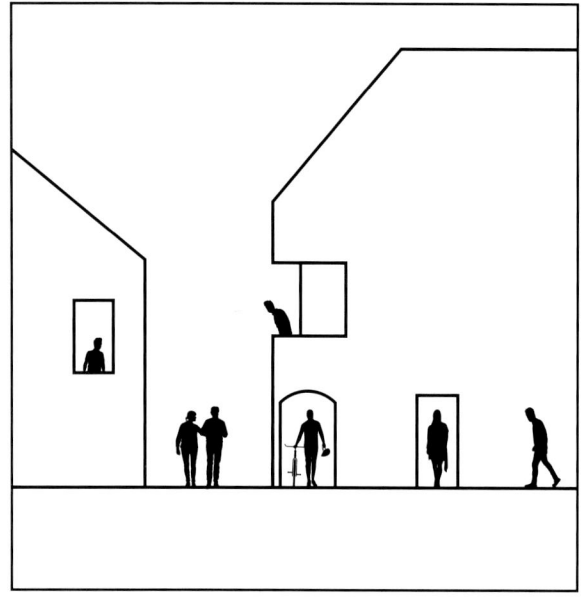

도시 공간에서 사람들의 요구 사항을 인지하고 안전성, 편의성, 즐거움을 고려하여 이웃 환경을 살핌으로써 사람들이 방문하여 시간을 보내고 싶어 하는 이웃 마을을 만들 수 있습니다.

일반적으로 휴먼 스케일은 사람의 감각과 행동에 기반한 치수를 의미하며, 더 작은 구성 요소와 높이를 제공합니다. 특히 감각 자극에 호소하고 인체와 관련된 치수를 사용하여 눈높이에서의 경험에 주의를 기울여 설계하는 것을 의미합니다.

공간이 작을수록 사람과 사물을 서로 더 가깝게 만듭니다. 감각 시스템에 가깝게, 작은 세부 사항을 볼 수 있을 정도로 가깝게, 작은 소리를 구별할 수 있을 정도로 가깝게, 냄새를 맡기 충분하게 가깝게, 만질 수 있을 정도로 가깝게 하는 것은 만남과 경험을 무엇보다 중요하게 여깁니다. 더 작은 치수는 여러 공간에서 더 나은 지역 기후를 제공할 수 있으며, 이는 보다 쾌적한 신체 경험을 의미합니다. 공간이 작을수록 사람들이 장소를 편안하게 파악할 수 있어 보안이 강화됩니다.

사람이 걸을 수 있는 높이의 건물은 지면과 상층부를 연결하는 데 도움이 됩니다. 이것은 사람의 눈으로 바라보고 유용한 정보를 얻을 수 있는 거리, 사람의 음성이 전달될 수 있는 거리, 사람의 청력이 다른 소리를 구별할 수 있는 거리입니다. 일반적으로 최대 5층 규모의 건물까지 이러한 기준을 충족합니다.

작은 공간은 안전하고 편안한 장소가 될 수 있으며 이곳에서 시간을 보내며 사람들을 만날 수 있습니다. 또한 친밀감과 사교성을 촉진하는 심리적 안락함이 있어 위안과 평온함을 함께 제공합니다.

마치 사람들이 작은 것들에 초점을 맞추도록 프로그래밍된 것처럼 작은 규모는 큰 규모의 환경을 휴먼 스케일화시킬 수 있습니다. 따라서 큰 요소 가운데에 작은 요소가 함께 존재하는 것이 중요합니다.

도시 환경은 모든 감각에 호소해야 합니다. 시각적 자극이 중요하지만 그것은 단지 우리가 보는 것에 관한 것이 아닙니다. 살아있는 현상을 관찰할 기회가 많을수록 큰 하늘, 그림자와 빛, 꽃과 나무, 새와 동물, 움직이는 사람들을 더 잘 볼 수 있습니다. 다양한 패턴과 장식을 다양한 색상 및 재료와 함께 보는 것도 중요합니다.

인간은 걷도록 진화했으며 주변 환경을 눈높이로 해석하고 참여하며 반응할 수 있는 위대한 능력을 가지고 있습니다.

얼굴은 인간의 감각이 집중되는 곳이며 우리가 감정을 전달하고 표현하는 곳입니다.

사람이 걸어다니는 공간에서 눈높이에서 일어나는 일은 매우 중요합니다. 따라서 도시 형태는 1층 수준에서 가장 잘 작동되어야 합니다. 수직 3미터(10피트)에서 일어나는 일에 대한 첫 경험으로 해당 장소를 기억합니다. 사람을 창문과 문, 재료, 질감, 색상을 통해 건물에 연결시키고, 그 장소에서 걷거나 서 있거나 앉아 있는 사람을 통해 연결시키기도 합니다. 사람이 공간을 이동하면서 체험하는 눈높이에서의 경험은 연속적이기 때문에 장면이 끊임없이 변하는 것이 중요하며 새로운 자극을 지속적으로 받습니다.

인간은 불쾌한 신체 및 기후 현상에 매우 민감합니다. 나쁜 경험으로 인해 특정 장소와 다른 장소가 중단되거나 끊어지면 행동 패턴이 손실되고 사람들이 그 장소에서 걷거나 시간을 보낼 가능성이 훨씬 줄어듭니다. 더 작은 치수, 감각 경험, 눈높이 경험의 관리와 같은 휴먼 스케일 요소들의 적용은 단지 특정 영역에 한정되는 것이 아니라 이웃 사회 전반에서 일관되게 이루어져야 합니다.

도시 형태는 휴먼 스케일을 유지하며 높은 밀도를 제공해야 합니다. 이는 다양한 크기와 세부적 사항이 건물 내부, 외부와 그 사이 공간에 사는 사람들에게 편안함과 웰빙을 제공함을 의미합니다.

필요한 사항들

- 더 작은 치수
- 더 작은 공간
- 6층 미만, 이상적으로 4-5층
- 다중 감각 경험
- 눈높이 경험에 대한 특별한 관리
- 눈높이에서 일관된 품질

5. 보행성

걷기는 사람들이 매일 하는 가장 작으면서 중요한 움직임을 말합니다. 도보 접근성을 위한 설계는 사람들을 이웃의 삶에 연결하고, 가능한 것을 보게 만들며, 접근할 수 있는 옵션을 제공하는 것입니다. 이것의 목표는 빠르고 쉬운 접근성, 편의성, 자발적인 참여이며 한 상황에서 다른 상황으로 쉽고 빠르게 이동할 수 있음을 의미합니다.

건물 내에서는 창문, 문, 복도, 통로, 계단 등을 통해 겉보기에는 단순한 것 같으나 복잡한 움직임을 선택할 수 있습니다. 건물에서 건물로, 건물에서 블록으로, 블록에서 블록으로, 이웃에서 주변으로 쉽게 이동하면서 안전하고 편안하며 쾌적한 도보가 가능한 이웃 환경을 만드는 것이 중요합니다. 걷기는 사람과 장소를 알고 자연의 힘을 경험하는 관계에 관한 것입니다.

1층은 가장 접근하기 쉽기 때문에 가치가 높습니다. 그것은 모든 사람이 직접 출입할 수 있게 해 주며, 가장 보편적인 접근 방식입니다. 이러한 내부-외부 간의 이동성은 상점, 작업장, 공공 기관, 심지어 가정집에도 매우 유용합니다.

계단을 공유하는 모든 건물은 전면, 후면에서 접근할 수 있어야 합니다. 모든 개별 주택에는 정문과 후문이 있어야 합니다. 건물 내 통로는 공적 영역과 사적 영역 사이를 역동적으로 연결합니다.

걷기의 가치는 엘리베이터에 의존하지 않고 여러 건물에 접근할 수 있음을 의미하며 지상에서 일어나는 일에 대한 감각적 연결을 가능하게 해 줍니다. 어떤 건축 환경이든 엘리베이터를 사용하지 않고서 건물 내 어느 정도의 비율에 도달할 수 있는지는 중요한 문제입니다.

사소하지만 중요한 세부 사항 중 하나는 계단의 위치입니다. 이상적으로 계단은 건물의 외벽에 위치하며 창문이 있어 자연 채광과 환기를 제공하고 외부와의 지속적인 연결을 가능하게 합니다. 반 층마다 방향을 바꾸는 강아지 다리 모양의 계단은 잠시 동안 휴식을 취하게 해 주며 계단 이동 동선 전체를 보지 못하기 때문에 육체적, 시각적 지루함을 없애 줍니다.

창문은 사람들이 외부 생활을 인식할 수 있게 하여 날씨와 연결되어 걸을 수 있도록 초대합니다. 창의 모양은 외부와의 관계에 영향을 줄 수 있습니다. 수직 개구부는 내부에서 사용 가능한 공간을 덜 차지하며 빛이 실내로 더 깊숙이 침투할 수 있도록 합니다. 추가로 하늘, 주변 건물, 나무에 대한 전망을 동시에 제공하여 다양한 경험을 가능하게 합니다.

문은 물리적인 접근을 가능하게 하는 현실과의 연결고리입니다. 거리 구경하기, 야외로 나가기, 거리에서 일어나는 일에 참여하기 등과 밀접한 관련이 있습니다. 문이 많은 것은 한 공간에서 다른 공간으로, 내부에서 외부로, 사적 영역에서 공적 영역으로 쉽고 자발적으로 움직일 수 있음을 의미합니다. 정문과 후문은 똑같이 가치가 있습니다. 프랑스식 창문 및 파티오 문과 같은 개구부와 사적 야외 계단과 같은 추가 시설물들은 더 잦은 내부와 외부 간의 움직임을 가능하게 해 줍니다. 제가 생각하는 건물 설계에 대한 간단한 규칙 중 하나는 아파트의 창문을 볼 수 있다면 출입문도 볼 수 있어야 한다는 것입니다.

도시 형태는 집과 직장 밖에서 작지만 유용한 공간을 제공하여 문자 그대로 외부로 나갈 수 있도록 해야 합니다. 발코니, 로지아, 옥상 테라스, 현관, 베란다, 전면 공간, 후면 계단, 소규모 전후면 정원 영역이 모두 이 범주에 속합니다.

건축 형태는 접근성과 연결성이 수월해야 합니다. 가장 간단한 용어로 접근성은 최소한의 노력으로 안팎을 드나들 수 있음을 의미합니다. 건물을 통해 다양한 장소로 빠르게 이동할 수 있어야 합니다. 가까운 거리에서 편리한 옵션으로 걸어갈 수 있다는 것은 근린 규모의 도보 접근성을 의미합니다.

필요한 사항들

- 걸어서 진입 가능한 건물
- 걸어서 통과가 가능한 건물
- 도보로 상층부에 갈 수 있는 건물
- 전체 연면적 대비 높은 1층 면적 비율
- 내외부의 시각적 연결과 물리적 접근이 가능
- 유용한 외부 공간에 직접 접근 가능
- 근린 규모의 도보 접근성

6. 통제감과 정체성

건축 형태는 개인 및 그룹에 속하거나 통제되며, 물리적으로 정의된 뚜렷하게 식별 가능한 장소로 구성되어야 합니다.

거주자가 화분을 놓을 수 있는 출입구 앞 계단만큼 건축 형태는 작을 수 있습니다. 집 앞의 작은 개인 정원과 1층 아파트 앞에 의자를 놓거나 나무를 심을 수 있는 공간일 수 있습니다. 응급 상황에서 도움을 요청할 수 있을 정도로 서로를 잘 아는 이웃사촌끼리 공유하는 일반적인 계단일 수 있습니다. 놀이 기구를 공유하고 일반적인 활동을 할 수 있는 몇몇 건물들에 의해 공유되는 후면의 안뜰일 수 있습니다. 정체성이 있는 특정한 거리와 모든 사람이 접근할 수 있는 공공 광장일 수 있습니다.

영역의 위계는 집에서부터 시작됩니다. 거실과 부엌을 포함한 공동 영역과 침실과 욕실을 포함한 상대적으로 사적인 영역으로 구분되며 여기서는 약한 레이어가 형성됩니다.

그 다음 레이어는 주소를 공유하는 아파트 단지와 공용 계단 주위에 사는 이웃들입니다. 같은 장소에 살고 있다는 공통 관심사와 함께 인지, 존중, 관용, 엄격의 균형을 유지하며 살아갑니다.

그 다음 레이어는 정원 및 안뜰과 같은 공용 야외 공간입니다. 이곳은 밤에 청결, 안전, 보안, 고요에 대한 관심을 가진 사람들이 방문하며, 공통 계단을 이용하는 이웃보다 더 크고 다양한 그룹입니다. 특정한 거리 혹은 장소에 살며 일하는 사람들의 그룹에 속한다는 정체성이 있습니다.

다음 레이어는 이웃 사회입니다. 이것이 진정한 성공 여부를 판가름합니다. 이곳에 정체성이 없다면, 다음 레이어인 마을이나 도시로 넘어가야 할 수도 있습니다.

건축 환경의 구조는 공간을 정의할 수 있으며 이것은 인식 가능한 장소가 될 수 있습니다. 예를 들어 결합된 맞벽형 건물 블록에서는 뚜렷한 외부와 내부, 전면과 후면, 공적 영역과 사적 영역이 명확하게 구분될 수 있습니다. 이것은 명확하게 식별될 수 있는 야외의 공공장소, 거리, 광장을 만들며 내부의 안뜰과 정원을 만듭니다. 소규모 공간 관점에서는 작은 벽이나 울타리, 출입문과 출입문으로 가는 길과 같은 장치로 영역을 정의하기에 충분할 수 있습니다.

사적 및 공적 영역에서의 사회적 현상은 전면 및 후면의 공간 현상으로 매우 쉽게 변환될 수 있습니다. 외부에 노출된 전면은 특별한 형식을 지닙니다. 그것은 일반적으로 단순하고 엄격하게 통제되며 특정 종류의 규칙과 행동에 대한 한정된 이해와 수용이 있습니다. 후면은 숨겨져 있기 때문에 일반적으로 훨씬 비공식적이고 자유롭습니다. 개인적이며 사적인 표현에 대해 더 큰 자유와 수용이 가능합니다. 상점 창문에서의 전시와 깔끔한 꽃밭이 전면에 위치해 있고 쓰레기통, 자전거 보관소, 매달린 세탁물 등이 후면에 숨겨져 있을 수 있습니다.

집 밖 가장자리 영역은 정체성을 표현하는 데 중요합니다. 예를 들어 작은 개인 정원이나 데크는 거주자가 화분, 보관, 장식, 사교 공간으로 원하는 대로 사용할 수 있습니다. 각 가정마다 요구 사항이 다릅니다. 개인의 영역인 가장자리 부분은 이러한 차이를 허용하고 환영합니다.

건물 모서리는 공간 시스템 상 중요하며 인식이 가능한 교차점으로도 중요합니다. 모서리는 길을 바꿀 수 있는 이동성 네트워크의 중요한 교차로서 둘 이상의 경로가 만나는 곳입니다. 또한 모서리는 사람들이 만나기 좋은 곳으로서 카페 및 인기 있는 로컬 상점과 같은 성공적인 상업 활동을 위한 곳입니다. 모서리가 제공하는 다양한 기능 덕분에 건물의 표현 기회가 많아지는 것이 일반적입니다. 네트워크 장소, 중요한 비즈니스 활동, 기억에 남는 건축물과 같은 요소들이 서로 결합하여 모서리를 더 유용하게 하고 이웃 사회의 정체성을 확립할 수 있게 도와줍니다.

마지막으로, 공공장소는 사람들이 방문하여 진정한 공공성을 느끼고, 시간을 보내며, 환영받고 있음을 느끼게 하는 것이 중요합니다.

건축 형태는 개인 및 다양한 그룹의 사람들에게 주변 공간을 제어할 수 있는 기회를 제공해야 합니다. 공간은 정체성에 대한 인식을 증진시키고 정체성에 대한 동기와 방향을 형성하는 데 도움이 됩니다.

필요한 사항들

- 식별 가능한 영역의 위계
- 공적 영역과 사적 영역의 명확성
- 전면과 후면
- 에워싸는 형태 구조와 공간적 선명도
- 작은 단위와 세분화
- 공공/공유 공간에 대한 초점
- 유용한 가장자리 영역
- 건물 모서리의 중요성

7. 쾌적한 미기후

쾌적한 미기후로부터의 신체적 안락함은 공공 생활, 도보, 자전거 타기, 야외에서의 시간 보내기를 위해 중요합니다. 대중교통 이용에 있어서도 중요합니다. 야외에서 기다리는 시간과 함께 걷는 동안에도 기후와 함께하기 때문입니다. 기준 2. "야외 공간의 다양성"에서 이미 언급했듯이, 건물 사이의 공간에서 시간을 보내는 것은 전형적이고 제한된 도시 생활 환경에서 얻을 수 있는 보상이 될 수 있습니다.

건축 형태 및 미기후와 함께하는 것은 날씨를 부인하거나 바꾸지 않고 소프트하게 하는 것입니다. 극단을 걸러내는 과정입니다. "날씨를 위한 옷차림"이라는 개념과 유사하게 사람들이 날씨에 더 가까이 다가가서 날씨에 더 잘 맞도록 돕는 것입니다. 또한 기계적 난방과 냉방에 대한 의존도가 적습니다.

더 활기찬 이웃을 만들고 지속가능한 행동, 특히 적극적인 이동성을 장려하려면 쾌적한 미기후가 정문 바로 앞에서부터 시작되어야 합니다. 이것은 당신이 걷기 시작하는 곳, 버스 정류장으로 가는 경로, 심지어 기다리는 곳을 포함합니다. 예외적인 일부의 쾌적한 날씨를 만드는 것이 아니라 도시 전체에 걸쳐 쾌적한 날씨를 만드는 것이 중요합니다. 얀 겔은 종종 이 특성이 대부분의 오래된 도시 지역에 내재되어 있음을 알아냈습니다.

낮은 건물 높이로 일관된 도시 형태는 난기류를 유발하는 높은 구조물이 없기 때문에 더 나은 미기후를 만듭니다. 고층 건물은 종종 더 강하고 차가운 바람을 땅으로 끌어내려 공간 사이에서 차갑고 불쾌한 바람에 노출되게 만듭니다. 또한 고층 건물은 긴 그림자를 드리워서 어둡고 차가운 공간을 만들어 냅니다.

경사진 뾰족한 지붕, 모임 지붕, 둥근 지붕, 맨사드 지붕과 같이 공기 역학적 형태의 지붕을 지닌 건물은 더 강한 바람을 지면에서 멀어지게 하고 햇빛이 공간 사이로 스며들게 합니다.

안뜰과 같이 햇빛이 잘 드는 가장자리에 바람을 보호하는 기능이 결합되면 추운 날씨에서도 야외 생활이 가능한 유용한 장소가 만들어집니다. 흥미롭게도 안뜰과 같은 에워싸는 형태의 블록 내 공간은 더운 기후에는 그늘을 제공하며, 추운 밤에는 보온 효과를 제공합니다. 발코니와 같이 절반 정도 에워싸인 공간을 여러 계절을 거쳐 유용하게 활용할 수도 있습니다.

창문에서의 작은 차이는 미기후를 경험하는 데 있어 중요합니다. 프랑스식 창문, 네덜란드식 반/스테이블 도어 Dutch barn/ stable doors는 효과적으로 방 전체를 발코니로 바꿀 수 있으며 실내의 사람들에게 신선한 공기와 외부의 삶을 제공합니다.

비가 일상생활의 이동성을 막아서는 안됩니다. 건축 형태 내 작고 큰 구조물들은 비가 올 때도 이동을 하거나 외부에서 시간을 보낼 수 있게 합니다. 이러한 보호 기능을 하는 건물의 작은 구조물에는 돌출부, 캐노피, 차양, 건물 가장자리를 따라 돌출된 처마 등이 있습니다. 추가로 콜로네이드, 아케이드, 위가 덮인 보도 공간과 같은 대규모 구조물도 있습니다.

건축 형태로 쾌적한 미기후를 만들면 사람들이 더 많은 시간을 야외에서 보낼 수 있습니다.

필요한 사항들

- 공간 전체에 일관된 미기후 조건
- 강한 바람으로부터 보호 및 난기류 방지
- 햇빛 투과와 그림자 방지(혹은, 로컬 미기후에 따라 이와 반대)
- 공기 역학적 지붕 모양
- 에워싸여 보호되는 야외 공간
- 유용한 창과 문
- 비로부터 보호되는 가장자리

8. 탄소 발자국 절감

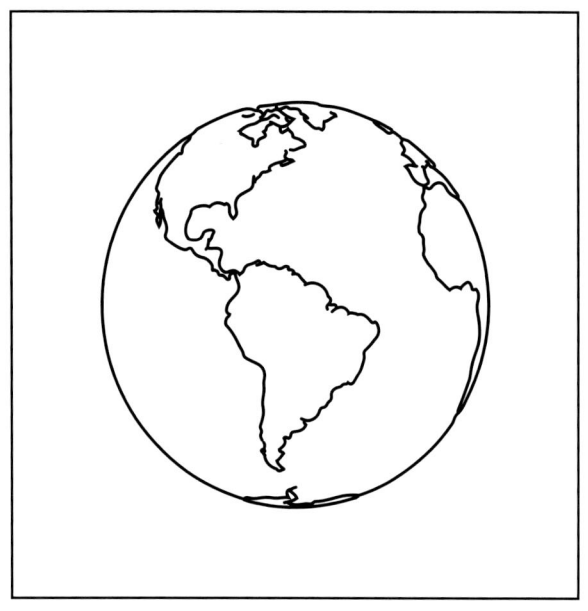

건축 형태는 최대한 친환경적이어야 합니다. 건물의 평면, 크기, 모양은 에너지 소비와 오염을 줄이고 천연자원과 자재를 절약할 수 있어야 합니다.

낮은 건물의 높이와 에워싸는 공간은 즉각적인 혜택을 만들며, 더 나은 지역 내 미기후를 조성합니다. 강한 바람과 태양에 대한 노출을 줄이면 유지 보수를 적게 해도 되며, 전체 지역에서 인공적인 냉난방의 필요성이 줄어듭니다. 결합된 맞벽형 건물이 많을수록 노출된 면적이 많지 않아 시간이 지남에 따라 개별 건물의 냉난방 비용이 줄어듭니다.

자연 채광을 대체할 수 있는 것은 없습니다. 실내 공간에 자연 채광이 있는 경우 에너지 절약과 건강과 웰빙 측면에서 긍정적입니다.

이상적으로 모든 방과 공간에 자연스럽게 빛이 들어와야 합니다. 건물 크기가 작을수록 한 곳 이상의 공간으로 빛을 비출 수 있어 하루 종일 실내의 조명 환경이 크게 개선됩니다. 건축 법규는 여전히 특정 시간의 빛의 양만 고려하는 경향이 있습니다. 하지만 24시간 하루 전체에 걸친 빛의 질을 고려하는 것이 중요합니다. 건물이 좁을수록 실내 어디에서나 자연 채광을 받을 가능성이 더 커집니다. 건물이 낮을수록 채광창을 사용하여 효과를 높일 수 있습니다.

가늘고 낮은 층의 건물에 기존의 기술과 건물 시스템 방식을 도입하면 최대 8층까지 자연 환기를 할 수 있습니다. 또한 자연 채광으로 인해 에너지 절약이 가능하고 건강 및 웰빙에 이점이 있습니다. 인공적인 조명과 환기로 인해 건강에 해를 끼치는 건물들이 있습니다. 이러한 유해한 건물에서 시간을 보내는 것으로 인한 사회적 비용과 증후군에 대해 쓴 여러 책들이 있습니다.

넓은 범위의 도시 형태 내에는 많은 지붕이 있으며, 햇빛을 흡수하는 옥상 녹화를 통해 열섬 효과를 감소시킬 가능성이 있습니다. 햇볕이 잘 드는 옥상은 현지 식량 생산을 위한 온실로서 이상적인 장소가 됩니다.

낮고 작은 건물을 기반으로 하는 도시 형태는 단순한 (더 가벼운) 구성으로 이루어질 수 있습니다. 목재와 같이 건강하고 재생 가능한 재료를 기존의 일반적인 건축 공사를 위해 사용할 수 있습니다. 이를 통해 콘크리트 및 강철과 같은 재료 생산을 줄일 수 있으며 오염 문제 개선과 에너지 절약에 도움이 됩니다. 낮고 작은 규모의 건물은 사전 제작을 통한 조립식 건축에 적합하며, 조립식 건축의 정교함으로 인해 일반적인 시공법보다 환경적으로 더 우수합니다.

가벼운 건물은 가볍고 얕은 기초를 가지고 있어 지하 흙과 수면으로 인한 피해가 낮고 에너지가 절약됩니다.

건물이 낮을수록 엘리베이터에 대한 의존도가 줄어듭니다. 엘리베이터 사용이 적다는 것은 건물 운영에 있어 에너지가 적게 듦을 의미합니다.

그러나 실질적인 환경적 혜택은 사람들이 자동차에 의존하지 않고 매일 도보로 원하는 곳에 접근할 수 있는 걷기 쉬운 동네를 만드는 것에서 시작됩니다.

건축 형태는 건설과 운영에 있어 더 적은 자원을 사용하고, 걷기 및 자전거 타기와 같이 탄소 발생량이 적은 생활 양식과 라이프스타일을 장려할 수 있어야 합니다.

필요한 사항들

- 적게 노출된 표면(결합된 맞벽형 건물)
- 자연 채광 및 환기를 위한 작은 규모
- 단순한 건축 및 기초 시스템
- 복잡한 기술과 중공업에 대한 의존도 감소
- 활동적인 이동성을 촉진하는 레이아웃(특히 걷기)

9. 생물 다양성

건축 형태는 녹지와 자연이 번성할 수 있도록 만들어야 합니다. 생물이 다양하게 존재하는 것의 장점은 사람과 지구 모두에게 있습니다. 이것은 주로 식물에 관한 것이지만 전체적인 생물 다양성을 고려해야 합니다. 이것은 곤충, 조류, 동물의 삶에도 영향을 미칩니다.

건축 환경의 풍부하고 다양한 자연환경은 도시 거주자들에게 건강과 웰빙에 대한 분명한 장점을 제공합니다. 식물은 단단한 벽체 표면으로 둘러싸인 도시 환경에서 소음을 흡수하고 방지하여 사람들의 스트레스를 줄이고 소프트한 환경을 만드는 효과가 있습니다. 또한 도심 내 호흡기 질환과 관련하여 위험한 나노 입자를 흡수하여 오염을 완화하고 공기를 정화하는 능력을 가지고 있습니다. 식물은 시각적 개선, 사생활 보호 증가, 바람의 감소 및 완화, 강한 여름 햇볕으로부터 보호 등 실용적인 기능을 제공합니다. 식물은 열섬 효과를 완화시키는 데 도움이 될 수 있습니다.

여럿으로 세분화된 부지는 원예 및 야생 환경에 대한 다양한 방식의 관리, 표준화, 접근을 가능하게 하여 생물 다양성을 향상시킵니다. 각 부지는 고유한 작은 생태계를 만들 가능성이 있습니다. 이들 모든 개별 부지를 종합하면 거대한 생물 다양성이 형성됩니다. 예를 들어 분할된 부지 사이의 담장을 따라 서로 다른 두 시스템이 만나는 부분에서 생물 다양성은 절정을 이룹니다. 이런 식으로, 세분화된 부지들의 서로 다른 조건에서 생물 다양성이 만들어집니다. 전체는 부분의 합보다 큽니다.

햇빛과의 접근성과 바람으로부터 보호 간의 균형을 유지하는 가운데, 에워싸는 혹은 부분적으로 에워싸는 형태의 공간 구조는 식물이 성장하기에 유리한 미기후(기준 7. "쾌적한 미기후" 참조)를 조성하며 인공적인 행위로부터의 방해를 줄일 수 있습니다. 안뜰이나 벽으로 둘러싸인 정원과 같이 물리적으로 보호되는 공간은 동식물이 번성할 수 있도록 합니다. 이곳은 사람들이 방해를 받지 않으며 자연을 즐길 수 있는 곳이기도 합니다. 식물의 음향 효과와 야생 동물의 소리(나무가 바스락거리는 소리와 새 소리)는 보호된 공간에서 훨씬 더 강합니다.

일관되게 낮은 건물 높이는 녹화 지붕(식물 화분이 있는 옥상 정원에서 녹화된 지붕 표면에 이르기까지)과 녹화 벽(단순한 덩굴 식물에서 복잡한 녹화 시스템에 이르기까지)을 위한 더 나은 미기후를 만듭니다. 창문에서 발코니에 이르기까지 작은 규모의 식물 재배 공간은 낮은 층의 건물들로 인해 형성된 온화한 미기후 내에서 더욱 잘 작용합니다.

건축 형태는 소프트한 조경과 함께 지역의 물 관리 및 빗물 여과를 위한 공간을 만들어 주어야 합니다. 자연 배수가 가능하도록 깊은 토양 환경을 지닌 공간이 여럿 있어야 합니다.

종종 주차장과 같은 지하 구조물은 넓은 지역에 걸쳐 자연적인 배수와 나무 심기를 방해합니다. 작은 규모의 건물과 단단한 표면을 활용하면 우수 유출량이 감소하고 관리하기 쉬워집니다.

자연이 일상에 가까울수록 사회적 관계성이 더욱 높아집니다. 기준 6. "통제감과 정체성"에서 언급했듯이 건물을 인근 주변과 공간 사이와의 관계성을 고려하여 신중하게 배치하면 통제감, 책임감, 공동체 의식이 높아질 수 있습니다.

야외 공간에 쉽게 접근할 수 있을수록 더 빈번하고 규칙적인 사용이 가능하며 식물을 돌보고 기르는 것에 관심이 높아져 커뮤니티 원예 작업이 가능하게 됩니다. 그러므로 명확하게 정의된 사적 및 공적 공간과 함께 안뜰과 정원이 위치할 수 있는 부지의 규모와 구획은 자연 세계에 대한 책임과 연결을 갖게 합니다.

도시 형태는 자연 생활을 수용해야 합니다. 건물의 평면, 크기, 모양, 공간 사용은 자연 생활을 수용하고 더 큰 생물 다양성을 가능하게 해야 합니다.

필요한 사항들

- 작고 개별적인 야외 녹지 공간의 다양성
- 많은 보호 공간과 가장자리
- 녹색 벽과 녹색 지붕이 번성할 수 있는 작은 규모의 건물
- 느린 물 여과 기능을 갖춘 작은 규모의 우수 관리 시스템
- 소프트한 조경

한국에서의
포토 에세이

다른 스케일의 대비되는 길가의 코너 사진이 두 장 있습니다.

하나(위)는 차를 위한 장소입니다.

다른 하나(아래)는 사람을 위한 장소입니다.

휴먼 스케일의 두 번째 사진은 사람들을 걷고 싶게 하고 시간을 보내게 합니다. 이웃 환경에서 편안함을 갖게 합니다.

길가 코너에 있는 과일 장수.

끊임없이 단절되어 있는 고층의 아파트 블록, 지나치게 많은 기계 장비들, 고속도로 스타일의 도로 등 인간을 배려하지 못한 스케일의 길가 코너 공간에 과일 장수가 있습니다. 과일 장수는 코너 위치에서 횡단보도를 지나는 고객을 붙잡을 수 있다는 것을 본능적으로 이해하고 있습니다. 우산 형태의 차양막은 그늘을 제공하고 휴먼 스케일의 공간을 정의합니다.

창의적인 소매업.

상업 활동 측면에서 또 다른 사례는 지나가는 고객의 동선에 위치한 상점입니다. 지하철 계단 옆에 붙어 있는 작은 가게는 활기가 없는 곳에 활기를 불어넣습니다. 이것은 공간이 도시에서 가장 중요한 자원이라는 점과 모든 공간에는 가치와 잠재력이 있다는 것을 보입니다.

긍정적인 자전거 이용자.

자전거는 어린이와 어른에게 교외 환경에서 그들을 다른 장소와 활동으로 연결시켜주는 이상적인 이동 수단입니다. 그러나 자전거를 위한 적절한 인프라가 구축되어 있지 않습니다. 이로 인해 자전거 이용자는 집 근처의 포장 공간, 보도, 다른 교통 수단이 있는 도로 어디에서도 자전거를 타기 어렵습니다.

마당 안뜰.

안뜰 형태는 전지구적으로 보편적입니다. 전통 가옥 혹은 신도시 지역에서, 안뜰의 에워싸인 공간은 안전한 장소를 만들고, 쾌적한 미기후를 형성하고, 근접한 곳에서 서로 다른 여러 활동이 공존할 수 있게 합니다.

전통적인 휴먼 스케일.

여러분은 한국 전통의 건축 양식과 휴먼 스케일 도시 풍경이 존재하는 전통 지역을 여전히 찾을 수 있습니다. 좁은 거리는 보행자로 하여금 편안함을 느끼게 합니다. 뿐만 아니라 좁은 거리는 자동차 통행을 느리게 만들거나 차량 통행을 차단합니다. 거리의 규모가 작을수록 가장자리 그늘 공간을 더 확보할 수 있습니다.

소프트한 가장자리 – 소프트한 거리.

1층의 구분 상가는 가게의 단위가 더 작을수록 더 흥미로운 눈높이 경험을 만들어 냅니다. 또한 같은 장소에서 더 다양한 활동을 만듭니다. 지나가는 사람들을 즐겁게 하는 가게의 차별화된 창문, 외부에 전시된 상품, 개별 출입구는 계속된 왕래를 유도합니다. 2층의 카페는 보도 통행자와의 접촉을 극대화할 수 있도록 사려 깊게 설계되어 있습니다. 가로수는 모두를 위한 더 좋은 미기후를 만듭니다.

거리의 코너 장소.

코너 장소를 최대한 활용하는 지상1층 가게는 빛의 투입을 극대화할 수 있습니다. 작은 어닝과 선반에 있는 화분은 소프트한 가장자리 경험을 더해 줍니다. 코너 위치에 있는 가로수는 보행자가 우연히 만나는 행운이 되며, 보행자를 위한 안전한 구역이 됩니다. 또한 주차된 자전거는 장소성을 더해 줍니다. 2층의 개방된 발코니는 비록 눈높이 보다 위에 있지만 소박한 장소와 연결된 느낌을 더해 줍니다.

소프트한 가장자리 카페.

가장자리 구역을 최대한 활용하는 카페에는 통행자를 끌어들이는 독특한 아이템과 식물을 위한 공간이 있습니다. 뿐만 아니라 도보 바로 옆에 손님이 앉을 수 있는 편안한 장소도 있습니다. 자리에 앉은 손님은 작은 계단, 깊은 유리 창틀, 어닝, 가로수로 형성된 몇 겹의 레이어에 의해 자연 기후로부터 보호 받습니다.

광화문 광장의 즐거운 경험.

광화문 광장의 이순신 장군 동상 그늘 아래에 있는 분수 광장에서 어린이들이 뛰어놀 수 있다는 것은 굉장히 소프트한 경험입니다. (책에 수록된 스위스 베른의 국회 앞에서 아이들이 뛰어노는 사례와 비슷합니다.) 대부분의 서울 지역에서 고층 빌딩으로 인해 상실된 넓은 하늘과 산을 볼 수 있다는 것은 즐겁고 중요한 경험입니다.

야간 생활.

밤에 즐길 수 있는 여러 여가 생활이 있습니다. 그리고 몇몇 활동은 온화하게 느껴집니다. 유리의 투명도는 외부 환경이 어두울 때 더 높은 효과를 보입니다. 작은 가게에서 나오는 따듯한 빛은 거리를 활기차고 안전하게 만듭니다.

청계천의 사람들.

오래된 고가를 대체하여 진행된 청계천 복원 사업은 전 세계에서 가장 상징적인 도심 재생 프로젝트 중 하나입니다. 청계천을 방문하면 놀라움에 의한 감탄사가 바로 나옵니다. 수천 명의 사람들과 그들의 개별적인 경험으로 가득하고, 방문자에게 감동을 줍니다. 청계천의 환경은 즐거운 계절적 경험을 선사하며 사람들로 하여금 야외에서 시간을 보낼 수 있도록 만들며, 사람과 자연, 사람과 사람을 연결시켜 주는 장소로서의 역할을 합니다.

저는 한국의 독자께서 자신이 속한 도시 환경에 있는 소프트 시티의 예를 찾으실 수 있기를 간절히 바랍니다. 휴먼 스케일과 더 작은 스케일, 도로와 건물 사이의 소프트한 가장자리, 더 나은 미기후, 그리고 사람을 위한 밀도, 다양성, 근접성이 있는 일상의 공간을 찾아보세요.

참고 문헌

참고 문헌

들어가며

1. Inger Christensen, *It*, trans. Susanna Nied (New York: New Directions 2006), 1969년 덴마크어판 원서 출간.

2. Jan Gehl, *Life between Buildings*, trans. Jo Koch (Washington D.C.: Island Press 2011, 1971년 덴마크어판 원서 출간).

3. Jan Gehl, *Life between Buildings*, trans. Jo Koch (Washington D.C.: Island Press 2011, 1971년 덴마크어판 원서 출간). Ingrid Gehl, Bomiljø, (Copenhagen: SBI Rapport 71, 1971).

4. 코펜하겐은 *Monocle*'s Quality of Life Survey에서 선정한 가장 살기 좋은 도시에 2008년, 2013년, 2014년 선정되었다. 2016년 *Metropolis* 순위 1위에 선정되었으며, *Economist*에서 선정한 살기 좋은 도시에 2005-2018년에 걸쳐 순위권에 들었다.

5. Jaime Lerner, *Planning Report*, October 2007: https://www.planningreport.com/2007/11/01/jaime-lerner-cities-present-solutions-not-problems-quality-life-climate-change (2019년 4월 14일).

건물 블록: 도시화된 세상에서 로컬 생활하기

6. 코펜하겐시, 녹색 안뜰 프로그램, 1992년 설립.

7. Jane Jacobs, *The Death and Life of Great American Cities* (New York: Random House 1961).

8. Karsten Pålsson, *Public Spaces and Urbanity: How to Design Humane Cities*. Construction and Design Manual (Berlin: DOM Publishers 2017), 164.

9. G. J. Coates, "The Sustainable Urban District of Vauban in Freiburg, Germany," *Int. J. of Design & Nature and Ecodynamics*. Vol. 8, No. 4 (2013), 265–286.

10. 활성화된 1층은 더 많은 사람들이 시간을 보낼 수 있게 한다. 비슷한 거리 레이아웃 및 서로 다른 층 환경에서 이루어진 한 연구에 따르면 활성화된 층에서 사람들이 멈추는 빈도 수는 비활성화된 층에 비해 7배나 높다. Gehl, Jan. Kaefer, Lotte Johansen, Reigstad, Solvejg. "Close encounters with buildings" in *Urban Design International (2006) 11,* 29-47.

당신의 삶에서의 시간

11. John Lennon, Beautiful Boy (1980).

혼잡하고 분리된 세상에서 연결되어 살아가기

12. Jane Jacobs, *The Death and Life of Great American Cities* (New York: Random House 1961), 36-37.

13. ITDP, Pedestrians First. *Tools for a Walkable City* (ITDP, 2018).

14. Jan Gehl. *Cities for People* (Washington D.C.: Island Press 2010).

15. Jan Gehl. *Cities for People* (Washington D.C.: Island Press 2010), 131-32.

16. 유엔 해비타트에 따르면 도시 내 영역에 30퍼센트는 거리로 이루어져야 한다고 한다: UN Habitat, *Streets as Public Spaces and Drivers of Urban Prosperity* (UN Habitat, Nairobi: 2013).

17. City of Perth: *Two Way Streets* (City of Perth 2014); more on the disadvantage of one way streets in Vikash V. Gaya, "Two-Way Street Networks: More Efficient than Previously Thought?" in *Access*, 41, Fall 2012.

18. City of Perth: *Two Way Streets* (City of Perth 2014).

19. Rob Adams et al., *Transforming Australian Cities* (City of Melbourne: 2009).

20. Rob Adams et al., *Transforming Australian Cities* (City of Melbourne: 2009).

21. Allan Quimby and James Castle, *A Review of Simplified Streetscape Schemes* (London: Transport for London 2006)에 따르면 사고율이 절반으로 줄었다.

22. 중국 철학자

기후 변화 시대에 날씨와 함께 살아가기

23. 스칸디나비아 지역에서의 야외 생활을 노르웨이어로 *Friluftsliv*라고 부른다(BBC 2017년 12월 11일).

24. 코펜하겐시, 자전거 계정 (코펜하겐시 2006).

25. Numbers for 1986, 1995, 2005 from Jan Gehl, *Cities for People* (Washington D.C.: Island Press 2010), 146. 2015 numbers from City of Copenhagen, Bylivsregnskab (Public life account) (City of Copenhagen 2015), 6.

26 Christopher Bergland, "Exposure to Natural Light Improves Workplace Performance," *Psychology Today*, June 2013.

27 Christopher Alexander, *A Pattern Language: Towns, Buildings, Construction* (New York: Oxford University Press 1977), pattern 159.

28 International Energy Agency, *The Future of Cooling* (International Energy Agency, May 2018).

29 Henning Larsen, Micki Aaen Petersen, *Mikroklima analyser* (Microclimate analysis), Bo01, Västra Hamnen, Malmö, Juni 2018.

30 Henning Larsen, Micki Aaen Petersen, *Mikroklima analyser* (Microclimate analysis), Bo01, Västra Hamnen, Malmö, Juni 2018.

31 멜버른시, 어반 포레스트 전략: https://www.melbourne.vic.gov.au/community/parks-open-spaces/urban-forest/Pages/urban-forest-strategy.aspx (accessed 05.12.2018).

32 코펜하겐시, 기후 적응 계획: https://en.klimatilpasning.dk/media/568851/copenhagen_adaption_plan.pdf (2019년 4월 14일).

33 Richard Louv, *Last Child in the Woods* (Chapel Hill, NC: Algonquin Books 2008).

찾아보기

찾아보기

가로수 192
가장자리 용도 극대화 172
강 200
개방형 조경 68
개인 안뜰 28
거리 60, 134
거리 개선 131
거리 조성 103
거리에 통합 70
거리와 연결 66
건물 가장자리 85
건물 블록 15
건물의 복원력 86
건축 밀도 21
건축 형태의 다양성 214
걷기 105
걷기 좋은 건물 96, 98
걷기, 건물 안으로 99
걷기, 건물에서 위로 100
걷기, 건물을 통과하여 99
게이티드 커뮤니티 101
결합형 구조 34
결합형 맞벽 건축물 39
계단 101
고밀도-저층 구조 4, 84
고밀도 레이어 구조 76
고층 건물 212
공간적 다양성 68
공공 공간 84
공기 층, 보호 85
공생 경제 71
공생 관계 77
공용 계단 101
공용 공간 84
공용 안뜰 28
공원, 밀도와 다양성 189
공유 공간 24
관계 맺기 11
광장 191
교차 환기 156
교차로 107
교통로 128
근린 주거 프로젝트 x
근접성 12
기능주의적 ix
기술적 모더니스트 운동 ix
기존 인프라 활용 131

기주 리버 프로젝트 199
기후 147
기후 변화 해결 193
기후 중심 근린구역 198
기후 차단 163
길 건너기 107

나이팅게일 1 49
날씨 147, 174
냐 호바스 50
노면전차 122
노솜헤드스베즈 31
녹색 안뜰 프로그램 31
녹화 166
뉴로드 136
뉴욕 스쿨 ix

다락방 66
다양성 214
다양성 수용 17
다양한 접근성 72
다이칸야마 동네 거리 136
다중 병치 131
단일 방향 통행 119
대중교통 122
대중교통 지향형 개발 138
덴마크 왕립 예술 학교 건축대학 x
덴마크인 순간 120
도니브룩 지구 25
도로 중앙, 길 108
도보 접근성 85
도보로 접근 70
도보성 98
도시 계획 시암 헌장 ix
도시 밀도 211
도시 블록 20
도시 블록, 전형적 84
도시 숲 전략 193
도시 이동성 96
도시, 살기 좋은 211
독립성 34
돌출된 지붕 164
돌출된 처마 164
드라거 20
드론닝겐스게이드 26

라스 "짐" 아스크룬드 32

라타우스켈러 71
랄프 에르스킨 x
래디슨 블루 호텔 73
레이셀펠드 41
레이어 구조 46
로센가드 20
로지아 170
로컬 생활 15
로프트 아파트 66
료코 이와세 프로젝트 199
루프 72
리니어 바르셀로나 129, 132
리얼다니아 xii
리테일 71

마이크로 커뮤니티 49
맨사드 지붕 65
머드룸 공간 163
머켓 드 라 콘셉시오 52
모더니스트 ix
모더니즘 운동 ix
문 158
물리적 분리 95
뮤스 하우스 66
미기후 20, 84, 176, 226
미기후 만들기 180
미라도스 158
밀도, 건물 17

바닥 면적 58
바이오필리아 188
발코니 65, 160, 170
방화벽 34
배클레 190
버스 122
베란다 168
베스터 볼드게이드 114, 135
베스터브로게이드 134
베스트라 함넨 196
베스티블 공간 163
베이 창문 158
별채 66
병치 34
보게메인샤프트 41, 44
보그루펜 44
보도 123
보도 공유 106

보도 넓히기 114
보도 장애물 107
보도 지역 60
보도, 연속적인 110
보방 41
보조 공간 66
보행성 115, 222
보행자 106
보행자 우선 112
보행자 친화형 도시 127
복합 용도 건물 33
부속 건물 66
분데스플라츠 191
브라이언트 공원 189
블록 18
빛 154

사람 우선 110
사람을 위한 도시 x
사적 공간 84
사회 경제적 다양성 38
사회적 분리 95
사회적 이동성 95
삶이 있는 도시 디자인 x, 4
생물 다양성 230
세미 디테치드 하우스 187
소셜 하우징 프로젝트 25
소유권 공유 28
소음 차단 22
소프트 시티 3
소프트함 2
손더 보울리바드 135
수로 190
수직 개구부 160
수직적 레이어 구조 78
수평적 레이어 구조 78
스마트 시티 4
스웨덴 주택 전시회 32
스트레뎃 136
스트뢰에 거리 5
스펙트럼 건물 51
스펙트럼후셋 51
슬루스 문 101
시간, 삶 89
쌓아올린 구조 46

아마게르 샌드위치 48

아케이드 83, 168
아테네 헌장 ix
안뜰 22
안뜰 녹화 프로그램 28
안뜰 블록 구조 73
안뜰 입구 28
안뜰, 수용성 26
안전 영역 85
알 프레스코 150
알토나 이케아 74
야외 계단 78
야외 공간 레이어 28
야외 공간의 다양성 216
야외 녹지, 연결 27
얀 겔 ix
양방향 통행 118, 126
어바나 빌러 173
어반 18
어반 포레스트 전략 193
에르스킨 방식 x
에어컨 155
에워싸는 형태 18
에워싸는 형태 루프 72
엘리베이터 101
연결되어 살아가기 93
연석 112
연속적인 리테일 78
연속적인 보도 110
오'보이 자전거 호텔 48
오리엘스 158
올드 타운 76
외부 공간, 바로 앞 164
외부 공간으로 접근 102
용도 변경 38
윌리엄 화이트 ix
유리창 155
유연성 218
음향 공간, 보호 84
이동성 82, 95, 96
이웃 11
이웃 지향형 교통 139
이웃 환경 스케일 130
이중벽 34
인그리드 겔 4
인프라 재구성 199
일룸 백화점 71
일방통행 126

자바 스쵸 x
자연 188
자연 채광 71, 154
자연 활용 200
자연과의 연결 194
자원 공유 12
자전거 116
자전거 전용도로 118
자전거 타기 문화 121
자전거, 소프트웨어 121
자전거, 하드웨어 121
작은 블록 25
저층 건물 212
정류장 124
정체성 224
정체성 공유 12
정체성, 로컬 12
제인 제이콥스 ix
주차 107
주택 심리학 4
주행 문화 126
중간 층 건물 87
중앙 길, 도로 108
중층 건물 84, 212
지붕 64
지붕, 경사 177
지역 공동체 84
지하실 66, 78
짐스 하우스 32

차량 접근성 85
차량이 없는 공간 85
창문 158
창문, 셔터 160
천장 높이 54
초대형 상자 구조물 74
최대의 수용성 77
최상층 64
층간 소통 71

카이저 조셉 스트라브 135
카페 153
켄싱턴 하이 스트리트 134
코너 공간 104, 112
코너 장소 107
콜로네이드 168
크라우드 버스트 프로젝트 198

크리스토퍼 알렉산더 154

타신지 광장 198
타운-홀 지하실 71
타워형 21
탄소 발자국 228
탄소 배출 제로 157
테라스 170
토시오 기카하라 3
통제감 224
툴로 주택 65
트위터 본사 75

판상형 21
패턴 언어 154
펜트하우스 64, 85
포디움 58
프랑스식 창문 158
플롯 182
피아노 노빌레 46

하버 베스 150
하이브리드 자전거 타기 120
해머비 스조스타드 x
헤드바이게이드 31
현관 168
협동 건물 프로그램 41
호텔 72
혼합 사용 개발 50
환기 154
환승 124
후면 확장 공간 66
휘게 2
휴먼 스케일 70, 220

A Pattern Language 154
al Fresco 150
Athens Charter ix

Baugemeinschaft 41
bay windows 158
Biophilia 188
Bo 86 32
Bo01 180
Bomiljø 4
CH2 157

Christopher Alexander 154
CIAM Charter of City Planning ix
Cities for People x
Cloud Burst Projects 198
Collonade 168
courtyard greening program 28

Dense-Low 4
Dronningensgade Street 27

functionalistic ix

Gated Community xvii, 101
Green Courtyard Program 31

Hammerby Sjöstad x
Harbour Bath 150
hygge 2

Illum department store 71
Ingrid Gehl 4

Jan Gehl xii
Jane Jacobs ix
Järva Sjö x

Lars "Jim" Asklund 32
Layering 46
Life between Buildings x, 4
Linear Barcelona 129
loft apartments 66
loop 72

mansard 65
mews houses 66
micro-community 49
miradors 158
Modernism ix
mudroom 163

neighbor 11
Neighborhood-Oriented Transit 139

oriels 158

piano nobile 46
plot 182

Public Spaces–Public Life x

Ralph Erskine x
Rathauskeller 71
Realdania xii
Reiselfeld 41
Ryoko Iwase Project 199

School of Architecture at the Royal Danish Academy of Fine Arts x
semi-detached house 187
sluice 101
softness 2
Stacking 46

T-사이트 172
technocratic modernist movement ix
the Danish moment 120
The Death and Life of Great American Cities ix
The New York School ix
The Psychology of Housing 4
Toshio Kitahara 3
town-hall basement 71
Transit-Oriented Development 138

urban 18

Vauban 41
vestibule 163

walkable buildings 96
William H. Whyte ix

Zero Net Emissions 157

1층, 잠재력 54
1층, 활성화 62
3D 녹화 극대화 173

'소프트 시티: 사람을 위한 일상의 밀도, 다양성, 근접성'은
텀블벅 크라우드펀딩 서포터 분들의 참여로 출간되었습니다.

왕효진, 한다빈, 소윤, 임재만, 고윤경, 이민찬, 송효웅, 이준호, 이훈길, 김용민, 최재혁, 김다위,

최태오, 현욱, 석혜탁, 심현화, 양석원, 구다회, 김나연, 정대운, 김수아, 이병현, 박채연, 유현지,

정의홍, 윤찬영, 신용석, 김영하, 이아름, 이경자, 김은선, 이재우, 이승원, 최도인, 박다솔,

강인묵, 김수연, 김용수, 신은경, 박종호, 배기두, 김은혜, 최성우, 윤태환, 이준헌, 이태겸,

해경, 배성종, 권오수, 이금영, 한도리, 양유경, 최준영, 이동은, 현성호, 고은혜, 남효정,

김준, 허재형, 도난주, 현재혁, 이소현, 이찬이, 윤수경, 박하연, 김태중, 신지현, 김태건,

남정민, 박준일, 노찬우, 김현미, 이승민, 신선화, 이진학, 김주원, 윤동건, 피종철, 이호성,

김영웅, 김혜윤, 조태민, 변지은, 박근모, 김진엽, 김태훈, 권기석, 박지용, 김정섭, 안준용,

정지운, 김보름달, 김동욱, 민성식, 이상욱, 구름, 권오상, 이재홍, 안상욱, 황윤상, 조박연,

이지수, 김선영, 김정은

서울프라퍼티인사이트, 친절한부동산선배, 어반하이브리드, 빅밸류, 퍼즐랩, NAKED DENMARK,
코람코자산신탁 리츠사업2본부 개발투자2팀, 온라인 부동산 투자회사 위펀딩, PLQ,
공유를위한창조, 디지털사회혁신네트워크 디렉터, 핑구다회, 플톡, 호잇, 현주, 또니,
Narae, MJ, Robin kang, Sihun, OS2SH, sywon, youaregood, toughs****, kiara****, sky****

[회사 및 단체 참여]